万卷楼

国学经典

修订版

汲取先贤智慧

铺就成功阶梯

万卷楼

万卷楼国学经典 修订版

菜 根 谭

[明] 洪应明 著

柳杨 编译 罗素 修订

北方联合出版传媒（集团）股份有限公司

万卷出版有限责任公司

2023年·沈阳

图书在版编目（CIP）数据

菜根谭 /（明）洪应明著；柳杨编译；罗素修订. —沈
阳：万卷出版有限责任公司，2023.5
（万卷楼国学经典：修订版）
ISBN 978-7-5470-6208-1

Ⅰ.①菜…　Ⅱ.①洪…②柳…③罗…　Ⅲ.①个人—
修养—中国—明代②《菜根谭》—译文③《菜根谭》—注
释　Ⅳ.① B825

中国国家版本馆 CIP 数据核字（2023）第 035395 号

出 品 人：王维良
出版发行：北方联合出版传媒（集团）股份有限公司
　　　　　万卷出版有限责任公司
　　　　　（地址：沈阳市和平区十一纬路 29 号　邮编：110003）
印 刷 者：辽宁新华印务有限公司
经 销 者：全国新华书店
幅面尺寸：170mm×240mm
字　　数：330 千字
印　　张：22
出版时间：2023 年 5 月第 1 版
印刷时间：2023 年 5 月第 1 次印刷
责任编辑：高　爽
装帧设计：徐春迎
责任校对：张　莹
ISBN 978-7-5470-6208-1
定　　价：58.00 元
联系电话：024-23284090
邮购热线：024-23284050

出版说明

　　"读万卷书，行万里路"这是中国古人"修身"的两条基本途径。晋代著名史学家陈寿给自己的书斋命名为"万卷楼"，此后，历代以"万卷楼"命名的书斋，由宋至清有数十家：宋代有方略、石待旦等；元代有陈杰、汪惟正等；明代有项笃寿、杨仪、范钦等；清仁有孙承泽、黄彭年等。可见，"读万卷书"的理想在中国传统知识分子中是何等的根深蒂固。

　　读"万卷书"不仅是古人的理想，当我们懂得了读书的意义，都会自然而然地产生强烈的"博览群书"的愿望。然而，人类历史悠久，书籍浩如汪洋大海，时代发展到今天，科技与经济的发展更使得人类的精神领域空前丰富，获取信息与知识的途径不断增加。"万卷书"早已不再是一个象征性的概念，如何从这"万卷"之中，找到最值得细细品读的作品，已经成为人们必须解决的问题。

　　爱因斯坦曾说过："在阅读的书中找到可以把自己引到深处的东西，把其他一切统统抛掉。"这正是在阐述读书时选择的重要性。而他所说的把我们"引到深处的东西"无疑就是我们所需要深度阅读的作品，也就是我们常说的经典作品。

　　卡尔维诺对经典作出的定义之一是：经典就是我们正在重读的。的确，在对经典作品反反复复的品味中，人们思想得到了升华，从浅薄走向思考，最后走到通达。我们都曾有这样的感触，面对海量的书籍和信息，一方面，人们在向着功利性浅阅读大张其道，另一方面，我们的精神深处又在不断地呼唤能够滋养自己内心的深度阅读。因此，经典的价值不仅没有因为浅阅读时代的到来而有所损失，反而更显示出其珍贵来。

　　在惜字如金的中国传统典籍当中，从来不乏这种需要反复品味的经典。从先秦诸子到历代的经史子集，这些经典为一代代的中国人提供了取之不尽的精神滋养，为中华文化的传承和发展建立了基础。我们把这种包蕴中国文化的学问称为国学。国学的范围非常广泛，它包含了文学、历史、哲学、艺术、语言、音韵等在内的一系列内容。

　　包罗万象的国学经典为我们提供了广泛的教育。阅读国学经典，也就是在与我们的"先圣先贤"对话和交流，一步步地揳进我们的历史和传统。这个过程可以让我们领会先贤的旨趣，把握他们的神髓，形成恢宏的历史意识，可以让我们通晓文义、熟习经史、通彻学问，让我们成为博学之士。另一方面，国学经典所代表的传统学问，更是具有极为厚重的伦理色彩。阅读国学经典的过程，不仅是增进知识的过程，而且是一个熏陶气质、改善性情、提高涵养的过程，这个过程在潜移默化中培养着行谊谨厚、品行端方、敦品励行的谦谦君子。

　　当然，随着时代的发展，国学早已不再是人们追求事功的唯一法典，我们也不赞成对国学的功能无限夸大。但毫无疑问，阅读国学经典，必能促进我们对真、善、美的崇敬之心，唤起我们对伟大、深邃、美好事物的敏感和惊奇，同时也让我们了解到先贤们在探寻知识过程中思考的重大课题和运用的基本原则。这些作品体现着我们民族精神的精髓，如《周易》所阐述的"自强不息"的君子人格，《论语》所强调的"和而不同"的包容精神，《诗经》所培养的温柔敦厚的情感，《道德经》所闪耀的思辨智慧，等等，它们共同构筑了中华民族传统的精神范式。品读先贤留下的经典，恰如与他们进行一次次心灵的直接触碰，进而去审视我们自己的内心，见贤思齐，激浊扬清。

正是基于对国学经典的这种认识，我们精选了这套《万卷楼国学经典》系列丛书，以期引导步履匆匆的现代人走近国学经典、了解国学经典。在选编过程中，我们希望能够体现这样一些特点。

首先，我们希望这套丛书能够最具代表性。在选目中，我们注重于最经典、最根源的作品，在有限的时间内，把那些最具影响力，最应该知道的作品提交给读者。四书五经、先秦诸子、唐诗宋词等这些具有符号意义的作品无疑是最应该为我们所熟知的，因此，丛书所选的30种作品都是这些经典中的经典。

其次，我们希望能够做出好读的经典。在面对国学作品时，佶屈的文言和生僻的字词常让普通读者望而却步。所以，我们试图用简洁易懂的形式呈现经典，使读者可随时随地以自己的时间、自己的速度来进入阅读。因此，我们为原著精心添加了注音、注释和译文，使读者能够真正地"无障碍阅读"。同时，我们还邀请北京大学、南京大学、复旦大学等知名学府的古代文学方面专家对丛书进行了整体修订，对原文字句及标点进行核准，适当增删注释条目、校订注释内容，对白话翻译做进一步校订疏通，使图书内容臻于完善，整体品质得到了大幅度提升。作为一名读者，也许你会常常感慨，以前没有花更多的时间去读更多的经典，如今没有机会或能力来细读，但实际上，读经典什么时间开始都不算晚，"万卷楼"就是一个极好的途径。重读或是初读这些经典，一样可以塑造我们未来的生活。

第三，我们希望呈现一套富有美感的读物。对于经典而言，内容的意义永远排在第一位，但同时，我们也希望有精彩的形式与内容相匹配，因而，我们在编辑过程中选取了大量的古代优秀版画作为本书的插图，对图片的说明也做了精心设计。此外，图书的编排、版式等细节设计都凝聚了我们大量的思索。我们希望这套经典不只是精神的食粮，拥有文本意义上的价值，更能带来无限美感，成为诗意的渊薮。

"经典作品是这样一些书，我们越是道听途说，以为我们懂了，当我们实际读它们，我们就越是觉得它们独特、意想不到和新颖。"卡尔维诺经典的评论让人击节叹赏，我们也希望这套丛书能够彰显经典的价值，使读者在细细品读中真正融化经典，真正做到"开茅塞、除鄙见、得新知、增学问、广识见"。同时，经典又是可以被享受的。当我们走进经典之时，不能只作为被动的接受者，也可用个人自我的方式进入经典，做精神的逍遥之游，对经典作品进行贴近个体生命的诠释和阅读，在现实社会之中营造自由的人生意境和精神家园，获取一种诗意盎然的人生。

怎样阅读本书

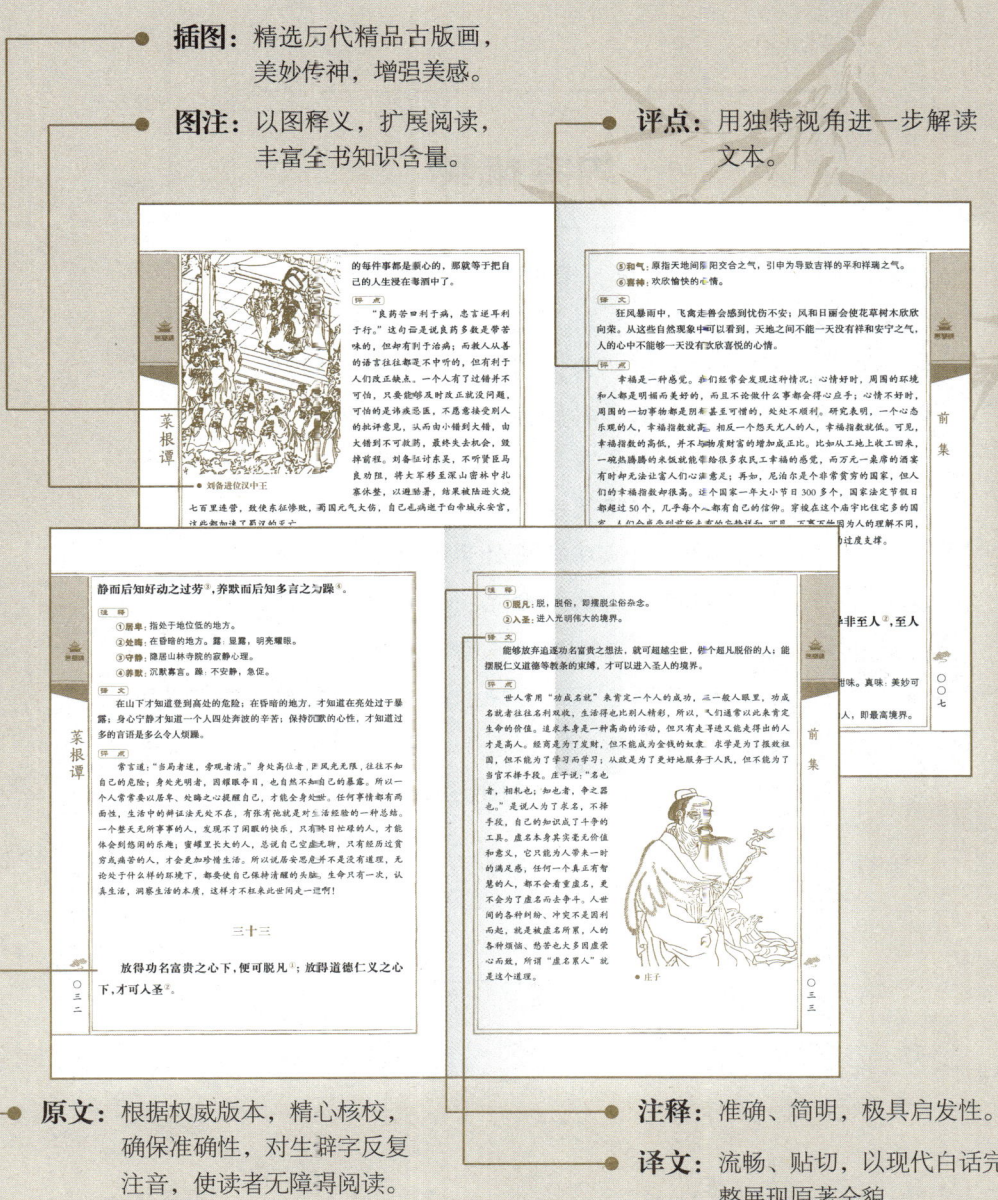

插图： 精选历代精品古版画，美妙传神，增强美感。

图注： 以图释义，扩展阅读，丰富全书知识含量。

评点： 用独特视角进一步解读文本。

原文： 根据权威版本，精心核校，确保准确性，对生辟字反复注音，使读者无障碍阅读。

注释： 准确、简明，极具启发性。

译文： 流畅、贴切，以现代白话完整展现原著全貌。

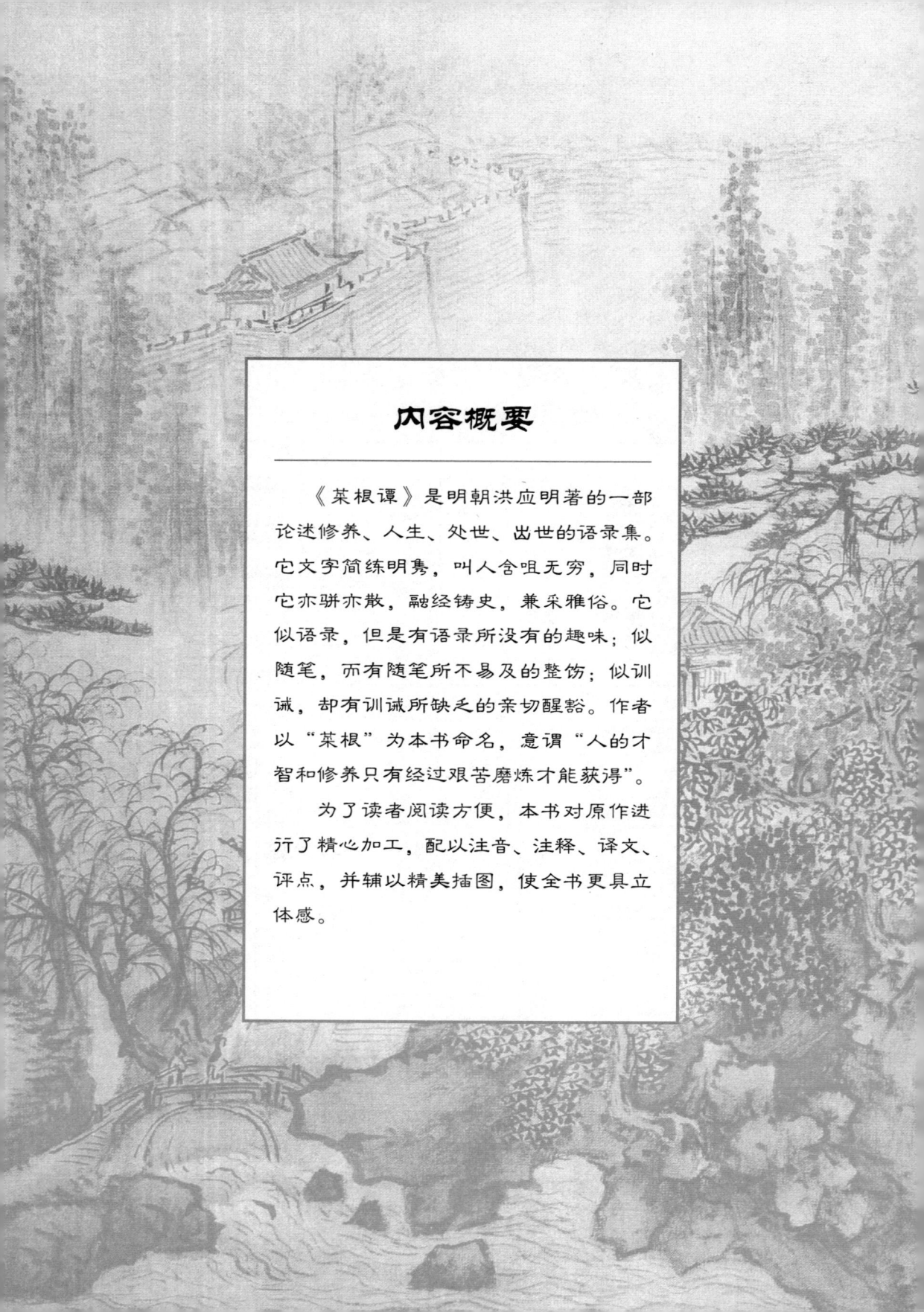

内容概要

　　《菜根谭》是明朝洪应明著的一部论述修养、人生、处世、出世的语录集。它文字简练明隽，叫人含咀无穷，同时它亦骈亦散，融经铸史，兼采雅俗。它似语录，但是有语录所没有的趣味；似随笔，而有随笔所不易及的整饬；似训诫，却有训诫所缺乏的亲切醒豁。作者以"菜根"为本书命名，意谓"人的才智和修养只有经过艰苦磨炼才能获得"。

　　为了读者阅读方便，本书对原作进行了精心加工，配以注音、注释、译文、评点，并辅以精美插图，使全书更具立体感。

【目录】

前　集……………………………………　〇〇一

后　集……………………………………　二一七

前　集

一

　　栖守道德者①，寂寞一时；依阿权势者②，凄凉万古。达人观物外之物③，思身后之身④，宁受一时之寂寞，毋取万古之凄凉⑤。

注释

　　①道德：指为人的根本准则。

　　②依阿：随声附和，攀附权贵。阿，阿谀，迎合。

　　③达人：指心胸宽广、通达知命的人。物外之物：泛指物质以外的东西，也就是现实物质生活以外的道德修养和精神世界。

　　④身后之身：指身死后的名誉。

　　⑤毋：同"勿"，不要。

译文

　　坚守道德准则的人，也许会一时的孤独寂寞；而那些阿谀攀附权贵的人，结局却是永远凄凉。通达的人，关注物质以外的精神世界，思考死后的名誉，他们宁愿坚守道德准则，忍受暂时的寂寞，也不会趋炎附势，从而遭受后世的凄凉。

评点

　　君子有所为而有所不为。崇尚物质本身并没有错，谁会和名利过不去呢？但一个人如果以此为生命的全部意义，那就实在是悲哀了。一个君子，能看到隐藏在事物背后的精神意义，他能看清现在和预见未来，宁愿受到一时孤独，也不愿意违背自己的良心，做出令人鄙视的事情。

二

涉世浅①，点染亦浅②；历事深，机械亦深③。故君子与其练达④，不若朴鲁⑤；与其曲谨⑥，不若疏狂⑦。

注释

①**涉世**：经历世事。

②**点染**：此处是指一个人沾上不良社会习气，有玷污、污染之意。

③**机械**：原指巧妙器物，此处比喻人的机心与城府。

④**练达**：老练通达，指阅历多而通晓人情世故。

⑤**朴鲁**：朴实、鲁钝，此处指憨厚、老实。

⑥**曲谨**：拘泥小节，小心谨慎。

⑦**疏狂**：放荡不羁，不拘细节。疏，疏放；狂，放荡不羁。

译文

刚刚进入社会的人，阅历不深，沾染的坏习惯也少；经历的事情多了，城府很深的人，机心也很多。所以，坚守道德规范的君子，与其精明老练，不如简单朴实；与其谨小慎微曲意迎合，不如狂放自然，不拘小节。

评点

率真需要勇气，更需要智慧。我们时常会感叹做人难，活得累，希望能像小孩子一样表里如一，明明白白，不察言观色，不矫揉造作。踏入社会之初，阅历尚浅，还没有被社会浸染，所以为人单纯，后来经历的事情多了，人也逐渐变得有了城府。历史经验告诉我们，一个人要想取得人生事业的成功，就要在不断完善自己的同时，为人处世多些质朴、率真和洒脱。一味追求权谋奸计，过于圆滑世故，反而不受欢迎。一个饱经世事仍

能率真的人看似另类，实则有大智慧。他们知道有所为，有所不为，心胸像秋日的晴空那样明朗透彻，反而能避免不必要的猜忌，获得更多的支持。因此，做人千万不要过度粉饰，而要去展示自己的率真；用自己的真诚，去结交更多的朋友，学到他们的长处，摒弃自己短处，在人生的旅途中潇洒走一回。

三

君子之心事①**，天青日白，不可使人不知；君子之才华，玉韫珠藏**②**，不可使人易知。**

注 释

①**君子**：泛指有修养的人。

②**玉韫珠藏**：像玉石和珠宝一样深藏不露。韫，藏。

译 文

有道德、懂修养的君子，其心思应该像天上的日月一样，不能让别人不知道；而他的才华和能力应该像珠玉一样隐藏起来，不要随便让别人轻易知道。

评 点

为人要胸怀坦荡，处世要蕴藏才华。胸怀坦荡是做人原则，蕴藏才华则是处世原则。德才兼备的君子不忌讳别人知道自己的想法，这样可以让别人了解自己，建立和谐的人际关系。但自己的才华却不能过分炫耀，更不能恃才傲物，否则，将会给自己的事业带来不必要的麻烦。坦坦荡荡做人，会让更多的人信赖你；不炫耀才能、不卖弄才华，低调处世，高调做人，会让更多的人钦佩你。我们在实际工作中，要在适合自己的岗位上，适时地用自己的才能，解决工作中出现的各种问题，而不是去刻意卖弄。牢记"满招损，谦受益"的道理，会让我们终身受益。

四

势利纷华①,不近者为洁②,近之而不染者尤洁③;机械智巧④,不知者为高,知之而不用者为尤高。

注 释

①**势利**:指权势和财力。**纷华**:奢华,富丽。

②**不近**:不去接近。

③**不染**:不受感染。

④**机械智巧**:智谋与心机。

● 五柳先生

译 文

权势与财富,不去接近的人是高洁的,接近了却不为之所动的人,品格更为高尚;权谋诡计,不了解的人是高尚的,而懂得却不去使用的人,则更加高尚可贵。

评 点

在物欲横流的社会里,洁身自好而不显,才是真功夫。我们在现实世界里不可避免地要与形形色色的人打交道。俗话说:"近朱者赤,近墨者黑。"人处在一定的环境,难免会受到外界的影响,尤其在复杂的情势下,还能心存高洁,才是君子之道。孟母为了让孟子有

菜根谭

一个好的学习环境择邻而处，陶渊明厌烦了争权夺利的官场而归隐田园，这些都是不近者为洁！在纷繁复杂的社会中，到处是尔虞我诈，争名夺利，提倡洁身自好尤为重要。不懂得计谋权术、憨厚纯朴的人固然光明正直，而深知权谋而不用的人才是真正的智者！因为他们心存高洁，才能出淤泥而不染，才能明机巧而不用，才能在掌握权力和金钱的时候，清正廉明，不因贪腐而堕落。所以，洁身自好绝不意味着把自己与周围对立开来，而要近知而不染，心存高洁而不显；要知之而不用，深谙世道而不露，所谓"大隐隐于市"就是这个道理。

五

耳中常闻逆耳之言[①]，心中常有拂心之事[②]，才是进德修行的砥石[③]。若言言悦耳，事事快心，便把此身埋在鸩毒中矣[④]。

注 释

①逆耳：刺耳，使人听了不高兴的话。

②拂心：不顺心。拂，违背、违反。

③砥石：指磨刀石。粗石叫砺，细石叫砥。

④鸩毒：毒酒。鸩，据载是一种有毒的鸟，其羽毛有剧毒，泡入酒中可制成毒药，成为古时候所谓的鸩酒。

译 文

耳中能够经常听一些不中听的话，心中常常有一些不顺心的事，这样反而有利于提高道德、增进修养；如果听到的话都是好听的，遇到的每件事都是顺心的，那就等于把自己的人生浸在毒酒中了。

评 点

"良药苦口利于病，忠言逆耳利于行。"这句话是说良药多数是带苦味的，但却有利于治病；而教人从善的语言往往都是不中听的，但有利于人们改正缺点。一个人有了过错并不可怕，只要能够及时改正就没问题，可怕的是讳疾忌医，不愿意接受别人的批评意见，从而由小错到大错，由大错到不可救药，最终失去机会，毁掉前程。刘备征讨东吴，不听贤臣马良劝阻，将大军移至深山密林中扎寨休整，以避酷暑，结果被陆逊火烧七百里连营，致使东征惨败，蜀国元气大伤，自己也病逝于白帝城永安宫，这些都加速了蜀汉的灭亡。不听忠言，刘备最终自食恶果。

● 刘备进位汉中王

六

疾风怒雨[①]，禽鸟戚戚[②]；霁日光风[③]，草木欣欣[④]。可见天地不可一日无和气[⑤]，人心不可一日无喜神[⑥]。

注　释

①疾风怒雨：狂风暴雨。疾，急速，猛烈。

②戚戚：忧愁而惶惶不安。

③霁日光风：一般作"霁月光风"，指雨过天晴后的明丽景象。

④草木欣欣：花草树木充满生机。

⑤和气：原指天地间阴阳交合之气，引申为导致吉祥的平和祥瑞之气。

⑥喜神：欢欣愉快的心情。

译　文

狂风暴雨中，飞禽走兽会感到忧伤不安；风和日丽会使花草树木欣欣向荣。从这些自然现象中可以看到，天地之间不能一天没有祥和安宁之气，人的心中不能一天没有欢欣喜悦的心情。

[评 点]

　　幸福是一种感觉。我们经常会发现这种情况：心情好时，周围的环境和人都是明媚而美好的，而且不论做什么事都会得心应手；心情不好时，周围的一切事物都是阴郁甚至可憎的，处处不顺利。研究表明，一个心态乐观的人，幸福指数就高。相反一个怨天尤人的人，幸福指数就低。可见，幸福指数的高低，并不与物质财富的增加成正比。比如，从工地上收工回来，一碗热腾腾的米饭就能带给很多农民工幸福的感觉。而万元一桌席的酒宴有时却无法让富人们心满意足。再如，尼泊尔是个非常贫穷的国家，但人们的幸福指数却很高。这个国家一年大小节日300多个，国家法定节假日超过50个，几乎每个人都有自己的信仰。穿梭在这个庙宇比住宅多的国家，人们会感受到前所未有的安静祥和。可见，万事万物因为人的理解不同，呈现出来的状态就不同。幸福这种感觉和心态无须物质的过度支撑。

七

　　酖肥辛甘非真味[①]**，真味只是淡；神奇卓异非至人**[②]**，至人只是常**。

[注 释]

　　①**酖**：味道浓烈的酒。**肥**：指鱼肉等。**辛**：辣味。**甘**：甜味。**真味**：美妙可口的味道。

　　②**卓异**：神奇怪异。**至人**：道德修养达到完美无缺的人。

[译 文]

　　烈酒、肥肉、辛辣、甘甜这些东西并不是真正的美味，真正的美味是清淡平和；言谈举止异于常人的人，也不是道德修养最完美的人，真正道德修养完美的人，其行为举止只不过和平常人一样。

评点

生活中轰轰烈烈的大事少有，平平常常的琐事居多，有智慧的人都会对此持有一颗平常之心，拥有一个平和的心态。《庄子·山木》有云："君子之交淡若水，小人之交甘若醴。"因为没有猜疑，互相理解，所以心像水一样清淡。在这种关系中，互相不苛求，不强迫，不忌妒，在常人看来，就像水一样的淡；而小人之间的交往，多数为酒肉交情，基于互相利用，包含着浓重的功利之心。所以，真正的友情，表面上平淡如水，实则是即使两肋插刀也不求回报的。《道德经》曰："五色令人目盲；五音令人耳聋；五味令人口爽。"多姿多彩的生活固然美好，但会让我们变得虚荣而盲目。

八

天地寂然不动[1]，而气机无息稍停[2]；日月昼夜奔驰[3]，而贞明万古不易[4]。故君子闲时要有吃紧的心思[5]，忙处要有悠闲的滋味。

注释

①寂然：形容静默的样子。

②气机：指大自然的活动。息：原指呼吸，这里指一次呼吸的时间。

③昼夜：夜以继日的意思。

④贞明：光明、光辉。

⑤吃紧：事情紧急时称吃紧，犹言感到急迫。

译文

天地看起来好像寂静不动，实际上却不停地在运动；太阳和月亮昼夜不停地运转，但它的光辉万古不变。所以君子在闲暇时要有紧迫感，在忙碌时要有悠闲的情趣。

菜根谭

无论学习还是工作都应有张有弛，从容不迫。古有云："一张一弛，文武之道。"工作中要合理安排时间，适时变应。这个一张一弛看似简单的动作实则隐藏着一种做人的修养，隐藏着待人处世的智慧。人生在世，要做到闲时吃紧，忙里偷闲。如今的社会紧张、浮躁，人们日复一日、年复一年地追名逐利，渐渐迷失了自我，忘记了初心。与此同时，工作压力大，心理压力大造成身体和心理疾病日渐增多的现象越来越普遍。这种情况下，我们更需要劳逸结合，松弛身心，放慢节奏，保证身体、生理、心理、精神方面的健康状态。空闲时把工作计划好，提前准备，忙碌时才能有时间多反思出现的问题和过失，把这些得失化作成长的智慧，紧要时调用这些智慧，为己所用，而不会堕落成时间的奴隶。

九

　　夜深人静，独坐观心①，始觉妄穷而真独露②，每于此中得大机趣③；既觉真现而妄难逃，又于此中得大惭忸④。

　　①观心：指观察自己内心的一切。

　　②妄：非分、越轨的念头。穷：尽。真：指真心，符合人的本性之心。

　　③机趣：即天然之趣。

　　④惭忸：惭愧，不好意思。忸，羞愧。

　　夜深人静，一个人静坐自我反省，开始时发觉私心杂念都消失了，本性流露出来，每当这个时候才能从中领悟生命的真正乐趣；后来又觉得真性的流露只是暂时的，世俗的杂念仍然无法根除，这个时候就会感到很惭愧。

人只有经常反省自己，才能睿智超脱。一个终日忙忙碌碌、不对生命的意义进行仔细思考的人，难免会产生非分之想，甚至会犯错。但犯错并不可怕，最可怕的是有些人卷入世事的旋涡、明知故犯，却不知反省。所以，人在生活中要多些心静，少些欲念，这样才会有利于自我反省，修身养性。但是，俗话说寂寞难耐，一说要心静，许多人就会害怕。人们通常会被生活热闹的表象掩盖了肤浅与苍白，往往是朋友越多、生活越热闹的人，独处时的寂寞就愈难熬；而有的人虽然孤身独处，却怡然自得，并无寂寞之感，正如鲁迅先生所说的那样："当我寂寞时，我感到充实。"一个人只有在寂寞时，才能忘记世间的一切庸俗，静下心来仔细品味，才能清醒地思考人生，寂寞是人生走向成熟的一个重要阶段。

十

恩里由来生害[①]**，故快意时须早回头**[②]**；败后或反成功**[③]**，故拂心处莫便放手**[④]**。**

注 释

①恩：恩惠，蒙受好处。

②快意：舒适，称心。

③或：或许，也许。

④拂心：指不如意或不顺心。

译 文

得到赏识与恩惠时往往会招来祸害，所以得意的时候要早早回头；遇到失败挫折，坚持下去或许反而会成功，所以在不顺心的时候，不要轻言放弃。

评 点

"祸兮福所倚，福兮祸所伏"，这是老子总结的关于事物发展的经验之

谈，告诉人们要辩证地看问题。当一个人位高权重之时，不要过于高看自己；而没有发达时，也不要低估了自己，要对自己有信心，所谓"物极必反""否极泰来"说的就是这个道理。许多成功人士选择在最辉煌的时候功成身退，就是因为他们看清了未来的方向，与其日后匆匆落幕，不如当下优雅地转身，在人们的心目中留下永恒的美好形象。例如，春秋时代的范蠡、西汉时的张良能够功成身退，让后人赞叹不已，传为佳话。

十一

藜口苋肠者^①，多冰清玉洁；衮衣玉食者^②，甘婢膝奴颜^③。盖志以澹泊明^④，而节从肥甘丧也^⑤。

注释

①**藜口苋肠**：此处指吃粗茶淡饭的人。藜，植物名，藜科，一年生草本，黄绿色新叶及嫩苗可吃；苋，植物名，苋科，一年生草本，茎叶可供食用。

②**衮衣玉食**：华美的衣服，珍美的食品。衮衣，古代帝王所穿的衣服，此处比喻华服。

③**婢膝奴颜**：像奴婢一样的膝盖、奴隶一样的面目。

④**盖**：连词，承上启下。**澹泊**：恬淡寡欲。**明**：表现，展示。

⑤**肥甘**：美味的东西，比喻物质享受。**丧也**：丧失、失掉之意。

译文

享受粗茶淡饭的人，大多具有冰清玉洁的品格；而追求锦衣玉食的人，往往甘心卑躬屈膝。人的高尚志气可在淡泊生活中表现出来，而人的节操却会在奢侈享受中丧失。

评点

诸葛亮云："非淡泊无以明志，非宁静无以致远"，是说如果不把眼前的名利看淡，就不会表现出志向；如果不能平静地学习，就不能实现远大的目标。"静"是顺乎自然，也是合乎人道的，它是一和气质，也是一种修养，古人所说的"习静"是要经过锻炼的，所以不容易做到，尤其对于习惯喧嚣的现代人来说，习惯安静就更困难。现代人很难逃到深山里面去，外面的世界又是如此喧闹，唯一的办法就是"闹中取静"。要想做到"闹中取静"，最好的办法就是加强自身的心性修养，拥有淡泊的胸怀和宁静的心态，从而实现道德和智慧的圆满。

十二

面前的田地要放得宽[①]**，使人无不平之叹**[②]**；身后的惠泽要流得长**[③]**，使人有不匮之思**[④]**。**

译文

为人处世不要斤斤计较，不招人怨恨；死后留给世人和子孙的恩惠，要能流传长远，才会赢得后人无尽的思念。

评点

常言道："笑一笑，十年少；愁一愁，白了头。"只要人每天都开开心心，自然而然就会长命百岁，快乐就是人健康长寿的一剂良药。怎样才能获得快乐呢？一个人的快乐，不是因为他拥有得多，而是因为他计较得少。宽容，是一种高贵而且难得的品质，人生需要宽容。我们知道，人来自五湖四海，性格千差万别，互相依存，共同构成了社会这个整体。要想与这个整体和谐共存，与其苛求一切，还不如去包容一切。"老吾老以及人之老，幼吾幼以及人之幼。"与人为善的人，一定也是一个懂得宽容的人。他们会接纳别人，给别人留下足够的空间。他们懂得"与人方便，与己方便"，眼下给别人留

一条出路，他日就会给自己留一条后路的道理。人生在世，如幻如梦，做一个严于律己、宽以待人、积德积善的人，一定会赢得别人的爱戴和尊重。

十三

径路窄处^①，留一步与人行；滋味浓的^②，减三分与人尝。此是涉世一极安乐法^③。

【注　释】

①**径路**：指小路。

②**滋味**：味道。这里指好吃的东西。

③**涉世**：经历世事。此处指为人处世。

【译　文】

在通过狭窄路段的地方，要留出一步让别人能走得过去；在享受美味可口的食物时，要分一些给别人品尝。这才是一个人立身处世获得快乐的最好法则。

【评　点】

俗话说，与人方便，与己方便。处处为他人着想，不仅是对一个人德行的考量，也是为了获得别人对自己的帮助。如果你是踩着别人而捷足先登，夺取他人财物以满足私欲，这种一时的利益，会成为痛苦的根源。在社会群体生活中，人与人之间只有互相分享、谦让、友爱、帮助，才能避免纷争、获得快乐。反观现代社会，许多人在涉及自己的利益时，都选择对自己有利的一面，甚至不惜一切代价去争取所谓的利益，丝毫不顾及任何情分和道义。在他们眼里"众乐乐"并不重要，重要的是"独乐乐"。诚然，每个人都应该努力争取自己的利益，但应该是取之有道。一个人的快乐是孤独的，大家一起分享快乐才是幸福的。因此，"独乐乐不如众乐乐"，是一种为人处世的智慧。

十四

作人无甚高远事业^①，摆脱得俗情便入名流^②；为学无甚增益功夫^③，减除得物累便超圣境^④。

译文

做人不需要成就什么伟大的事业，只要能够摆脱世俗之心，便可以算作人物；做学问没有什么特别的简便方法，只要能够排除外在诱惑保持宁静心情，便可达到圣贤的境界。

评点

孔子曰："贤哉，回也！一箪食，一瓢饮，在陋巷，人不堪其忧，回也不改其乐。贤哉，回也！"所谓"一箪食，一瓢饮"，就是过日常粗茶淡饭的清苦生活，颜回虽然过着低水准的生活，但是自得其乐，丝毫不受物欲的困扰。做人不一定要成就轰轰烈烈的事业，凡事利人、处世谦虚、不断学习、守住道德，就是上等之人。"舍得名利"只是讲一种境界，并不是让学者们不去努力，不要成就；而

● 颜回

菜根谭

是指一旦做出了成就，"名利"自然就有了，从这个角度说，"名利"不是争抢来的，而是做出来的。

十五

交友须带三分侠气①，为人要存一点素心②。

注 释

①**侠气**：指见义勇为的侠义精神。

②**素心**：纯洁的心。素，本来是指未经染色的纯白细绢。引申为纯洁，也就是通常所说的赤子之心。

译 文

交朋友要抱着见义勇为的侠义精神，为人处世要保留一颗朴素善良的自由之心。

评 点

何谓素心？心地纯朴之意，这是《辞海》的诠释，语出南朝宋人颜延之《陶征士诔》："弱不好弄，长实素心。"心地纯洁，才能成为素心之人。素心之人，从古至今，格外让人推崇。在物欲横流的今天，我们要做怎样的人、交怎样的朋友，成为我们每个人一生中非常重要的人生课题。相信每个人的心中都有一把尺：心地纯朴、正直的人应该当作知心朋友，可以相交一生；狡诈的人，口蜜腹剑，就要尽量远离。另一方面，我们要想

● 德行忠信

成为对方的深交，也要有忠肝义胆、患难相助的道义之情，无论我们身处多么艰难的逆境，都不该利用和背叛友情，而应该真诚无私地去对待我们的朋友。做人和交朋友一样，也要拥有一颗勇敢而纯粹的赤子之心，即要做一个勇敢、率真、淡泊的人。在繁华世界里，能坚守一份质朴恬静的生活，也不失为精彩的人生。

十六

宠利毋居人前①，德业毋落人后②，受享毋逾分外③，修为毋减分中④。

注 释

①**宠利**：荣誉、金钱。

②**德业**：道德、事业。

③**逾**：超过。**分外**：不在本分之内。

④**修为**：修行，即培养品德。

译 文

碰到恩宠、名利不要抢在别人前面，培养品德、成就事业的事情，要不落人后地积极去做。享受自己应得的利益，不要超过自己的本分，修身养性时，则不要放弃自己应该遵守的标准，一分不能减少。

评 点

人生的种种欲望，总结起来就是两大类：精神欲望和物质欲望。为了满足这两种欲望，庸者把物质欲望当作人生的全部追求。君子既有物质欲望也有精神欲望，但是精神欲望居于主导地位，最终君子真正做到了"安贫乐道"。儒家提倡德行修养，"德在人先，利居人后"，是做人追求的最高境界。但是要做到也很难。从辩证的观点来看，乐极就会生悲，苦尽才能甘来，有苦有乐才是人生法则。

十七

处世让一步为高^①,退步即进步的张本^②;待人宽一分是福,利人实利己的根基。

处世让一步为高[①],退步即进步的张本[②];待人宽一分是福,利人实利己的根基。

注 释

①**处世**:在世上生活,与人打交道。

②**张本**:做好准备。

译 文

为人处世懂得谦让容忍才是高明的做法,退让往往是为进步做铺垫;待人接物宽容大度就是福分,利人其实是利己的根本。

评 点

生存之道,乃在屈伸交替之间。很多人都知道"退一步海阔天空"这个道理,可又有几人能真正做到呢?争强好胜是人的本性,这种本性使我们认为:斗争中的后退是懦弱,是胆怯,进而在与对方一决高下的过程中,谁也不愿意后退一步,可不恰当的争强好胜的结果,往往是两败俱伤。古人说:"君子莫大乎与人为善。"一个人如果懂得行君子之善,宽厚待人,那么他的人际关系自然就会和谐友好,他也更容易获得别人的尊重和信任。当你身处矛盾冲突中时,一定要退一步看。你会发现,言不说尽,事不做绝,会避免难解的仇怨与纷争。如果说龙蛇的蛰伏,是为了保全自身,那么软虫的收缩,就是为了求得伸展。为人处世若能懂得谦让容忍,凡事多为他人设想一些,不着眼于私利,不仅能给自己营造出安逸的生存环境,更能为日后自己进一步发展做好准备。

十八

　　盖世功劳,当不得一个"矜"字①;弥天罪过②,当不得一个"悔"字。

注释

　　①**当不得**:经不起。**矜**:自负、骄傲。

　　②**弥天**:满天、滔天之意,形容极大。

译文

　　一个人即使功高盖世,只要他恃功自傲自以为是,他的功劳很快就会消失殆尽;一个人即使犯下了滔天大罪,只要肯悔过,能改邪归正,也能减轻以前的罪过。

评点

　　"月盈则亏,水满则溢。"真正的君子不会让自己的心中充斥着太多不必要的成见,更不能盲目自大自满,因为他们知道人因自谦而成长,因自满而堕落,人只有能够经常发现自己的不足,才能不断进步。骄傲自满是通往成功之路上的绊脚石,自满的人像戴着有色眼镜一样,看不到别人的闪光点,自以为是,目中无人。一个人应该有自知之明,无论什么时候在何种情况下都应摆正自己的位置,保持一颗自谦上进的心。反过来,犯下滔天大祸的人,假如能幡然醒悟,洗心革面重新做人,能够痛改前非,多行善事,对人态度温和谦卑,也常常能得到大家的谅解,所谓"知过能改,善莫大焉"。

十九

　　完名美节①,不宜独任,分些与人,可以远害全身②;辱行污名③，不宜全推，引些归己，可以韬光养德④。

注 释

①**完名**：完好的名声。**美节**：美好的节操。

②**远害全身**：远离祸害，保全性命。

③**辱行**：耻辱的行为。

④**韬光**：掩盖光泽，掩藏才能。韬，本义是剑鞘，引申为掩藏。**养德**：修养品德。

译 文

完美的名声和高尚的节操，不要一个人独自占有，必须与别人一起分享，才不会惹他人的忌恨，避免灾祸在自己身上发生；耻辱的行为和不光彩的名声，不可以全部推给别人，自己要主动承担一些，才能隐藏锋芒提升品德。

评 点

让名可以远害，引咎便于韬光养晦。人常常因自己的才华而沾沾自喜，喜欢处处锋芒毕露。然而，"木秀于林，风必摧之"，一个人即使是天才，如果不懂得低调和收敛，必将为大多数人诋毁和排挤。如果不懂得韬光养晦之道，优秀就会成了大多数人忌恨的众矢之的，最后被迫堕入孤立无援的境地。可见做人自命不凡，往往招致祸患，平凡一点却可以明哲保身。反之，污名固然能毁坏一个人的名誉，然而一旦不幸污名降身，也不可以逃避责任，把问题全部推给别人，一定要勇于承担，使自己的胸怀显得光明磊落。古人说："内心中正，不同流合污而为人谦和。"为人处世，一定要把握好火候，该坚持的时候坚持，该放弃的时候放弃。

二十

事事留个有余不尽的意思，便造物不能忌我①，鬼神不能损我。若业必求满，功必求盈者②，不生内变，必召外忧③。

注 释

①**造物**：指创造天地万物的神，通称造物主。

②**盈**：充满。

③**外忧**：外来的忧患、忌恨。

译 文

　　做任何事都留有几分余地，造物主不会忌恨我，鬼神也不会伤害我。如果在事业上一味争强好胜，过度追求完满，那么即使内部不发生变乱，也一定会因此而招来外在的忧患。

评 点

　　"一家富贵千家怨，半世功名百事愆。"一个富贵的人，如果不懂得明哲保身，一味恃富而骄，便会招致妒忌，平生祸端。老子在《道德经》中也说："持而盈之不如其已，揣而锐之不如长保"，就是要告诫我们：对于聪明才智、财富权势等，都要知时知量，自保自持。如果聪慧过人而不知谦虚谨慎，权势滔天而不知隐遁退让，财富丰硕而不知适可而止，最后将自取灭亡。"世间苦空，诸行无常，是生灭法，生灭灭已，寂灭为乐"，说明了人生无常的道理，所以对于追求也没有必要苛求完美。

二十一

　　家庭有个真佛①，日用有种真道②，人能诚心和气，愉色婉言③，使父母兄弟间形骸两释④，意气交流⑤，胜于调息观心万倍矣⑥！

注 释

①**真佛**：真正的佛，指真正的信仰。

②**日用**：日常、平时。**真道**：真正的道理。道，道理、准则。

③**愉色**：脸上所表现的快乐神色。

④**形骸两释**：指人与人之间没有外在的差别，即人与人之间和睦相处，没有隔阂。形骸，人的躯壳。

⑤**意气交流**：彼此的志趣互柜了解，互相影响。意气，志趣。

⑥**调息观心**：调整呼吸，反观内心，静坐冥想。

译 文

家庭生活应该有一个真正的信仰，日常做事应该遵循一个正确的准则，人与人之间要心平气和，坦诚相见，彼此以愉快的态度和温和的言语相处，那么父母兄弟之间感情就会融洽，没有隔阂，意气相投，这些比起坐禅调息、观心内省还要强上千万倍。

评 点

孟子《君子有三乐》中，第一乐便是"父母俱存，兄弟无故，一乐也"。可见，天伦之乐是任何其他事情无法替代的。幸福的人生有时候很简单，不需要大笔的财富，因为健康的父母亲人与和谐的家庭关系就是一笔巨大的精神财富，也是幸福的最大来源，所以人们常说"家和万事兴"。有些人在外面正人君子，谦恭有礼，可是回到家里，对待家人鸡蛋里挑骨头，导致家里鸡犬不宁，家人毫无幸福可言。这样的人其实截断了自己幸福的源头，不明智。齐家如此，治国也如此。在中国的传统伦理纲常中，无论是国家这个"大家"，还是家庭这个"小家"，都需要维持一种良好的关系，要用父慈子孝维持"小家"，要用良心道义维系"大家"。

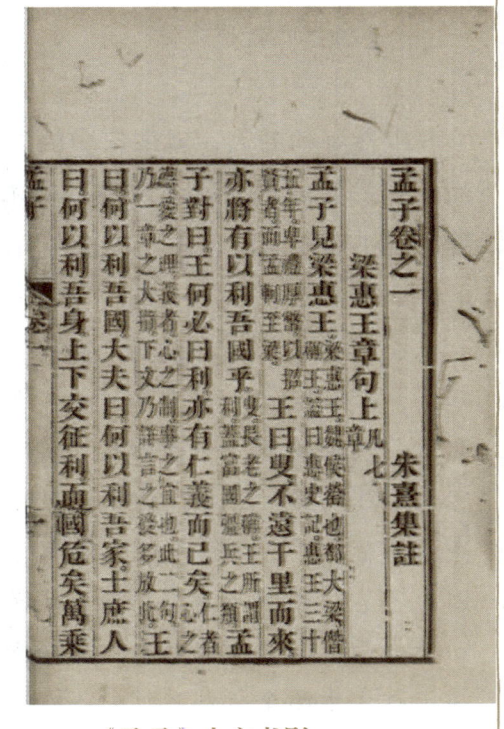

●《孟子》内文书影

二十二

好动者，云电风灯①；嗜寂者，死灰槁木②。须定云止水中有鸢飞鱼跃气象③，才是有道的心体④。

注释

①**云电**：云中闪电，比喻瞬间消失。**风灯**：风中灯火，比喻摇摆不定。

②**死灰槁木**：燃过的死灰，枯槁的木头，比喻丧失生机的东西。

③**定云止水**：比喻极为宁静的心境。定云，停在一处不动的云；止水，停在一处不流的水。

④**心体**：心就是本体。

译文

生性好动的人，就像云中的闪电飘忽不定，又像风中的灯火忽明忽暗；而喜欢安静的人，就像灰烬与枯木。只有像安静的云中有飞翔的鸢鸟，宁静的水中有跳跃的鱼儿，才是得道之人应该有的宽阔胸襟。

评点

世界上没有两片相同的树叶，同样也没有性格相同的人。虽然"人心不同，各如其面"，但大体来说不外乎动、静两种类型。好动的人大多感性，热情，快人快语，活力四射，但也因此会过于冲动，一旦激情过去，做事容易半途而废；性格沉静的人比较理性，喜欢思考，做事情之前会充分调查，周密计划，细致入微，但有时候也会因为想得太多太透彻而畏首畏尾，因为不喜欢热闹而显得孤傲，因为话少而显得无趣甚至木讷。任何人都有动的一面，也都有静的一面，但是，最好动静合宜才合乎中道。中道就是指一种介于两个极端之间的有条不紊的生活。这种中道精神力求在动与静之间找到一个均衡。

菜根谭

二十三

攻人之恶毋太严①,要思其堪受②;教人以善毋过高③,当使其可从。

译 文

批评别人的缺点不要太严厉,要想想别人是否能够接受;教人家做好事,也不要要求太高,要考虑别人是否能够做到,不要令其感到太为难。

评 点

批评教诲别人要讲究方法,如果方法不当,良好的愿望并不一定能收到良好的效果。我们知道,人人都喜欢听好话,不喜欢听坏话,因此,指出别人的问题时,就要注意说话的技巧。孔子说过:"己所不欲,勿施于人。"不妨在提出意见之前,换位思考一下,如果你是被提意见的人,你会做何感想,你要怎么样才能接受,那么相信问题也许就会迎刃而解。另外,教诲或批评之前还要充分考虑对方的接受能力,能否理解并接受你的教诲。如果对方才智有限,你的批评或教诲就是无用的。

二十四

粪虫至秽①,变为蝉而饮露于秋风②;腐草无光,化为萤而耀采于夏月③。因知洁常自污出,明每从晦生也④。

①**粪虫**：屎壳郎，吃人粪便。**秽**：脏臭的东西。

②**蝉**：又名知了，幼虫在土中吸树根汁，蜕变成蛹后而登树，再蜕皮成蝉。

饮露于秋风：蝉不吃普通的食物，古人以为它只以喝露水为生，以此为高洁之象征。

③**化为萤**：腐草能化为萤火虫是传统说法。

④**晦**：暗。

译 文

粪土中的小虫是最肮脏的，可是它一旦蜕变成蝉后，却在秋风中饮用洁净的露水为生；腐烂的野草本身是不会有光泽的，可是它孕育出的萤火虫却在夏夜里闪耀出荧荧光亮。从这些自然现象中可以悟出一个道理：那就是洁净的东西往往出自污秽之中，而光明往往诞生于黑暗。

评 点

环境对一个人的成长是有直接影响的，但这种影响并不是绝对的。古语说，"将相本无种，男儿当自强"。出生的环境，未必能影响人一生的成就，突破出身的条条框框限制，才是成功最重要的关键。我们虽然无法决定自己的出身，但是命运的主动权掌握在我们自己的手里。出生在贫困家庭里的孩子，奋发向上，付出努力，最后取得成功，不但可以改变自身命运，而且实现了人生的圆满。"生于忧患，死于安乐"，艰难困苦容易激发人的斗志，富有的生活环境容易让人空虚、堕落。所以"英雄莫问出处"，一个人大可不必因为生活环境不如人就看轻自己。

二十五

　　矜高倨傲①，无非客气②，降服得客气下，而后正气伸③；情欲意识④，尽属妄心⑤，消杀得妄心尽⑥，而后真心现⑦。

注　释

①**矜高**：自夸自大。**倨傲**：态度傲慢。

②**客气**：这里不是通常的讲礼貌之意，而是指虚浮的邪气。

③**正气**：至大至刚之气。

④**意识**：指意念与识见。

⑤**妄心**：指人的本性被幻象所蒙蔽。妄，虚幻不实。

⑥**消杀**：消除。

⑦**真心**：指真实不变的心。

译　文

　　人之所以会心高气傲、自以为是，都是虚浮之气，只有彻底消灭这种浮夸的不良习气，心中光明正大的浩然之气才会出现；一个人心中的七情六欲都是虚妄，只要能够消除这种胡思乱想的妄心，真心的本性就会显现出来。

评　点

　　谦卑比骄傲更有力量，谦卑的人无须多言却受人敬重。一个人如果想在纷繁复杂的社会走好，有时低调比高傲更有用处。谦虚谨慎是一种人生大智慧，特别是有功之人，仍保持谦卑，甘居人下，是很难得的；骄傲自负绝不是自信。自信的人有自知之明，他们对自我价值有明确的认知，面对生活的挫折和坎坷，他们坚强乐观；骄傲的人却过高地估计自我，自负狂妄，最终将会跌进失败的深渊。

二十六

　　饱后思味，则浓淡之境都消；色后思淫，则男女之见尽绝。故人常以事后之悔悟，破临事之痴迷①，则性定而动无不正②。

①痴迷：沉迷，执迷不悟。

②性定：即本性毫不动摇。性是本性，即真心；定是安定，不动摇。不正：出格。

译 文

酒足饭饱之后再品尝美味佳肴，食物的咸淡感觉都消失了；男女交欢之后再来回想淫欲之事，一定无法激起男欢女爱的念头。所以人们如果常常用事后的悔悟心来打破遇事时的一切痴迷，这样就可以保持自己纯真的本性，在行动上不至于出格。

评 点

《格言联璧》中有这样一句话："盖世的功劳，当不得一个矜字；弥天的罪过，最难得一个悔字。"这句话告诉我们，人们想要认清自己，只有发现了自己的不足，才能避免骄矜的恶习，才能改正所犯的错误。而人要认识自己，别人的评价不一定是最真实的。我们只能自己审视自己的内心，但这对于大多数人来说，主动自我反省，是很难做到的。多数人只有在问题发生以后才会幡然悔悟。人生也是如此，只有那些认真审视自己，时刻反省自己的人，才可能真正觉悟，才可能成为人生赢家。

二十七

居轩冕之中①，不可无山林的气味②；处林泉之下，须要怀廊庙的经纶③。

注 释

①轩冕：古制大夫以上的官吏，每当出门时都要穿礼服坐马车，马车就是轩，礼服就是冕。比喻高官，或者是显贵之人。

②山林：泛称田园风光或闲居山野之间，比喻在野或隐居。

③廊庙：比喻在朝从政做官。**经纶**：治国的抱负和才能。

　　在朝廷担任要职的人，不能没有隐士的淡泊之气；而隐居山林清泉的人，更应该胸怀治理国家的抱负和才干。

　　我国传统文化一直以来都比较崇尚"淡泊"的品格，认为唯有"淡泊"才能"明志"。在朝为官的人，仕宦的官僚气不能过重，要懂得收敛，要保有闲士的平常心；在野为民的士人，要时常关心国家大事，也要经常讨论文韬武略。因为高官厚禄者，拥有大量的资源和权势，容易受到物欲的诱惑，一旦贪心泛起，则易贪赃枉法、丧失节操，所以权势在手还要保持自然的品性，以淡泊名利之思想，调节身心。在野隐居的士人，也不可能完全脱离俗世。要时刻坚守做人的操守，正确看待出世入世，正确对待名利地位。历史证明：那些能够在人生中成就一番事业的人，往往都有一颗淡泊的心，事业就是他们淡泊心境的结果。

● 春泉小隐图

二十八

处世不必邀功①,无过便是功;与人不求感德②,无怨便是德。

注释

①邀：求取。

②与人：帮助别人，施恩于人。**感德**：感激他人的恩德、恩惠。

译文

为人处世不必想方设法追逐功成名就，其实只要能够做到不犯错误就是最大的功劳；施舍恩惠给别人不必要求对方感恩戴德，只要别人没有怨恨，就是对自己最好的回报。

评点

人们都有自己的追求，希望自己能够功成名就。所谓"无过便是功，无怨便是德"，并非指俗话所说"多做多错，少做少错，不做不错"的消极思想，而是一种舍己为人的宽恕精神。因此，自己的功劳可以争取，但为了达到自己的目的，却把别人的功劳据为己有，就不应该了。还有的人为了抬高自己，而到处炫耀自己的功劳，也不是君子所为。真正的施舍，不是用小恩小惠去交换对方的回报，完全是一种自我牺牲。反之，如果施恩而图报，那无异于是一种变相的贪婪，会给对方带来无形的压力，他在施恩者面前，就像欠了一笔无法偿还的人情债，永远抬不起头来，以致心生怨念。帮助他人本应出于真心，自己也从中获得了满足感和快乐，如果这样做是为了得到回报，那你所做的一切就变成了交易，失去了其本身的意义。

二十九

忧勤是美德①，太苦则无以适性怡情②；淡泊是高风③，太枯则无以济人利物④。

注 释

①**忧勤**：忧思勤劳。

②**适性怡情**：使心情愉快精神爽朗。

③**高风**：高尚的风骨或高风亮节。

④**枯**：已经丧失生机的树木，这里指对人情世事过于淡漠。**济**：帮助。

译 文

忧思勤劳是一种美德，但过于辛苦就无法调节自己的性情而使生活失去乐趣；淡看名利本来是一种高尚的情操，但如果过分枯燥，就没有什么可以帮助他人与社会。

评 点

《中庸章句》开篇有段话："不偏之谓中，不易之谓庸。中者，天下之正道，庸者，天下之定理。"这段话道出了中庸之道的本质：那就是不偏不倚，既不缺少，也不过头。凡事都有一个度，超过了一定的度，好事就会变成坏事。忧思勤勉也是这样。作为一种品德，原是令人称道的，但过分克己，就会太苦太累，不利于身心健康；淡泊名利是一种高风亮节，但过分清高，无异于逃避世事。所以儒家力主中庸之道。佛教则主张入世出世间相统一，其意异曲同工。六祖惠能曾讲："菩提本无树，明镜亦非台，本来无一物，何处惹尘埃。"可见人对于分内之事要全力以赴，但是对于与生俱来的本然之性也应该善加维持，太苦或太枯就失去了生活乐趣。

三十

人至事穷势蹙^{cù}①,宜原其初心;士当功成行满②,要观其末路③。

①**事穷**:事业到了走投无路的地步。**势蹙**:势态紧迫,意指穷途末路。

②**功成行满**:事业有所成就,一切都趋于完美。

③**末路**:本指路的终点。

译 文

一个人即使在事业上遭受失败、事不顺心,也要看到他的初心,是为了奋发上进;一个人事业成功行为圆满,也要看他的结局。

评 点

评人论事,不以成败论英雄。要时刻保持一颗初心,善始善终。所谓"初心"就是一种相对稳定的为人处世的态度,其核心就是:不在逆境中改变初衷,不在顺境中放下坚守。一个人何时成功,能否成功,谁也无法预料。失败者不必妄自菲薄、自暴自弃,成功者也不要骄傲自满,停滞不前。生活在世事纷扰的世界里,我们应该让自己的心灵在喧嚣的尘世中学会静止。当我们学会了静止的艺术,生命就会在时间的流逝中永远保持健康,让心灵和功业细水长流。俗话说:"人无千日好,花无百日红。"人生在世,贵在坚持,谁笑到最后谁才是大赢家。事无大小,只要全力以赴,问心无愧,成功失败,留与后人评说!

三十一

富贵家宜宽厚而反忌刻①,是富贵而贫贱其行矣,如何能享？聪明人宜敛藏而反炫耀②，是聪明而愚懵其病矣③，如何不败？

①忌：猜忌、忌妒。刻：刻薄寡恩。

②敛藏：就是深藏不露。敛，收、聚、敛束。

③愚懵：心神恍惚，对事物缺乏正确的判断，不明事理。

译 文

富贵人家应该待人宽容仁厚，如果对别人挑剔苛刻，那么即使是处在富贵之中，其行为和贫贱的人是没有区别的，他们怎么能享受富贵呢？聪明有才华的人应该掩藏自己的才智，如果到处炫耀张扬自己，那么他的言行就跟愚蠢的人没有什么两样，他们怎么能不失败呢？

评 点

一个人的言行要与自己的身份相称，思想要与地位相符，否则就会有失身份，有损形象，从而影响自己的发展。老子认为："天之道，损有余而补不足。"富贵之家应当帮助贫穷之人，多行善举，否则即是违背天道，而他们的富贵，充其量也不过是物质上的富有，他们在精神上还是贫穷的。聪明的人，不要总是卖弄自己的小聪明，要学会大智若愚。为人处世要懂得掩饰锋芒，一旦贪恋名利而忽略了这一点，那么不但得不到自己所追求的，反而还会失去自己所拥有的。所以，聪明的人要学会掩饰自己的聪明和长处，用一颗宽容、平和的心去待人处世。《红楼梦》说凤姐"机关算尽太聪明，反误了卿卿性命"，聪明反被聪明误，就是这个意思。小聪明可以让人逞一时之能，但终将自食其果，大智慧才能让人饱经世事仍能游刃有余。

三十二

居卑而后知登高之为危①，处晦而后知向明之太露②，守

静而后知好动之过劳③，养默而后知多言之为躁④。

注释

①居卑：指处于地位低的地方。

②处晦：在昏暗的地方。露：显露，明亮耀眼。

③守静：安静自守。

④养默：保持沉默。躁：不安静，急促。

译文

在山下才知道登到高处的危险；在昏暗的地方，才知道在亮处过于暴露；身心宁静才知道一个人四处奔波的辛苦；保持沉默的心性，才知道过多的言语是多么令人烦躁。

评点

常言道："当局者迷，旁观者清。"身处高位者，因风光无限，往往不知自己的危险；身处光明者，因耀眼夺目，也自然不知自己的暴露。所以，一个人只有经常以居卑、处晦之心提醒自己，才能全身处世。任何事情都有两面性，生活中的辩证法无处不在，有张有弛就是对生活经验的一种总结。一个整天无所事事的人，发现不了闲暇的快乐，只有终日忙碌的人，才能体会到悠闲的乐趣；蜜罐里长大的人，总说自己空虚无聊，只有经历过贫穷或痛苦的人，才会更加珍惜生活。所以说，居安思危并不是没有道理，无论处于什么样的环境下，都要使自己保持清醒的头脑。生命只有一次，认真生活，洞察生活的本质，这样才不枉来此世间走一遭啊！

三十三

放得功名富贵之心下，便可脱凡①；放得道德仁义之心下，才可入圣②。

【注 释】

①**脱凡**：即摆脱尘俗杂念。脱，脱俗。

②**入圣**：进入光明伟大的境界。

【译 文】

　　能够放弃追逐功名富贵的想法，就可超越尘世，做个超凡脱俗的人；能摆脱仁义道德等教条的束缚，才可以进入圣人的境界。

【评 点】

　　世人常用"功成名就"来肯定一个人的成功，在一般人眼里，功成名就者往往名利双收，生活得也比别人精彩，所以，人们通常以此来肯定生命的价值。追求本身是一种高尚的活动，但只有走得进又能走得出的人才是高人。经商是为了发财，但不能成为金钱的奴隶；求学是为了报效祖国，不能为了学习而学习；从政是为了更好地服务于人民，不能为了当官不择手段。庄子说："名也者，相轧也；知也者，争之器也。"是说人为了求名，不择手段，自己的知识成了斗争的工具。虚名本身其实毫无价值和意义，它只能为人带来一时的满足感，任何一个真正有智慧的人，都不会看重虚名，更不会为了虚名而去争斗。人世间的各种纠纷、冲突不是因利而起，就是被虚名所累，人的各种烦恼、愁苦也大多因虚荣心而致，所谓"虚名累人"就是这个道理。

● 庄子

三十四

利欲未尽害心，意见乃害心之蟊贼[1]；声色未必障道[2]，聪明乃障道之藩屏[3]。

注 释

①意见：本是意思和见解之意，此处为偏见、执念。**蟊贼**：害虫名，专吃禾苗，这里比喻贪财的人。

②声色：歌舞和女色。

③藩屏：原指保卫国家的重臣，此处指屏障、障碍。

译 文

追求名利欲望不一定会伤害自己的本性，偏见才是残害心灵的毒虫；喜欢美色、歌舞不一定会妨碍一个人的前程，自作聪明、目中无人才是修身养性的最大障碍。

评 点

常言道："酒不醉人人自醉，色不迷人人自迷"，这句话具有深刻的人生哲理。因为名利、欲望、女色等，都是来自外界的引诱，对于一个意志坚强的人根本不起作用，所谓"出淤泥而不染"说的就是这个道理。只有那些意志薄弱的人才会被声色犬马所迷惑，所以孟子才说："富贵不能淫，贫贱不能移，威武不能屈。此之谓大丈夫。"我们常说"利欲熏心"，但深究其未必害心，因为利欲虽然危害很大，但因是发乎情，只需时时自省和克制，就可避免；而主观偏狭的思维方式，因出于理，所以短时间很难改变，更容易危害到人的本真之心。正所谓"君子爱财，取之有道"，追求财富应该选择正道，踏实付出，获取正义之财；如果选择歪门邪道，会遭到世人的唾弃。

三十五

人情反复①,世路崎岖。行不去处,须知退一步之法;行得去处,务加让三分之功。

注 释

①**人情:**指人的情绪、感情。**反复:**翻来覆去,变化无常。

译 文

人情冷暖反复无常,人生道路崎岖不平。在人生之路走不通的地方,要知道后退一步的方法;在走得过去的地方,也一定要留出几分余地。

评 点

屈伸有度,刚柔相济,这是人生的处世哲学。人生之路坦途少,险道多,尤其是通向成功的路,有时甚至无路可走。这一趟人生之旅,如何减少颠簸,如何走到终点,为人处世如果能参透此屈伸之道,则无往不利。屈有多种,并不都是胯下受辱;屈亦有度,处逆境时当屈则屈,当屈不屈,意气用事,莽夫行为;伸亦多样,并不一定叱咤风云,伸要有尺。屈中有伸,伸时念屈,这就是变通的道理。不要将目光停留在一个事情上,而要变通地看待事物,这才是智慧的核心。宋代高僧慈受禅师《退步》诗云:"万事无如退步人,摩头至踵自观身。只因吹灭心头火,不见从前肚里嗔。"这首诗的世俗意义是劝世人在受到别人伤害或吃亏的时候,不要立刻就发怒或心生报复,而是反躬自省,想想这件事因何而起,自己有没有过错,如果发怒,之后会有什么结果?这样孰是孰非就很清楚了,怒火也就自然慢慢消退了。一旦能够心平气和地面对现实,自然就可以找出化解矛盾的方法,一场可能发生的争吵或灾难,就这样无声无息地大事化小、小事化无了。

三十六

待小人①，不难于严，而难于不恶②；待君子，不难于恭，而难于有礼。

①小人：泛指一般无知的人，此处指品行不端的坏人。

②恶：憎恨。

译 文

对待心术不正的小人，做到对他们严厉苛刻并不难，难的是做到不憎恶他们；对待品德高尚的君子，要做到对他们恭敬并不难，难的是不卑不亢，行为符合适当的礼节。

评 点

在现实社会中，我们应该平等对待每个人，包括平等对待小人和平等对待君子。要知道：人性本善，任何小人都不是天生的，都是后天的环境因素造成的，而且小人随时都有良心受谴责的可能，都有想做正人君子的念头。虽然我们都憎恶小人，可是小人如果肯于归向善类，我们就不应该待之以轻视、憎恨的眼光。至于做一位君子，这是人的本分，其实君子也是普通人，所以，人与人之间的相互尊重就比什么都重要了。一个人只有懂得尊重别人，才能赢得别人的尊重。每个人都是独立的个体，都在意自己的尊严，给别人尊重胜过给别人黄金。黄金能使人弯下自己的腰，尊重却能使人付出自己的心。一个懂得尊重别人的人，才能真正感化别人的心灵！

三十七

宁守浑噩而黜聪明①，留些正气还天地；宁谢纷华而甘淡

泊^②，遗个清名在乾坤^③。

注 释

①**浑噩**：同浑浑噩噩，此处指纯朴。浑，浑厚质朴。**黜**：摒除，放弃。

②**谢**：拒绝。**纷华**：繁华富丽。

③**乾坤**：天地，世界。

译 文

做人宁可保持纯朴自然的本性，放弃投机取巧的聪明，留一些浩然正气在人间；宁可拒绝荣华富贵的诱惑，甘心过着淡泊宁静的生活，在世间留下一份清白。

评 点

文中提到的"正气"和"清名"，都是指没有被物欲所污染的原始本性。一个人有了这份最初的本性，就能在关键时表现出较高的品德修养。如宋代抗元英雄文天祥、明代抗清英雄史可法等，都是救国家人民于水火的英雄人物。他们明知不可为而偏为之，可以说是"宁守浑噩而黜聪明"。现实生活中，如果你的思想足够独立，能够抵挡住外界环境干扰，永远保持一颗纯真的心，那么你也可以拥有做人的最高修养。人的一生中，欲望和追求都会很多，人在为了满足欲望而去追逐名利的过程中，不知不觉就会被名利所拖累，不再轻松。与其让自己在疲惫不堪中前行，不如做最简单的自己，保留一颗朴素的心，让生活回归最初的状态，让生命永葆青春。

三十八

降魔者先降自心^①，心伏则群魔退听^②；驭横者先驭此气^③，气平则外横不侵^④。

注 释

①**降魔**：降，降服。魔，本意是魔鬼，这里指障碍修行的魔障。

②**退听**：退让服从。

③**驭**：控制、驾驭的意思。**气**：此处指情绪。

④**外横**：指那些外来纷乱的事物。

译文

要想降伏恶魔，必须首先降伏自己内心的邪念，自己内心的邪念降伏了，那么所有的魔障自然会消除；要想驾驭外在的纷扰，必须首先驾驭自己的浮躁之气，只有把自己的浮躁驾驭住了，那些外来的纷乱干扰自然就不会侵入了。

评点

人生中最难战胜的对手便是自己。想要制服邪恶必须先制服自己内心的邪念，自己内心的邪念降服了，其他一切邪恶也自然都不起作用而消失。因此，经常反省自己、完善自己就变得十分必要。禅宗以"心"为本，认为世间万事万物都是心念的结果，如能做到心之无念，那么一切外欲也就不能侵入。所以禅宗特别强调"正心""观心"，以达到领悟人生真谛的目的。一个人首先要认识自我，认识自我并不是最终的目的，认识到自己的劣根性以后，就要根除自己的劣根性，认识自我就是为了最终战胜自我。

三十九

教弟子如养闺女①，最要严出入，谨交游。若一接近匪人②，是清净田中下一不净种子，便终身难植嘉禾矣③！

注释

①**弟子**：子弟或学生。

②**匪人**：泛指行为不正的人。匪，非。

③**植**：种植。**嘉禾**：长得特别茂盛的稻谷。

译文

教育子弟或学生就好像养闺中的女儿一样，一定要严格管理其生活与

交友，一旦接近了品行不端的人，就好像在良田里种下了一颗不良的种子，那样就永远也种不出好的庄稼了。

评点

　　俗话说：养不教，父之过。中国人历来重视教育，除书本知识外，尤其重视环境的选择。青少年血气方刚，由于社会经验不足，容易误入歧途，碰到良师益友足可帮助走向成功之路，而酒肉之交只会葬送自己的前途，正所谓"近朱者赤，近墨者黑"，所以，一个人所处的环境对于个人成长极为重要。这里指的环境除了社会大环境，主要还是指我们所交往的朋友，这些朋友对我们的影响有时候甚至会超过我们的家人，因此，交友要十分慎重。我们要远离那些会让我们变得更糟糕的人。交优秀的朋友，绝不是为了攀附权贵，而是为了从朋友身上学习到自己所缺乏的品德和能力。

四十

　　欲路上事①，毋乐其便而姑为染指②，一染指便深入万仞③；理路上事④，毋惮其难而稍为退步⑤，一退步便远隔千山。

注释

　　①**欲路：**泛指欲念、情欲、欲望。

　　②**染指：**比喻巧取不应得的利益。

　　③**万仞：**深渊。

　　④**理路：**泛指义理、真理、道理。

　　⑤**惮：**害怕。

译文

　　对于欲望方面的事，不要因为喜欢它的简单容易而随便沾染，一旦沾染上就会堕入万丈深渊；对于道义方面的事，不要因为害怕困难而有所退缩，因为一旦退缩就会离真理越来越远。

欲望就像鸦片，吸食的过程很过瘾，等你意识到它的坏处，想抽身时却戒也戒不掉了。宋代理学家主张"存天理，灭人欲"，是将天理与人欲对立起来，但是，人的欲望是一个客观存在，刻意去压制欲望是和社会进步相违背的，所以，这种观念已不适合于现代社会。但是过分去放纵情欲很容易迷失本性，倘若不加控制，贪图奢靡享乐，会陷入欲念深渊。可以说人人都有欲望，欲望过多，就成了贪婪。一个人一旦陷入贪婪的旋涡，就会永远不知满足，难有停息罢手的时候。做人要想在功名利禄面前应对自如，就要保持一颗平常心，学会适时放下。

四十一

念头浓者自待厚①，待人亦厚，处处皆浓；念头淡者自待薄②，待人亦薄，事事皆淡。故君子居常嗜好③，不可太浓艳④，亦不宜太枯寂⑤。

①**念头**：想法、欲望。**浓**：厚，不刻薄。

②**淡**：淡泊。

③**居常**：平常。

④**浓艳**：此处指奢侈讲究。

⑤**枯寂**：这里指简单节俭。

对生活质量要求高的人自己生活优越，同样对待别人也大方，他处处都要求气派、讲究；而一个冷漠淡薄的人，不仅处处刻薄自己，同时也处处刻薄别人，于是事事显得枯燥无味而毫无生气。可见，作为一个真正有修养的人，在日常生活及待人接物方面，既不可过分热情奢侈，也不可过度

菜根谭

刻薄节俭。

评 点

　　一个人总是按照自己的思维方式去揣摩别人，按自己的行为习惯去对待别人。自己需要多，就认为别人也需要多；自己需要少，便认为别人也应该少。这种以己度人的处世方式应该有个限度，否则就会走向自私或者自贱。传说华佗医术高明引起了朝廷的注意，朝廷命官高顺保举华佗成为太尉府的正式官员。他拿着太尉府的征辟信，找到华佗说："你吃了这么多年苦，当上真正的官员，这可是我梦寐以求的目标啊！"华佗却笑着摇摇头说："你所求的不是我所需要的，我擅长的是医术，周旋于官场不是我的目标。民间少了位良医，官场多了个庸才。"高顺以自己意愿去猜度华佗也喜欢做官，根本没有考虑华佗的想法和价值观，这就是以己度人。"太浓艳"不好，会让生活变得复杂烦琐，"太枯寂"则会让时光沉闷无趣、毫无生机。因此，一个人在日常生活中对自己的需求也要有度，这样的人生才能浓淡相宜。

四十二

　　彼富我仁，彼爵我义①，君子固不为君相所牢笼②；人定胜天③，志一动气④，君子亦不受造物之陶铸⑤。

注 释

①**我义**：意指高尚情操和正义之感。

②**牢笼**：此指限制、束缚。

③**人定胜天**：人的力量一定能够战胜自然的力量。

④**志一动气**：志向专一于某一方面，气力也随之转移集中于某一方面。

⑤**陶铸**：范土曰陶，镕金曰铸。这里指禁锢、限制。

　　别人拥有富贵金钱，我拥有仁义道德，别人拥有高官厚禄，我拥有正义人格，如果是一个有高尚道德的正人君子，就不会被高官厚禄所引诱和束缚；人的力量一定能够战胜自然的力量，意志坚定的人可以产生强大气场，君子当然也不会被自然力量所限制。

评点

　　任何时代，财富权势都是莫大的诱惑，不少人为了财富权势钩心斗角、尔虞我诈，但君子能看清财富权势不过都是枷锁牢笼，世人为此套牢却还沾沾自喜。任何强权、诱惑都不能使那些君子的信念和道义有丝毫动摇，这种"临大节而不可夺"的品质，在中华文化中有一个专门称呼的词——"气节"。气节表现的不仅仅是人的精神状态，更是人生的道德观念，这里所说的道德观念，是指为了达到理想目标，生死关头不苟且偷生，淫威之下不卑躬屈膝，诱惑面前不低头弯腰。曾子曰："可以托六尺之孤，可以寄百里之命，临大节而不可夺也。君子人与？君子人也。"气节作为坚守原则之本，是道德的本质要求，它主要反映的是坚持真理和正义，即使身处逆境也坚贞不屈，始终不渝。

四十三

　　风恬浪静中①，见人生之真境②；味淡声希处，识心体之本然③。

注释

　　①**风恬浪静**：比喻生活平静。

　　②**真境**：真正境界。

　　③**心体**：指心的深处。**本然**：本来面目。

译文

在安闲平静的时候，可以体会出人生的真实境界；平淡的生活中，才能感受到心性的本来面目。

评点

古语云："心非静不能明，性非静不能养"，意思是要认识自己，先要静下心来，静心才能豁达，静气才能健康。内心平静的人往往拥有大智慧，在生活中，只有内心平静才能保持头脑清醒，才能看清楚自己，明白自己前进的方向。三国时期的诸葛亮写给儿子的一封信提到"静"的重要，"夫君子之行，静以修身，俭以养德，非淡泊无以明志，非宁静无以致远。夫学，须静也，才，须学也。非学无以广才，非志无以成学。淫慢则不能励精，险躁则不能冶性。"诸葛亮认为：大丈夫立身处世，应以静来提高自己的精神境界，以朴素来培养自己的道德，生活简朴、恬淡、寡欲，才能显示出自己的志趣；心境安定冷静，精神专一不杂，才能见识深远。要想学业有成，心境就必须保持绝对的宁静。在熙熙攘攘的现代社会里，常常静一静，可以远离尘世的喧嚣，可以淡泊人性的浮躁，还可以让我们舒缓一下自己的情绪，避免不冷静导致的莽撞与祸患。可见，在平静中我们要学会

● 定三分隆中决策

反思，用理性的态度去追求自己的人生状态，淡泊物欲的诱惑，把命运牢牢地掌握在自己手中。

四十四

立身不高一步立①,如尘里振衣②,泥中濯足③,如何超达④? 处世不退一步处,如飞蛾投火⑤,羝羊触藩⑥,如何安乐?

注释

①**立身**:接人待物,在社会上立足。

②**尘里振衣**:振衣是抖掉衣服上沾染的尘土,在灰尘中抖去尘土会越抖越多。比喻做事没有成效。

③**泥中濯足**:在泥巴里洗脚,比喻做事白费力气。

④**超达**:高远通达,见解高明。

⑤**飞蛾投火**:飞蛾接近灯火往往葬身火中,比喻自取灭亡。

⑥**羝羊触藩**:公羊的角钩在篱笆上,无法抽出,比喻进退两难之意。羝,指公羊;藩,指竹篱笆。

译文

待人接物如果不能站在更高的层次,就如同在灰尘中抖衣服,在泥水中洗脚一样,怎么能够做到与众不同呢? 为人处世如果不做让一步的打算,就像飞蛾扑火、公羊用角撞篱笆一样,怎么会有安逸舒适的生活?

评点

在个人修养上,一个人要具备丰富的学识、独立的思想,对人对事有洞察一切的看法;在为人处世上,要谦逊、包容、低调,这样才能获得美满的生活,高一步立身。我们生活在物欲横流的时代,当我们在工作中、家庭里、在和朋友的相处中,如果发生了争执,我们首先就要问问自己:君子碰到类似的事情该如何处理? 我确定要按君子的标准要求自己吗? 假如我们确定要当君子,就要想办法提升自己的道德修养。若总是盯在小利上,而忘记了自己的目标,就是本末倒置。一般人总以为人生向前走,就要不断进步,殊不知古人说"万事无如退步好",在名利面前退让一步,是何等的安然自在，何等的悠闲，这种谦卑中的忍让才是真正的进步。

四十五

学者要收拾精神①，并归一路②。如修德而留意于事功名誉③，必无实诣④；读书而寄兴于吟咏风雅⑤，定不深心。

注释

①**收拾精神**：收拾散漫不能集中的精神。

②**并归一路**：合并在一个方面，指把精力集中在一方面。

③**事功**：事业功名。

④**实诣**：实在造诣。

⑤**吟咏**：指诗歌诵读吟唱。**风雅**：风流儒雅。

译文

学者要集中精力，专心致志，如果在修养道德的同时，在乎名声荣誉和事业成功，一定不会有真正的造诣；读书却喜欢附庸风雅，吟诗咏文，一定难以深入，也难以有所收获。

评点

为学之道在于诚心正意，心诚则灵，意正则神，而后智慧大开，玄妙自现。如果修道不求圆满只为终南捷径，读书不求明德只为附庸风雅，不仅毫无功益，

● 渔舟读书图

而且自欺欺人。做学问如果整日胡思乱想，就容易误入歧途，最终让所有的努力付诸东流。"书山有路勤为径，学海无涯苦作舟"。历来做学问讲究个"勤"字，勤中苦，苦中乐，本来就没捷径可寻，正所谓："读书之乐无窍门，不在聪明只在勤"，有一分耕耘才能有一分收获。要想在学业上有一定的造诣，就必须专心致志，下苦功夫。但如果只知道学习却不思考，又会流于肤浅，陷入迷惘，因为书上的东西是死的，现实是复杂的，纸上谈兵、生搬硬套只会让人更加不知所措。所以读书要讲究方法，要善于思考，不能读死书、死读书。

四十六

人人有个大慈悲^①，维摩屠刽无二心也^②；处处有种真趣味，金屋茅檐非两地也^③。只是欲闭情封^④，当面错过，便咫尺千里矣^⑤。

注 释

①慈悲：佛家语。慈，能给他人以快乐；悲，消除他人的痛苦。

②维摩：即"维摩诘"，佛教中人名。屠：宰杀家畜的屠夫。刽：指以执行罪犯死刑为专业的刽子手。

③金屋：指富豪之家的住宅。

④欲闭情封：被情欲遮蔽。

⑤咫尺：指极短的距离。

译 文

人人都有一颗大慈大悲之心，维摩居士和屠夫、刽子手之间并没有什么区别；人间处处都有生活的真乐趣，豪华金宅和简陋茅屋之间也没有什么两样。差别在于人们往往被心情和欲望所干扰，以至于错过了善心与真情，虽然看起来只有咫尺距离，实际上已经相差千里了。

评点

　　人性本善，每个人的天性本来都是一面通透的宝镜。当一个人刚刚降临人世时，心地无不洁白无邪，这种共同的本性，要到开始接触周遭环境以后，才会有变化。幸福的源泉只有一个，那就是我们的心灵，德国哲学家叔本华认为，对一个人的幸福起决定作用的是这个人的心灵。换言之，幸福与否就在于你有没有一颗感受幸福的心。如果没有一颗感受幸福的心，那么即使家财万贯，也将愁眉苦脸。人的生命以及万物是在天道中产生的，和天道至真、至善、至柔的特悲是同化的，所以佛陀讲万物皆有佛性。佛性就是善，表现为慈悲、无私、忍苦等。不论是什么样的人，在本质上佛性并没有区别。以佛性处物，则万物皆有天真妙趣。遗憾的是，世人多被情欲知识蒙蔽了本性，障碍了慧心，即便是真佛在前，真机处处，也都视而不见，见而不信。

四十七

　　进德修道①，**要有个木石的念头**②，**若一有欣羡，便趋欲境；济世经邦**③，**要有段云水的趣味**④，**若一有贪著**⑤，**便坠危机。**

注释

　　①**修道**：修养道德。

　　②**木石**：木头和石块都是无欲望、无感情的物体，这里比喻像木头和石头一样，没有情欲，不受外物诱惑。

　　③**经邦**：治国。经，治理。

　　④**云水**：佛家称行脚僧为云水，以其到处为家，有如行云与流水。

　　⑤**贪著**：贪图荣华富贵的念头。

译文

　　增进道德磨炼心性，必须具有木石一样坚定不移的意志，如果对世间的名利稍有羡慕，便会落入被物欲困扰的境地；凡是治理国家有雄才大略的

● 范仲淹

人，必须有一种如行云流水般淡泊的胸怀，如果有了贪图荣华富贵的杂念，就会使事业陷入危险的深渊。

评点

不论修身养性，还是成就事业，都必须意志坚定、心志高洁，如果私心杂念过重，名利思想过浓，不仅事业无成，还会身败名裂。进德修业如果没有坚定不移的恒心，就会随时受到外物的诱惑和干扰，使精力耗费在靡乱的欲望追求上。济世经邦是立德之功的伟业，没有淡泊的胸怀，就容易走入欺世盗名、贪赃枉法的邪境。许多大公无私之人，表面上看似因为无私而失去了许多，殊不知，他们为此得到的却更为丰裕。无数历史经验证明，一个人如果不将自己局限在一个狭小自私的位置，获得的将会更多。比如范仲淹，虽然表面错过了荣华富贵、功名利禄，但实际上"了却君王天下事，赢得生前身后名"。人活在世上，无非是面对两大世界：身外的大千世界和自己的内心世界。人，一辈子无非是两件事——做事和做人，所以要想成就一番事业，必须有一种超脱欲望、淡泊名利的胸襟，还要有经邦治国、为民请命的大志，再者要具备以退为进、能屈能伸的达观态度。

四十八

吉人无论作用安详①，即梦寐神魂②，无非和气；凶人无论行事狠戾③，即声音笑语④，浑是杀机⑤。

注 释

①**无论**：不仅，不只。**作用安详**：言行从容不迫。

②**梦寐神魂**：指睡梦中的神情。

③**狠戾**：凶狠暴戾。

④**声音笑语**：指言谈说笑。

⑤**浑**：全都。**杀机**：指令人感到有杀人的恐惧。

译 文

　　心地善良的人行为举止都很安详，即使是睡梦中的神情，也都显露着祥和之气；一个凶狠残暴的人，为人处世狠毒狡诈，即使是在谈笑之中，也一样充满了肃杀恐怖的气息。

评 点

　　孔子说：要做个仁者，就要具备以下五种品德：恭敬、宽厚、诚信、敏捷、慈惠。恭敬不易遭受侮辱，宽厚就会得到大众拥护，诚信才会被人重用，敏捷工作效率才高，慈惠才真正可以领导人。通常面貌和言行可以反映一个人的品行。因此，与人交往时，不要轻易相信对方，要善于从细节明察秋毫，分辨善恶之人。因为江山易改，禀性难移，一个人的个性可以表现在他生活的各个细节，想长久伪装是很难的。一个遵守礼法的人，由于他的内心毫无邪念，所以言行显得善良，每个人都觉得他和

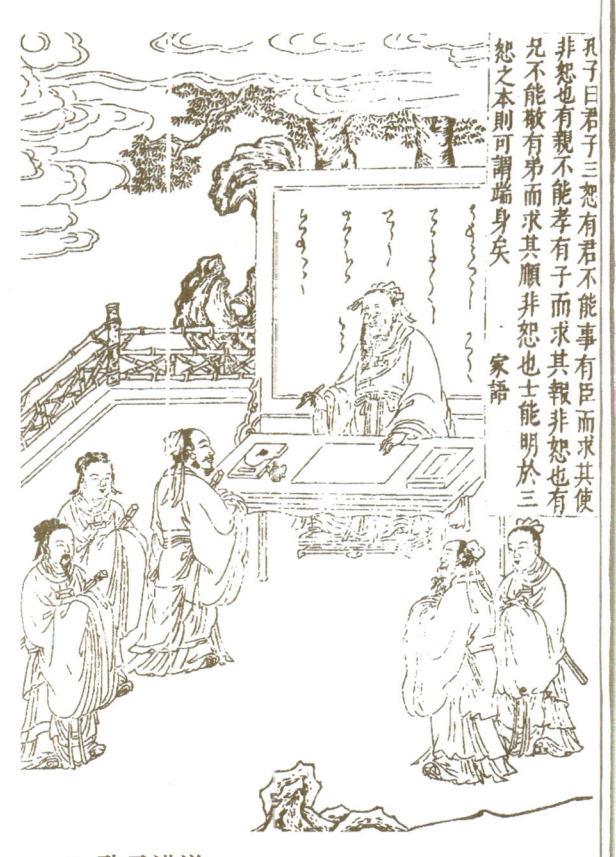

● 孔子讲道

孔子曰君子三恕有君不能事有臣而求其使
非恕也有亲不能孝有子而求其报非恕也有
兄不能敬有弟而求其顺非恕也士能明於三
恕之本则可谓端身矣·家语

蔼可亲；反之，一个生性残暴的人，不论处于何时，总会令人感到一种恐怖之气。一个人是善是恶，能从他的言谈举止中觉察出来，任何虚伪的掩饰都无法永远骗过人们的耳目，俗语所谓"路遥知马力，日久见人心"。

四十九

肝受病，则目不能视；肾受病，则耳不能听。受病于人所不见，必发于人所共见。故君子欲无得罪于昭昭①，必先无得罪于冥冥②。

注释

①**昭昭**：明亮、显著，明显可见。

②**冥冥**：昏暗不明的隐蔽场所，这里指昏暗不清的内心。

译文

肝脏如果得了病，眼睛就看不见东西；肾脏如果发生毛病，耳朵就听不见声音。疾病虽然发生在人看不见的部位，可表现出来的症状人们都能看见。所以正人君子要想在大庭广众之下不犯错，就要养成在不易察觉的细微之处不犯错的习惯。

评点

古人讲修身主要是对自我道德的完善，问心无愧则说明了人欲无错、无祸于世，不能只是外表的完善，关键是内心不能有犯罪的原因。不要以为黑暗可以成为罪恶的温床，所谓天知、地知、你知、我知，天网恢恢，疏而不漏。所以儒家教人修养品德，必须要从慎独功夫做起。所谓慎独，就是指在别人看不见、听不到的情况下，也绝对不做任何见不得人的坏事，这才是君子的聪明处。俗话说："要想人不知，除非己莫为。"人们习惯注意大事而疏忽细节，但造成大灾祸的恰恰是那些不起眼的细节。同理，一个认真工作的人，工作时一定会想到要怎么做才会做好，这也是用心注意细

节的问题。我们知道，很多事谁都能做，但做出来的效果却差别很大，除去个人能力大小外，差异往往就在细节上。因此，要想在事业上有所成绩，就一定要在细节上多留心。

五十

福莫福于少事，祸莫祸于多心。惟苦事者，方知少事之为福①；惟平心者，始知多心之为祸②。

注释

①少事：指没有烦心的琐事。

②多心：这里指猜忌，疑神疑鬼。

译文

人生最大的幸福莫过于没有不必要的牵挂，而最大的隐患莫过于生性多疑。只有每天辛苦奔波的人，才真正知道清闲的幸福；只有心平气和的人，才真正理解疑神疑鬼的祸患。

评点

一个人幸福与否关键在于心性修养的程度和道德水平的高低。因为，多事是辛劳之源，多心是是非之根。猜忌多疑是为人处世的大忌，既不利于团结，又往往自寻烦恼。"君子坦荡荡，小人长戚戚"说的是小人总是很忧郁、很悲伤。因为小人总是为名利不择手段，总想算计别人，提防被人算计，患得患失，心情自然不好；而君子行得正，不虚伪，不骗人，不害人，没有什么恐惧和忧虑的事情，自然坦坦荡荡。当面临烦恼或是困境时，这是审视自我的最佳时期，尽可以抛开一切，看清楚内心真实的自己。世界是如此之大，生命又是这样的短暂，要把它过得尽量像自己想要的那个样子才对。

五十一

处治世宜方[1]，处乱世宜圆[2]，处叔季之世当方圆并用[3]；待善人宜宽，待恶人宜严，待庸众之人当宽严互存[4]。

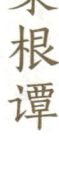

注释

[1] **治世**：太平盛世。**方**：指方正刚直。

[2] **乱世**：动荡之世，与"治世"相对。**圆**：圆融，随机应变。

[3] **叔季**：古时少长顺序按伯、仲、叔、季排列，叔、季排行最后，指国家衰乱将亡的时代。

[4] **庸众之人**：一般人。

译文

生活在太平盛世，为人处世应当刚正不阿，生活在动荡不安的时代，为人处世应当圆融灵活，生活在行将衰亡的末世，为人处世就要方圆并用；对待心地善良的人要仁慈，对待凶残邪恶的人要严厉，对待那些平庸的普通人，则应当根据具体情况，宽容和严厉结合，恩威并施。

评点

古人说的"方其中，圆其外"，意思是说，一个人只有持身方正，又能灵活圆通地对待他人，才能正确处理复杂的人际关系。如果只有方正的原则性，没有圆通的灵活性，就不能团结、影响多数人，甚至会使人际关系中的矛盾复杂化。这就是所谓方圆结合的处世原则。石涛《画语》中也说："凡事有经必有权，有法必有化。"意思是说，经和法是行事应该遵循的原则、法则，执行原则、法则的时候，要根据情况灵活变通和变化。精明练达，浑厚温和，是讲为人的原则性和灵活性。待人接物既要有正派严格、宽厚平和的涵养，又要有精明练达、灵活圆通的智慧。每个人都期望在现实世界里与人和环境和谐相处，在生活和工作中能一帆风顺。然而，现实世界是不断变化的，适者生存的法则决定我们必须适应变化，只有适应变化，

菜根谭

〇五二

并随着环境和形势的变化及时调整自己，才能与周围和谐相处，才能生存。

五十二

我有功于人不可念①，而过则不可不念②；人有恩于我不可忘，而怨则不可不忘。

注 释

①**功**：功劳。

②**过**：过错。**念**：反复想。

译 文

我对别人有过帮助和恩惠，不要常常挂在嘴上或记在心上，但是对别人存在的过失地方，则应时刻放在心上反思；别人对我有过帮助和恩惠，必须牢记在心中，而别人对我的伤害则应当及时忘掉。

评 点

大多数人施舍别人的时候，一方面觉得很快乐，一方面也认为略施小惠，对方应该很满意才对，因而常常把小的施舍看成很大，给人家一点儿好处，就要折磨人家很长时间。让人家占一点儿小便宜，就想当作天大的人情，希望对方永远记着。一个有涵养、有德行的人自然是乐于见到别人过得更好，别人一旦需要帮助，都乐于成全，而这种帮助是真心实意的，是不需要任何回报的。因为，在君子看来，自己的做法对别人有利，那才是真正的满足和快乐。一个人的快乐来自内心的平和，但是如果帮助了别人心中常常想得到回报，如果犯了错误，又常常找很多理由来为自己解脱，如果别人得罪了自己就怨恨在心，伺机报复，心就不会平和，人就会失去真正的快乐。

五十三

施恩者，内不见己^①，外不见人^②，即斗粟可当万钟之报^③；利物者，计己之施，责人之报，虽百镒难成一文之功^④。

译 文

一个施恩于人的人，不应总将此事记挂在心头，也不应该张扬出去，让别人赞美，那么即使是很小的付出也可以得到大大的回报；一个做了好事的人，如果过分计较自己对他人的帮助，要求别人回报给他，那么即使是付出万两黄金，却没有一点功劳。

评 点

周国平在谈到如何为人处世时，曾经说："今天的时代有种种弊病，包括人们过于看重功利，由此导致人情冷漠。我不主张对少年人隐瞒社会的实情，让他们把一切都想象得非常美好，这会使他们失去免疫力，或者陷入幻灭的痛苦。但是，我更反对那种一味引导他们适应社会消极面的实用主义教育。在一定意义上，少年人今天的精神面貌决定了社会明天的面貌。"人生于世上，需要的就是相互友善，相互扶持。我们不能以势利的眼光看待周围的人和事，只去帮助看上去会对我们有用的人，这个想法是错误的。计较得失、计较回报的人不是真善人，是典型的功利主义者。这种人目光短浅，只贪图一时的利益，缺乏远见。如果我们能够时刻保持谦逊恭敬的态度，真诚对待每一个人，你收获了人心，身边自然会有贵人。真正高贵的人不在于权势的多少和地位的高低，而在于他们待人处世的态度。

五十四

人之际遇^①，有齐有不齐^②，而能使已独齐乎？已之情理^③，有顺有不顺，而能使人皆顺乎？以此相观对治^④，亦是一方便法门^⑤。

前集

注释

①**际遇**：机会、时运。

②**齐**：通"济"，成功。

③**情理**：这里指情绪，精神状态。

④**相观对治**：相互对照修正。治，修正。

⑤**法门**：佛家用语，指领悟佛法的途径。

译文

人生的命运有幸运也有不幸运，面对的境况各有不同，在这个时候，又如何要求自己特别的幸运呢？自己的情绪有顺心的时候也有烦躁的时候，又如何能要求别人时刻都心平气和呢？用这个道理来将心比心，也不失为人生的一种处世的捷径。

评点

古代圣贤告诉我们，为人处世应当将心比心，设身处地想他人之所想。生活中，与别人发生矛盾时，许多人都会怨恨对方，认为是对方做错了事，伤害了自己。但是，一旦事情调过来，双方换一下位置，他们往往和对方做法相同。所以，当我们对一个人不满的时候，一定要先换位思考一下，多站在别人的角度考虑问题，许多矛盾就会化解了。与人方便就是与己方便，理解别人，多为别人着想，是一种美德，是君子的待人之道。在人生漫长的旅途上，如果学会这种推己及人的处世方式，不仅可以让我们结交更多的朋友，还可以让我们的内心真正地快乐起来。

五十五

心地干净^①，方可读书学古。不然，见一善行窃以济私^②，闻一善言假以覆短^③，是又藉寇兵而赍盗粮矣^④。

注释

①**心地干净**：心性洁白无瑕。

②**窃以济私**：偷偷用来满足自己的私欲。

③**假以覆短**：借书上的话掩饰自己的过失。假，凭借；覆，遮盖。

④**藉寇兵而赍盗粮**：给敌人兵器，给强盗粮食。比喻被敌人所利用。

译文

只有心灵得到净化后，才能够研习诗书、学习圣贤的美德。如果不是这样的话，看见好事就偷偷地用来满足自己的私欲，听到一句好话就利用它来掩饰自己的短处，这种行为就如同给强盗资助武器，向盗贼赠送粮食一样。

评点

人之所以有好坏之分，全在于心有正邪之别。内心纯洁的人自会美名远扬，心黑如墨的人只会臭名昭著。君子善于修心，小人善于修嘴，内心的修养将决定一个人的为人。科技要想发展，政治要想清明，社会要想进步就需要大量的德才兼备的人才。一个心地纯洁的人会用自己的知识为别人带来帮助，一个道德高尚的人会用自己的智慧去造福人类。而一个内心阴暗、心术不正的人，往往会把一己私利放在首位，利用自己掌握的知识和资源，去干一些损人利己的勾当，这样不仅不利于人的团结，更不利于一个社会的协调发展。可见，有德之人即使身居陋巷，他做的仍然有益于人；无德的人纵然身居要职，也不是大家的福气。

菜根谭

五十六

奢者富而不足,何如俭者贫而有余? 能者劳而招怨①,何如拙者逸而全真②?

注 释

①**劳**:劳苦。

②**逸而全真**:安闲而能保全本性。

译 文

生活奢侈的人即使拥有再多的财富也不会感到满足,哪里比得上那些虽然贫穷却因为节俭而有富余的人呢? 有才干的人操劳忙碌却招致众人的怨恨,还不如那些生性笨拙的人活得安逸,最终保持了自己的纯真本性。

评 点

生活就像一个圆,无论你的人生多么辉煌壮丽,到最后还是会回到原点。但古人说的安贫乐道并不是不思进取,让人安于贫困,接受贫困,而是叫人们在这样一个物欲横流的时代,依然可以放弃自己经济上的利益,成全心中最崇高的信仰,凡事不强求而尽本分,顺其自然,保持内心的安泰。这样看来,不被现实名利所困扰,踏踏实实地过清贫但自在的生活,也不失为一种成功的表现。

五十七

读书不见圣贤①,如铅椠佣②;居官不爱子民③,如衣冠盗④;讲学不尚躬行,为口头禅⑤;立业不思种德,为眼前花。

①**不见圣贤**：指读书只知背诵文句，读不懂古人的精妙义理。

②**铅椠佣**：抄写匠。铅椠，代表纸笔，铅指铅粉笔，椠指削木为牍；佣，雇工。

③**子民**：老百姓。

④**衣冠盗**：偷窃俸禄的官吏。

⑤**口头禅**：不明禅理，抄袭禅家套语以作谈资者，谓之口头禅。

读诗书却不领会古代圣贤的思想，就是一个抄写匠；当官却不爱护百姓，就是穿着官服、戴着官帽的强盗；只是简单学习理论却不身体力行，就像一个只会口头念经却不通佛理的僧人；追求事业成功却不考虑积累功德，就像开放的花朵，转眼就会凋谢。

人可以平凡，但不能平庸。平凡背后是一种回归本真的悠然自得，而平庸背后却是浑浑噩噩地生活，漫无目的地混日子。人最怕习惯平庸，只有不甘平庸，才可能实现卓越的目标。海尔总裁张瑞敏说过，能把简单的事情做到极致，就是不简单；能把平凡的事情做到极致，就是不平凡。平凡孕育伟大，伟大寓于平凡。水滴石穿的哲理故事告诉我们，水滴固然平凡得微不足道，因为它既不能生津止渴，更不能洗衣做饭，但它却能穿透岩石。水何以具有如此强大的威力，靠的就是矢志不渝、坚持不懈的恒心和毅力。我们每一个人都有自己的特点和优势，都不应该将它们藏起来，而应该把它们积极地发挥出来，这样你才不会白白葬送自己的才华。只要不甘于平庸，即使在平凡的岗位，也可以成就不平凡的人生。

五十八

人心有一部真文章①**，都被残编断简封固了**②**；有一部真**

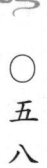

鼓吹③,都被妖歌艳舞淹没了。学者须扫除外物,直觉本来,才有个真受用④。

注释

①真文章:指人的本来灵性。

②残编断简:指残缺不全的书籍,此处有物欲杂念之意。

③真鼓吹:指与本性相同的心曲。鼓吹,鼓吹乐,古代的一种器乐合奏曲。

④真受用:真正的好处。

译文

每个人心里都有一篇真正的好文章,可惜都被残缺不全的杂乱文章所遮盖;每个人的心中都有一首真正的好乐曲,可惜都被那些妖艳的歌声和淫靡的舞蹈所淹没了。所以,做学问的人一定要排除外界的干扰和诱惑,去寻求人心中最自然的本心,这样才能求得真正享用不尽的乐趣。

评点

《庄子》一书中有个寓言故事,大意是说有一个名叫混沌的人,本来既无眼睛也无耳朵,后来神给他穿通了耳目,按道理说他应该欣赏这个五光十色的花花世界,谁知他有了耳目之后很快就死了。这则寓言故事的用意是在告诉世人,有耳目可见可听之后就会产生很多欲念,有了欲念之后就会丧失纯真的本性。人人都希望自己衣食无忧,生活美满,心情舒畅,但在奋斗的过程中又都无法真正摆脱势利心,这是人之常情。可是,一旦这些势利心变成无止境的贪婪,那么我们就会被干扰,成为欲望的奴隶,因为我们不得不为了权力、地位、财富而钩心斗角,尽管已经很累,但仍然无法满足,不肯停歇。这就像聪明固然是造物者的一大恩赐,但是假如聪明伶俐过度,反而会危害本身的生存。最后落得个"聪明反被聪明误"的下场。

五十九

苦心中常得悦心之趣①;得意时便生失意之悲②。

注 释

①**苦心**：辛勤劳苦而耗费心思。**悦心**：喜悦的感受。**趣**：此指乐趣。

②**失意之悲**：由于失望而感到悲哀。

译 文

苦闷失意时，要常常想想自己快乐的事情；顺心得意时，应该想想失意时的悲凉。

评 点

季羡林说："走运时，要想到倒霉，不要得意过了头；倒霉时，要想到走运，不必垂头丧气。"我们不是圣人，难以做到不以物喜、不以己悲，但要能够懂得痛苦与欢乐、成功与失败总是相辅相成的。我们在生活中，有时会遇到意外的好运，那么，在惊喜之余，一定要保持清醒的头脑，因为人生得意之时朋友认识你，失意之时你认识朋友，所以，得意时，不忘形，宜淡然，不要得志骄横，静下来，你会发现这点成功实在是微不足道。而且还要提早意识到接下来可能会发生的灾祸；有时我们也会遭遇意想不到的灾祸，那么也不要过于恐惧和悲伤，而更是要保持一份镇静和坚强，在与厄运的抗争中等待命运的转变。

六十

富贵名誉，自道德来者，如山林中花，自是舒徐繁衍①；自功业来者，如盆槛中花②，便有迁徙兴废；若以权力得者，如瓶钵中花③，其根不植，其萎可立而待矣。

注 释

①**舒徐**：指从容自然。舒，展开；徐，缓慢。

②**盆槛**：盆子和栅栏。

③**瓶钵中花**：插在花瓶里的花。

译 文

　　人世间的财富名誉，如果是通过提升道德修养得来，那么就像生长在山野的花草，自然会欣欣向荣、绵延不断；如果是通过建立功业所换来，那么就像生长在花盆或栅栏中的花草，会因为生长环境的变迁，或者繁茂或者枯萎；如果是通过玩弄权术得来的，那么财富名誉就像插在花瓶中的花草，因为没有根基，会很快地凋射枯萎。

评 点

　　自古以来，赞美一个人最好的词语就是"德才兼备"，"德"排在了"才"的前面，如果一个人的德行修养不够，即使再有才华，也是难以受人敬重的。如果说古人论人生，首先强调立德，其次才是立功，那么，做学问就要首先重在力行，如果没有伦理道德的基础，不知道礼义廉耻，学得越多就越增长浮华傲慢，和学问背道而驰，不得利益。可是什么是"德"呢？在仲弓向孔子问仁时，孔子回答说："出门如见大宾，使民如承大祭。己所不欲，勿施于人。在邦无怨，在家无怨。"可见，孔子认为仁德应该具备的品德之一就是"在邦无怨，在家无怨"，翻译过来就是说，一个仁德之人应该在国家工作中没有怨恨，在家庭生活中也没有怨恨，正所谓"敏于行，而讷于言"。

● 仁言动众

六十一

春至时和①,花尚铺一段好色,鸟且啭几句好音②。士君子幸列头角③,复遇温饱,不思立好言④,行好事,虽是在世百年,恰似未生一日。

注释

①时和:气候暖和。

②啭:鸟的叫声。

③列头角:比喻才华出众,一般说成"崭露头角"。

④立好言:著书立说。

译文

到了春天风和日丽,花草树木注重争奇斗妍,为大地铺上一层美丽的景色,连鸟儿也发出婉转动听的鸣叫。一个读书人如果能通过努力,侥幸获得成功,又能够过上温饱的生活,如果不考虑为后世写下美好的篇章,为世间多做几件好事,那么他即使活到百岁,也像一天没活过一样。

评点

每个人都有自己的梦想,梦想有大有小。每个人的心里,都藏着一个了不起的自己,在追逐的路上总会遇见艰难和困扰,甚至有的人终其一生也未实现。但不能说这是一个没有意义的人生,或者有的人终其一生实现了,也不一定就是一个完美的人生。一个人成熟的标志就是不去打扰别人的小幸福,也不去嘲笑别人的梦想,只要他们都是真的投入其中就是真正有价值的一生,就是无憾无悔于生命的一生。传说柏拉图曾经告诉弟子,自己能够移山,弟子们于是纷纷请教方法。柏拉图笑道:"很简单,山若不过来,我就过去。"可见,梦想本身不是目的,人活在世上,必须知道自己究竟想要什么,并且认真地去做,在这个过程中我们会获得一种内在的平

静和充实。

六十二

学者有段兢业的心思^①，又要有段潇洒的趣味^②。若一味约束清苦，是有秋杀无春生^③，何以发育万物？

注 释

① **兢业**：也作兢兢业业，小心谨慎、尽心尽力的意思。
② **潇洒**：形容行为举止自然大方，不呆板，不拘束。
③ **秋杀**：与春生相对，气象凛冽、毫无生机。

译 文

做学问的人不但要有专心致志的态度，兢兢业业的精神，还要有一份潇洒淡泊的胸怀，这样才能体会到人生的乐趣。如果一味地严格要求自己，过着清苦拘谨的生活，那么这样的人生就只像秋天一样，充满肃杀凄凉之感，看不到春天般万木复苏的勃勃生机，如何去滋润万物生长呢？

评 点

凡事都有两面性，因此我们总要一分为二看问题。过分的轻松活跃可能会显得不稳重，给人一种浮躁的感觉，而过分的埋头苦干又会显得缺乏活力，终日沉闷无趣，因此，既要有踏踏实实的苦干精神，又要学会轻轻松松地享受生活。学者做学问是这个道理，同样，日常生活也是这个道理。生命是短暂的，如何使短暂的生命既有意义又不失光彩，是一个值得我们深思的问题。庄子云："得至美而游乎至乐，谓之至人。"这句话为我们提供了一个学会生活的方法，即要用心去探索和体验生活的意义、目的和欢乐，要让每一天都变得熠熠发光，这样一来，幸福和快乐自然就掌握在自己手中，即所谓"艺术地生活"。可见，一个真正有智慧的人，他的生活会变得像艺术一样绚丽多彩。

六十三

真廉无廉名^①，立名者正所以为贪；大巧无巧术^②，用术者乃所以为拙^③。

注　释

①廉：不贪、廉洁。

②大巧：绝顶的机巧。术：方法、手段。

③拙：笨。

译　文

真正的清廉并没有"廉洁"的名声，那些为自己树立好名声的人，正是因为贪图虚名；真正的灵巧没有方法，玩弄心思的人正是为了掩饰自己的拙劣和不足。

评　点

中国人从古至今历来重视个人的名声，通常廉洁奉公的人不会过分关注自己的名声，只有那些队伍中的腐败分子，才会想尽办法为自己到处树立好的名声。名垂青史的北宋大臣包拯，心里时刻挂念着社稷和黎民，全心全意地为天下的老百姓办事服务。他曾说："秀才终成栋，精钢不作钩。"他严于律己、敢于碰硬，坚决同歪风邪气做斗争，做到了一身正气、两袖清风，永葆包青天的本色。

六十四

欹器以满覆^①，扑满以空全^②。故君子宁居无不居有，宁处缺不处完。

菜根谭

〇六四

注 释

①**欹器**：倾斜易覆之器。

②**扑满**：用来存钱用的陶罐，有入口无出口，满则需打破取出。

译 文

倾斜的容器因为装满了东西而翻倒，存钱罐因为没有钱不会被打破。所以正人君子宁可无欲无求也不愿争权夺利，宁可有些遗憾而不会尽善尽美。

评 点

俗话说："有所不为才能有所为。"意思是说，去掉那些对你来说属于负担的东西，停止去做那些令你毫无激情的事情，才能更加专注，事业才能成功。一个真正的智者懂得该舍弃的时候就要舍弃，不追求绝对的完美与圆满。现代社会，竞争激烈，人们为了获胜，争名夺利，甚至鱼死网破。可是人总不会想要什么就有什么，总会有失落和悲伤，追求圆满就意味着永无止境地索取。一旦欲望膨胀，牵一发而动全身，必定会仁出惨痛的代价。其实，不圆满也是好事，它会让我们的人生时刻充满动力，让我们更加努力。

六十五

名根未拔者①，纵轻千乘②，甘一瓢③，总堕尘情④；客气未融者⑤，虽泽四海⑥，利万世，终为剩技⑦。

注 释

①**名根**：功利的思想。

②**千乘**：比喻富贵。乘，车。谓一车四马。

③**一瓢**：喝一瓢水，比喻清苦生活。瓢，用葫芦做的盛水器。

④**尘情**：人世之情。

⑤**客气**：指侵入身体的邪气。

⑥**泽**：恩泽。

⑦**剩**：多余。**技**：伎俩之意。

译文

　　一个人贪慕名利的心思若不从内心彻底根除，哪怕他看上去轻视世间的荣华富贵，甘愿过着清苦的生活，也不免俗气逼人；一个人邪气未除，虽然他恩泽所有的人，并为后代创立基业，终究也是无关紧要的伎俩。

评点

　　在对待名利的问题上，人还是洒脱一点好。欲望的满足不是真正的满足，而是一种自我放纵，欲望只会带来更大的欲望。如果我们被欲望所左右，被欲望煎熬，那么人生还有何乐趣可言。陶渊明的"采菊东篱下，悠然见南山"以一种真正决绝的精神独立于官场之外，他的世界只有一片可见"南山"的宁静淡泊的精神家园。其实，一个人是遁世还是入世都是次要的，关键要看他的德行和修养。德行高，入世正气浩然，光明磊落；德行低，出世蝇营狗苟，患得患失。好的道德和习惯的养成不是一蹴而就的，而是需要一个循序渐进、日积月累的过程。

六十六

心体光明①，暗室中有青天②；念头暗昧③，白日下有厉鬼。

注释

　　①**心体**：思想。
　　②**暗室**：幽暗的屋子。
　　③**暗昧**：指不可告人的隐秘。昧，暗。

译文

　　内心光明磊落，即使是在黑暗的房子里，也像是在明亮的天空下；内心阴暗邪恶，即使在青天白日下，也会遇见阴森的厉鬼。

评点

　　人生的状态有很多种，有光明坦荡的，有阴暗忧郁的。究竟你的生活是充满光明还是充满阴暗，不是由上天决定的，而是由你自己的心态决定

的。心里光明的人，看别人也是光明的，如果心里阴暗，看别人也是阴暗的。做人就应该时时刻刻保持内心光明，不要让任何邪恶念头萌发，防微杜渐，使自己的品德更加高尚。只要心怀仁善，光明磊落，即使处在恶劣的环境下，前途也是一片光明。反之，如果心胸狭窄，居心叵测，即使在光天化日之下，也会整日战战兢兢，看不见一丝光亮。所谓"世间皆乐，苦由心生"就是这个道理。可见，如果在尔虞我诈中生活久了，烦恼倍增，想寻回当初的快乐生活，唯有放下贪婪执念，才能获得新生。

六十七

人知名位为乐①，不知无名无位之乐为最真；人知饥寒为忧②，不知不饥不寒之忧为更甚。

注 释

①**名**：名声、名望。**位**：官位、爵位。

②**忧**：忧愁、忧虑。

译 文

人们都知道有了名誉地位是一种快乐，殊不知那种没有名声地位束缚的无牵无挂，才是真正的开心。世人只知道挨饿受冻是令人担心的事，却不知那些虽衣食无忧却精神空虚的人更为痛苦。

评 点

人们一直都在寻找幸福，而何为幸福，大多数人认为应该是有名有利，物质上极大丰富。然而，物质满足带来的幸福感只能是一时的，因为人对物质的欲望是永远不会停止的。曹雪芹的《红楼梦》中写了一首"好了歌"说明了世俗心理："世人都晓神仙好，惟有功名忘不了！古今将相在何方？荒冢一堆草没了！世人都晓神仙好，只有金银忘不了！终朝只恨聚无多，及到多时眼闭了。"陶渊明不为五斗米折腰，挂冠而归田园，因为他讨厌官场倾轧和那些有权有势的人，传为千古美谈。其实，平凡的人生才是幸福的人生，只是许多人过于追求一种表面化的生活，为名利所累，而忽略了生活的真谛。面对任何外界物欲干扰，只要我们能走出一条属于自己的人生之路，我们的人生就是幸福的。

六十八

为恶而畏人知，恶中犹有善路①；为善而急人知，善处即是恶根②。

注 释

①善路：向善好学的道路。
②恶根：指过失的根源。恶，罪恶、不良行为。

译 文

做了坏事怕别人知道，虽然是犯了错，但还有改过自新的机会；做了好事却急于让大家知道，做好事的同时已种下了恶根。

评 点

一个人做了坏事，知道羞耻，还不算真正的恶人；做了好事，却到处大肆宣扬，一件好事也变了味道。金无足赤，人无完人，当一个人犯错之后，能否正确认识错误，决定着能否改正错误。只有犯了错而有羞愧之心的人，才会努力改过向善，而一个人犯了错却不能从主观上认识到自己的错误，将责任归咎社会，或是推给他人，也就谈不上会改正错误，也许坏习恶行会伴随一生。不过，有目的地做好事更可怕。现实生活中有一些人做了一点善事就急于让别人知道，期待受到表扬与奖励，甚至发展为制造见义勇为现场以得到虚荣的现象。丑行一旦败露，将会身败名裂。做好事也好，做坏事也罢，不管出于有意还是无意，做了好事要顺其自然，不必宣扬，做了坏事也不能止步于自责，而要认真改过。

六十九

　　天之机缄不测①，抑而伸②，伸而抑，皆是播弄英雄③，颠倒豪杰处。君子只是逆来顺受，居安思危，天亦无所用其伎俩④。

译文

　　命运的玄妙在于变幻莫测，有时让你先陷入困境然后再进入顺境，有时又让人先得意而后失意，不论处于何种境地，都是上天有意在捉弄那些自以为是的所谓英雄豪杰。一个真正的君子，如果能够将逆境当作顺境，居安思危，那么就连上天拿他也没有什么办法了。

评点

　　人们常说"尽人事以听天命"，即对天命而言人们只能逆来顺受。因为人的知识是有限的，对能力所不及的事情，很难违背自然法则。于是生活中，经常有人会把自己的失败归咎于命运不济，这其实不过是意志脆弱的人找到的逃避借口而已。听天由命，并不意味着我们的一生完全以天命来决定。没有过不去的坎，往往只要再坚持一下，成功就会到来。唐太宗要发动政变夺取政权时，如果以卜卜吉凶来决定起事与否，很可能就没有以后的"贞观之治"。唐玄宗登基后，蝗虫成灾，玄宗如果信天命不敢灭蝗，可能就没有以后的"开元盛世"。所以，一个人只要意志坚定，不屈服于所谓命运的安排，是能够通过自己的不断努力，达到人生新高度的。

七十

　　躁性者火炽^①，遇物则焚；寡恩者冰清，逢物必杀^②；凝滞固执者^③，如死水腐木，生机已绝。俱难建功业而延福祉^④。

[注释]

　　①炽：火旺。

　　②杀：伤害。

　　③凝滞：停留不动，比喻人的性情古板。

　　④延：延续。福祉：幸福。

[译文]

　　性情暴躁的人就像一团炽热的烈火，仿佛跟他接触都会被烧毁；刻薄寡恩的人就像一块寒冷的冰块，仿佛碰到他都会被冻伤；固执呆板的人，就像一潭死水和一块枯木，没有任何生机。这些人都难以成就一番事业，并且造福于别人。

[评点]

　　中华民族是一个性格"含蓄"的民族，儒家中庸之道中，所谓"致中和"，哀而不伤，乐而不淫，影响了中华民族几千年，这在国人心中的烙印是非常深刻的。"和"是中庸之道，"喜怒哀乐之未发谓之中，发而皆中节谓之和"。和不是简单的和和气气，不是隐而不发，而是"发而皆中节"。中节就是，该是什么就是什么，该哭就哭，该乐就乐，该生气就生气。所以说中和之道的价值在于，它不是叫人压抑自己的情绪，而是要控制自己的情绪。

七十一

　　福不可徼^①，养喜神以为召福之本而已^②；祸不可避，去杀

机以为远祸之方而已③。

注 释

①徼：强取，求取。

②喜神：愉快的心情。

③杀机：暗中决定要杀害他人的动机。

译 文

福分不可强求，培养良好的心态，就是带来幸福的根本；灾祸无法逃避，排除害人之念，就是远离灾祸的办法。

评 点

人生不如意事，十之八九。在漫长的人生之路上，我们难免会遇到各种波折。比如，很多东西不是我们想得到便能得到的，很多事情不是我们想做成便能做成的。那么，当不幸降临时，我们又应当如何应对呢？智者的做法是：把苦恼、不言、痛苦看作是人生不可避免的一部分，遇到灾祸不怨天，受到挫折不尤人，相信只要心胸开阔，心性豁达，任何困难都终将过去。这种淡然处之的态度正是追求幸福的基础，也是逢凶化吉的法宝。你对世界微笑，世界就对你微笑。逆境虽然不可避免，只要我们不让自己消沉颓废，保持一种积极乐观的心态，环境通常是很难把我们击垮的。

七十二

十语九中，未必称奇，一语不中，则愆尤并集①；十谋九成，未必归功，一谋不成，则訾议丛兴②。君子所以宁默毋躁，宁拙毋巧。

注 释

①愆尤：是指责归咎的意思。愆，过失；尤，责怪。并集：接连而至。

②訾议：非议、责难的意思。訾，诋毁。

十句话有九次都说得很对，未必有人称赞你，但是如果有一句话没说对，那么就会受到众人的非议。十次谋划有九次成功，人们不一定认为你是有功劳的，但是如果有一次谋划失败，那么批评、责难之声就纷至沓来。这就是君子宁可保持沉默也不急躁多言的道理，正所谓沉默是金，宁可表现笨一点，也不显露心机。

● 曹操

评 点

所谓"话多不如话少，话少不如话好"，言多必失就是这个道理。三国时杨修善于卖弄小聪明，凡事都喜欢开口点破，使得本来就疑心很重的曹操十分反感。最后，终于因道破"鸡肋"的意思，招来杀身之祸。其实，曹操的想法，别人未必不懂。杨修只觉得自己聪明，说话不看场合，误了身家性命。生活中的沉默寡言，不代表没有才华，"内秀"者大有人在；不擅自表态，不说明没有权威，而是没有深思熟虑。因此，那些懂得此理的人总是让人尊敬，而那些喋喋不休之人却让人讨厌。年轻人在生活和工作中如能遵循之，虽不能因此便一帆风顺，但少走弯路却是必然。

七十三

天地之气①，暖则生，寒则杀②。故性气清冷者③，受享亦凉薄④。唯和气热心之人，其福亦厚，其泽亦长⑤。

注 释

①天地之气：指天地的气性、气候。

②**杀**：衰退，残败。

③**性气**：性情、气质。**清冷**：清高冷漠。

④**受享**：所享的福分。**凉薄**：寡淡稀少。

⑤**泽**：恩泽、恩惠。

译　文

自然界的气候，温暖的时候就会生发万物，寒冷的时候就会使万物萧条沉寂。做人的道理也一样，性情高傲冷漠的人，所得的福分也比较少。只有那些温和热心的人，他所得到的回报才会更多，福分才会更深，留下的恩泽也会长久。

评　点

天地间大自然有其自己的变化规律，比如春夏温暖，在这种温暖气候之下，万物就会获得生机，一派欣欣向荣；秋冬寒冷，在这种寒冷环境之中，万物则丧失了生机，到处肃杀冷清，所以叫天地之气，暖则生，寒则杀。其实，人与人之间也是这样。人情冷暖本来就不单纯，如果我们用热情温暖寒冷，人与人之间就会变得温情脉脉。当一个人以平和的心态与别人相处时，我们会忽视别人无伤大雅的错误，会更多地发现别人的优点。怎样才能心态平和呢？只要戒除嗔念，心境就能平易随和。"敬人者人恒敬之，助人者人恒助之"，当你满腔和气，待人热情，愿意帮助别人时，周围人就会更愿意靠近你，可以得到大家的帮助；一个性情过于冷酷的人就如寒冬一般，使万物丧失了生机，很难得到别人的帮助，事业也就很难成功。

七十四

天理路上甚宽①，稍游心②，胸中便觉广大宏朗；人欲路上甚窄③，才寄迹④，眼前俱是荆棘泥涂⑤。

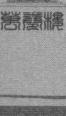

注 释

①**天理**：天道。

②**游心**：留心。游，出入。游心是指专注某一方面。

③**人欲**：人的欲望。

④**寄迹**：投身立足。

⑤**荆棘**：比喻纷乱梗阻。

译 文

寻求真理的道路十分宽广，稍加用心追求，就感觉心胸宽广开阔；追求个人欲望的道路非常狭窄，刚把脚踏上去，就发现眼前布满了荆棘泥泞，寸步难行。

评 点

现实生活中，总有许多人为追求物质享受、社会地位和显赫名声等身外之物，而心力交瘁、疲惫不堪。他们整日怨天尤人、欲逃离其中而又做不到，这些都是因为忽略了自己的内心，不明白万事以修心为先的道理。欲望越多，痛苦也越多，实在是人生的大悲哀，就像人们经常说的"人心不足蛇吞象"，那种咽不进、吐不出的感觉，是非常难受的。欲望越多，越是什么都想要，最后可能什么也得不到，反而将自己一辈子都置身于忙忙碌碌、钩心斗角之中，这样的一生岂不是太累，何谈幸福？常言说："心底无私天地宽，利欲熏心行路难。"所以，人还是要加强自身的修养，积善行德，少一些势利心，多一分洒脱和坦荡，人生之路才能越走越宽，生命才会更有价值。

七十五

一苦一乐相磨练，练极而成福者，其福始久；一疑一信相参勘①，勘极而成知者，其知始真。

注 释

①**参**：交互考证。**勘**：调查、核对。

译文

在人生道路上，经历过困苦与快乐的磨炼，才会获得幸福，这样的幸福才会长久；对知识的学习，要相信与质疑并用，最后获得的知识，才是经得起考验的智慧。

评点

每一条人生路都充满着不确定的障碍，如何才能披荆斩棘，一路通畅呢？一个善于思考、有恒心的人并不觉得很困难。在追求幸福的过程中，有善于思考和独立解决问题的能力是非常重要的，因为只有具备这种能力，才能保证在充满荆棘的旅途中，不绝望，内心永远强大，这是能经受得住任何考验的前提条件；其次，无论做什么事情，恒心都是不可或缺的。遇到困难就退缩，遇到问题就逃避的人，究其根本就是缺少毅力，受不了磨难，这样的人是不可能做好任何事情的。我们做任何事都应该抱有百折不挠的精神，还要有不怕重来的勇气，否则一遇到问题就能躲就躲、敷衍了事，又如何从中汲取经验而不断成长呢？

七十六

心不可不虚①，虚则义理来居；心不可不实②，实则物欲不入。

注 释

①**虚**：谦虚、不自满。

②**实**：实诚、充实。

译文

一个人不能不谦虚，只有谦虚才能获得真正的知识和道理；一个人的内

心不能不充实，只有内心充实才能不受名利的诱惑，挡住物欲的侵袭。

〔评 点〕

人贵有自知之明。一个人不管自己取得了多大的成绩，或是有了何等显赫的地位，如果不能谦虚谨慎正确认清自己，就容易自视过高、骄傲自满。心中若装满了骄傲，就很难听取别人忠告，吸取经验教训，长此以往只会故步自封、止步不前。自以为是的人往往昏昏然、飘飘然，摆不正位置、找不准人生支点，驾驭不好生命之舟。人们需要做好对自己的省察。曾子说："吾日三省吾身。"谦虚是一种人生的智慧，是一个人成就梦想的必要品格。

七十七

地之秽者多生物，水之清者常无鱼。故君子当存含垢纳污之量①**，不可持好洁独行之操**②**。**

〔注 释〕

①**含垢纳污**：容纳脏的东西，比喻有宽宏容忍的气度。

②**独行**：独自行事，不随波逐流。**操**：品德、品行。

〔译 文〕

肮脏的地方往往孕育许多生物，而清澈的水中反而没有鱼儿生长。所以真正有德行的君子应该有包容众生的度量，绝对不能洁身自好，孤芳自赏。

〔评 点〕

儒家主张"和而不同"，强调既要有个性又不冲突，彼此和谐共处，相辅相成。"和"不仅能使气氛融洽，更能带来双赢。当代社会是一个讲究协作的社会，在这里，大家既能和平共处，又能保持自己独特的风格，每个人都有自己思考的权利、说话的权利、选择的权利。历史上北宋的司马光和王安石，性格迥异，私下里关系很好，虽然互相敬重对方的人品，但是由于双方政见不同，于是两个人你方唱罢我登场，轮流做宰相。关系好并不代表一定要认同彼此的政治主张、执政的理念，更不是对彼此道德品质

菜根谭

〇七六

的否定。待人做事既有原则又有底线，能够做到"和而不同"才是真正的君子境界，才能更加融洽地与人相处。这是我们立身处世的基本原则，也是事业成功必须具备的修养。

七十八

泛驾之马可就驰驱[①]，跃冶之金终归型范[②]。只一优游不振[③]，便终身无个进步。白沙云[④]："为人多病未足羞，一生无病是吾忧。"真确论也。

注 释

①**泛驾之马**：性情凶悍不易驯服的马。泛驾，翻车。

②**跃冶之金**：溅到熔炉外面的金属溶液，比喻不守本分而自命不凡的人。**型范**：铸造用的模具。

③**优游**：悠闲自得。

④**白沙**：陈献章，字公甫，明朝学者，广东新会人。隐居白沙里，世人称他为白沙先生。

译 文

桀骜不驯的马儿可以训练成飞奔的骏马，溅到熔炉外面的金属，终归可以熔铸成可用之物。人如果整天无所事事，人畜无害，那么就永远不会有什么出息。所以白沙先生说："一个人有很多缺点并不可怕，一辈子都看不到自身缺点的人，才是最令人担忧的。"这真是精辟的论述。

评 点

一个有大志、有追求的人就不要怕艰苦的磨炼。孟子说："忧劳足以兴国，逸豫足以亡身。"又说："天将降大任于是人也，必先苦其心志，劳其筋骨，饿其体肤，空乏其身，行拂乱其所为，所以动心忍性，曾益其所不能。"这就说明一个人要想创立事业，必须先在艰难困苦的环境中磨炼心性，

看是否经得起困难的考验，才能担当起"挽狂澜于既倒"的经邦治国重任。其实，只要你在这个世界上生活、工作，就难免会犯错，错了并没有什么，发现并改正错误就是一个剖析内心、找回自我的过程，而且勇于承认错误反而会受到大家的敬仰和尊重。

七十九

人只一念贪私^①，便销刚为柔^②，塞智为昏，变恩为惨^③，染洁为污，坏了一生人品^④。故古人以不贪为宝，所以度越一世^⑤。

注 释

①**一念**：一瞬间的想法。

②**销刚为柔**：变刚毅为柔弱。

③**恩**：惠爱、恩惠。**惨**：狠毒。

④**品**：品质、品德。

⑤**度越**：超越物欲。

译 文

人只要有贪图私利的杂念，那么性格就会由刚正变为懦弱，由聪明变为糊涂，由善良变为残忍，由纯洁变为肮脏，结果败坏了他一生的人格。所以古人把不贪婪作为修身的宝典，这样就可以平平安安地度过一生。

评 点

财富与名利虽好，却容易让人在追逐的时候，忽略人生最珍贵的东西和最本质的意义，进而伤害了身心，迷失了方向。品行的修养是一生一世的事，古人尤其重视。"祸莫祸于贪心"，古人早就有贪为败身之大的说法，世俗也有"拿人家的手短，吃人家的嘴软"的警语。在现在的社会里，有多少身居高位的人，最终过不了"贪"字关，在物欲的诱惑下弄得身败名裂。其实，只要我们不贪图功名利禄，摆正自己的位置，调整好自己的心态，就能抛弃无谓的烦恼，拥有愉快的心情，这样一来，自然能够提升生活品

质，并使身心保持健康。

八十

耳目见闻为外贼①，情欲意识为内贼②。只是主人翁惺惺不昧③，独坐中堂④，贼便化为家人矣！

注 释

①**外贼**：来自外部的盗贼。

②**情欲意识**：内心的情感欲望。

③**主人翁**：主人，比喻良知。**惺惺**：清醒、机警。**不昧**：不糊涂。

④**中堂**：正中的堂厅，比喻中枢地位。

译 文

耳朵听到美声，眼睛看到美色，这些尘世诱惑都是外来的盗贼，心中的情感和欲望，这些都是人内心中潜藏的盗贼。只有人的灵魂保持清醒，在堂中央坐稳，不受诱惑，保持一片纯净的心境，这些外在诱惑和内心感受，才能成为帮助自己提升正直品德的自家人。

评 点

能够做到经常的自在快活，就是真功夫。如果你想生活得悠闲自在，豁达洒脱，首先就要努力使自己成为一个有道德修养的人，一个品行端正的人，一个精神高尚的人，这样才能避免那些不好的、容易使人堕落的因素的影响，从而充分享受生活本身蕴含的乐趣。快乐的生活其实很简单，它与一个人的财富、地位、名气都无关，因为当人的这些欲望满足时，获得的只是暂时的快乐，不是长久的幸福，它们甚至会成为人生的累赘，使生活从此失去快乐。面对诱惑，人们不可能不食人间烟火，只是需要对物欲情欲稍加克制。因此，一个人能否快乐地生活，关键还是在于自己能不能把握住人生方向。

八十一

图未就之功^①，不如保已成之业^②；悔既往之失^③，不如防将来之非^④。

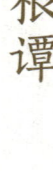

注 释

①**图**：谋划。**就**：成。**功**：事业。

②**业**：事业、功业。

③**失**：过失、错误。

④**非**：过失。

译 文

与其图谋计划新的功业，还不如集中精力保住已经取得的成绩；与其追悔过去的失误，还不如预防将来的错误。

评 点

我们都知道：一个人不能做没有把握的事，更不能因为已往的失误耿耿于怀。做任何事情，都是一个循序渐进的过程，所有伟大的事业都不是一蹴而就，唯有一步步，先从眼前的点滴小事做起，才有可能开创自己的事业。古人有"前事不忘，后事之师"的明训，说明我们可以通过检讨过去来借鉴眼前、策划未来，最关键的还是不要把精力放在对已经过去了的东西的纠缠上，而是要把立足点放在眼下，从现在做起。因为发生了，所以回不去了；因为憧憬着，所以有了希望。如果你想拥有绚烂的人生，那么就在对过去反思以后，勇敢地开启新生活吧。

八十二

气象要高旷^①，而不可疏狂^②；心思要缜密^③，而不可琐

屑④；趣味要冲淡，而不可偏枯；操守要严明，而不可激烈。

注释

①气象：人的气度、气质。旷：开阔。

②疏狂：狂放不羁的风貌。

③缜密：细致周密。

④琐屑：繁杂、烦琐。

译文

一个人的气度要恢宏旷达，但是不能过于粗鲁狂放；思想要缜密周详，但是不可琐碎繁杂；情趣要清静恬淡，但是不可过于枯燥单调；节操要严肃正直，但是不可过于偏激固执。

评点

儒家的中庸之道思想影响了中国几千年，究其本质就是不偏不倚，既不缺少，也不过头。清代儒将左宗棠有云：发上等愿，结中等缘，享下等福；择高处立，寻平处住，向宽处行。这是极具中国哲学特色的为人之道。所谓"发上等愿、结中等缘、享下等福"，就是要胸怀远大理想、追求相对圆满的结果、过普通人的生活；"择高处立、寻平处住、向宽处行"，则是让我们看问题要高瞻远瞩、做人应平易近人、做事要留有余地。所以，在很多人看来，中国人生活的最高境界应属中庸的生活。但现实社会里，很少有人能够真正做到不偏不倚、恰到好处。适度是待人接物的处世哲学，更是中国人传统的人生哲学。

八十三

风来疏竹①，风过而竹不留声；雁度寒潭②，雁去而潭不留影。故君子事来而心始现③，事去而心随空④。

注 释

①疏竹：疏朗不密的竹林。

②寒潭：大雁都在秋天飞过，河水此时显得寒冷清澈，因此称寒潭。

③现：显现。

④空：平静。

译 文

当轻风吹过稀疏的竹林，会发出沙沙的声音，但风过之后竹林仍旧归于寂静；当大雁飞过寒冷的深潭，会映出行行的雁影，但雁过之后清潭依旧是一片澄澈。由此可见，一个修养好的君子，当事情来临时，本心才会显露出来，当事情过去后，又恢复原来的从容。

评 点

人生本来就荣辱相随，悲欢离合亦在所难免，如果事事留心，处处在意，那岂不是身累心累，自寻烦恼吗？因此，俗世中人还是尽量让自己持有一颗糊涂心、平常心来应对一切去留无意、宠辱不惊吧。佛家语有"相由心生"，当风来，竹子与风有缘相遇，风过之后，缘散又一切皆空。所以说"风过而竹不留声"，假如竹声继续不停，那就是万世因缘永不散，一切诸法之相永不空，如此天地宇宙虽大也容不下。可见一切诸法全都是空相，也就是都会飘然而过毫不留痕迹。"雁度寒潭，雁去而潭不留影"，也是一样的道理。自己能做到的一定去做好，自己做不到的则不去勉强，随遇而安，洒脱恬淡。

八十四

清能有容①**，仁能善断，明不伤察**②**，直不过矫，是谓蜜饯不甜**③**，海味不咸，才是懿德**④**。

注 释

①清：清廉。容：容忍、度量。

②伤察：失于苛求。

③**蜜饯**：用蜂蜜和糖庵制的吴脯。

④**懿德**：美德。

译文

清廉纯洁的人却能包容别人，内心醇厚的人遇事却能当机立断，聪明睿智的人不过分苛求，性情刚直的人不矫枉过正，这就像蜜饯虽然浸在糖里却不过分的甜，鱼虾虽然生于海中却不过分的咸，做人如能掌握这种分寸，才算具有为人处世的美德。

评点

凡事都要讲究适度，如果超过了度，性质就会发生变化。做人做事要掌握好分寸，这也算是一种为人处世的哲学。宋国有一个人，担心禾苗不长，便去一根一根往高里拔，可是等到第二天再到地里一看，禾苗都已经蔫死了。这个宋国人希望禾苗长得快些自然是不错的，但他的做法却违背了禾苗的自然生长规律，也就是过"度"，因此他的做法不仅对禾苗生长没有任何帮助，还落了个适得其反。所以，聪明的人总是行止有度。行，行于其所当行；止，止于其所当止。对自己，不放纵，不任意；对别人，不挑剔，不苛求；对外物，不耽恋，不沉溺。得享受时便享受，得付出时便付出，依理而行，循序而动。

八十五

贫家净扫地，贫女净梳头。景色虽不艳丽①，气度自是风雅。士君子一当寥落②，奈何辄自废弛哉③！

注释

①**景色**：此处指摆设、穿着。

②**当**：遇上。**寥落**：寂寞不得志。

③**奈何**：为什么要。**辄**：总是。**废弛**：应做的不做，指自暴自弃。

译文

穷人家要经常把地打扫得干干净净，穷人家的女儿要经常把头梳得清清洁洁，摆设穿着虽不豪华艳丽，却能保持一种高雅别致的态度。因此，一个有修养的君子，面对际遇不佳、穷愁潦倒的逆境，怎么能萎靡颓废、自暴自弃呢？

评点

一个成功的人，大都具有非凡的气质和高贵的灵魂。这种非凡的气度不是靠外在的装扮和修饰，这种高贵的灵魂也绝不取决于金钱的多少和地位的高低，而是一种由内向外自然散发的气质，一颗热爱生活、无私奉献的心，一种心怀大爱、永不言败的魄力。在他们身上往往充满了坚毅和自信的力量，即使在失败不得志的时候，也会保持内心的高洁，坚守信念，执着追求，因为他们相信，人生一定会走出阴霾，未来充满光明。

八十六

闲中不放过，忙处有受用①；静中不落空，动处有受用；暗中不欺隐，明处有受用。

注释

①受用：受益。

译文

时间充裕的时候，不要让宝贵的时光白白浪费，等忙起来就会受用不尽；在平静的时候，不要忘记充实自己，等到重任在肩就会应付自如；一个人静坐时，也要保持光明磊落的胸怀，才能得到众人的尊敬。

评点

东晋人陶侃受奸人排挤，被贬到偏远的广州做官。陶侃每天早晨把一百块砖头从房里搬到房外，晚上又把砖头一块块搬回屋里。别人感到很奇怪，忍不住问他为什么这样做。陶侃回答：“我虽然身在偏僻的南方，但

是仍然想为国家效力。如果闲散惯了，将来有一天国家需要我的时候，身体不好，还怎么能担当重任呢，所以，我每天借这个练练筋骨。"忙里偷闲，劳逸结合，才可以真正做到有备无患。

八十七

念头起处，才觉向欲路上去①，便挽从理路上来②。一起便觉，一觉便转，此是转祸为福，起死回生的关头，切莫轻易放过。

注释

①**才觉**：刚刚发觉

②**挽**：牵引，拉。

译文

当心中刚产生一丝邪念，发觉有走向物欲方面的可能，应该立刻用理智把这种欲望拉回到正路上去。邪恶念头一产生就立刻有所警觉，有所警觉后立刻加以挽救，这正是变灾祸为幸福、变死为生的重要关头，绝不可轻易放过。

评点

常言道："一失足成千古恨，再回头已百年身。"坚守高尚的道德修养，可不是一句空喊的口号，因为我们身处的世界复杂且多变，诱惑无处不在，如果没有一个强大的自我约束力，是很容易受到不良因素影响的。东汉人杨震为东莱太守，有一次路过辖内的属县，县令王密是他所推举的人才。晚上，王密出于对杨震举荐的感激，带着黄金来拜访，杨震说："我举荐你是出于公义，你这是干什么？"王密说："黑夜之中，没有人会知道这件事。"杨震说："天知、地知、你知、我知，怎么可以说是没有人知道呢？"杨震给后代树立了很好的家风，后来他以及儿子、孙子、曾孙，四代人都做了皇帝的老师，四代三公。所以，很多时候，就需要我们用顽强的意志去严格遵守道德规范，控制自己的私心邪念，把各种妄念扼杀在萌芽之中。

八十八

静中念虑澄彻①，见心之真体②；闲中气象从容③，识心之真机④；淡中意趣冲夷⑤，得心之真味⑥。观心证道⑦，无如此三者。

注　释

①**澄彻**：河水清澈见底。

②**真体**：指心性的真正本体。

③**气象**：此指气度、气概。**从容**：悠闲不忙。

④**真机**：真正的玄机。

⑤**冲**：谦虚、淡泊。**夷**：和顺、和乐。

⑥**真味**：真正的趣味。

⑦**观心**：考察人的本心。**证道**：修行得道。

译　文

一个人只有在宁静中，内心才会像秋水一般清澈，这时才能发现人性的真正本体；一个人只有在闲暇中，气度才会像晴空一般舒畅，这时才能发现人性的真正玄机；一个人只有在淡泊中，内心才会像湖水一般平静，这时才能获得人生的真正乐趣。再也没有比这三种反省内心更好的了。

评　点

古语云："心非静不能明，性非静不能养，静字功夫大足矣！"意思是，要认识自己必须先静下心来，这里的静不是环境而是心态。小隐隐于林，大隐隐于市，心不静，哪怕离开闹市、住进深山，隐了的只是身体而不是心境。然而，反观现代社会，紧张、繁忙，人们大都快节奏地生活工作，

变得日渐浮躁，已经很难体会到静的从容与恬淡。非分之欲强了，心就变得很累。人只有拥有内心的平静，做到不属于你的莫强求，不该争的不去争，才能够拥有健康的身心；只有拥有健康的身心，才能取得成就。故要把心放淡，淡才是泻你心火的良药。

八十九

静中静非真静，动处静得来，才是性天之真境①；乐处乐非真乐，苦中乐得来，才是心体之真机②。

注 释

①**性天**：天性、本性。

②**真机**：真正玄机。

译 文

在万籁俱寂中得到的宁静，并非真宁静，只有在喧嚣躁动中保持心情平静，才算是合乎本性的真宁静；在劲歌热舞中得到的快乐，并非真快乐，只有在艰苦环境中保持乐观情绪，才是合乎心体的玄机。

评 点

住在远离俗世的世外桃源之中，保持一份宁静的心情，当然可以看作是一种宁静，假如在喧嚣的市井或令人兴奋的时刻，仍能保持一颗平静似水的内心，就更能凸显"静"的意义。例如竹林七贤中的嵇康，由于得罪了权门而被下狱，临死时仍能保持镇静，他抚琴高歌一曲与世诀别，虽说是苦中作乐，但也足以证明他的心体是纯真的，在任何环境中都能悠然自得，不为外物所扰。张中行先生曾在《快乐》一文中说："快不快乐，完全是由自己的想法决定。"一个人对生活的感受，不在于他所处的环境，关键在于他的心境如何。

九十

舍己毋处其疑①,处其疑,即所舍之志多愧矣;施人毋责其报,责其报②,并所施之心俱非矣。

注释

①舍己:牺牲自己。**毋处其疑**:不要犹豫不决,计较得失。

②责:要求。

译文

一个人想要做自我牺牲,就不应该比较利害得失而犹疑不决,如果存心计较,思前想后,就会降低牺牲的价值;一个人想施恩他人,就不要希望得到回报,如果希望感恩图报,就是违背自己的初衷。

评点

屈原说:"善不由外来兮,名不可虚作。"这句话强调了做人不要贪图虚名,而要加强自身思想道德的修养。一个人的思想道德修养只有达到了较高的水平,才能舍弃虚荣心,不过分注重名望、身份和地位等这些外在的浮云,才能成就真正的人生。现实社会中,许多人都被虚荣心蒙蔽了双眼,成为名利的追逐者,他们计较得失,追求回报,务实而功利。事实上,任何人都不能单凭虚名而无实际能力长久地屹立。如果一个人没有高尚的品格,那么地位、财富、才华等一切名望都是虚名,都是掩人耳目的假面具。历史上的信陵君杀死晋鄙,拯救邯郸,赵孝成王准备亲自到

深思高举洁白清忠
汨罗江上万古悲风

● 屈原

郊外迎接他。唐雎对信陵君说："如今您破了秦兵，保住了赵国，这对赵王是很大的恩德啊，我希望您能忘记救赵的事情。"信陵君杀死晋鄙、保住赵国的行动是一种"仁义"之举，接受赵孝成王的礼遇厚待看似理所当然，表面上唐雎的建议无非是让信陵君放弃理所应得的酬劳，实则是在教他高明的处世哲学——学会淡忘功劳，避免杀身之祸。

九十一

　　天薄我以福①，吾厚吾德以迓之②；天劳我以形③，吾逸吾心以补之④；天厄我以遇⑤，吾亨吾道以通之⑥；天且奈我何哉？

注　释

①薄：减轻。
②迓：欢迎。
③劳：疲劳。
④逸：舒适。
⑤厄：穷困。
⑥亨：顺利。

译　文

　　如果上天不肯给我福分，我就多做好事为自己积福；如果上天用劳苦来困乏我，我就用舒畅的心情保养身体；如果上天用穷困来折磨我，我就开辟生路走出困境。上天又能把我怎么样呢？

评　点

　　有句话是这么说的："在前进的路上，如果我们因为一时的困境就将梦想搁浅，那么只能收获失败的种子，我们将永远不能品尝到成功这杯美酒芬芳的味道。"诚然，人生难免有失意的时候，比如，恋人分手了，亲人离去了，失业了，生意失败了……有些人因此而一蹶不振、怨天尤人甚至自暴自弃。佛经上说："道者曰，造命者天，立命者我，力行善事，广积阴德，何福不可求哉。"就是说我们的生命都是上天赐予的，虽然命运不尽相同，但是能否改变命运则完全取决于我们自己。只要我们广结善缘，先人后己，摒弃杂念，以诚待人，那么我们同样可以拥有属于自己的幸福。

九十二

贞士无心徼福①，天即就无心处牖其衷②；险人着意避祸③，天即就着意处夺其魄。可见天之机权最神④，人之智巧何益？

译 文

一个意志坚贞不贰的君子，虽然不想刻意追求自己的福祉，可是上天却无意间引导他，让他得到内心想要的福分；一个行为邪恶不正的小人，虽然用尽心机妄想逃避灾祸，可是上天却在他巧用心机时，来剥夺他的精神气力使他蒙受灾祸。由此可见，上天的造化玄机真是神奇无比、变化莫测，人类渺小卑微的智慧，在上天面前简直是无计可施。

评 点

常言道："善有善报，恶有恶报。"这种善恶因果报应的思想反映了人们朴实的心态、善良的愿望。事实上，一个人想拥有美好的人生，是一定不能相信命运这种事的，与其将命运交给上苍，不如好好修行自己的心性，做一个道德高尚的、善良的人。品德修养高的人心态平和，心性洒脱，老实做人，规矩做事。他们内心是坦荡的、豁达的，而真正的幸福恰恰就源

于自己的内心，只有他们才是幸福的。那些表面上富有、内心阴暗龌龊、凡事斤斤计较的人是没有真正幸福可言的。郑板桥曾说："满者损之机，亏者盈之渐。损于己则利于彼，外得人情之平，内得我心之安，既平且安，福即是矣。"意思是，盈满乃亏损之契机，亏损则会逐渐趋向盈满，损失自己则有益对方，对方得心平，自己会心安，有了平安，自然就有福气了。能够吃亏的人，往往是一生平安，幸福坦然。

九十三

声妓晚景从良①，一世之烟花无碍②；贞妇白头失守，半生之清苦俱非。语云："看人只看后半截。"真名言也。

注释

①**声妓**：指歌姬、妓女。**从良**：指妓女脱离业界。

②**烟花**：指妓女的生涯。

译文

歌姬、妓女等风尘女子，虽然半生以卖身卖笑为业，但是如果晚年嫁人，当一名贤妻良母，那么她以前放浪的生活，并不会妨碍后半生的正常生活；但是一个一生都坚守贞操的节烈妇女，假如到了晚年，由于耐不住空虚寂寞而失身，那她前半生守寡所吃的苦都付诸东流。俗语说："要评定一个人的功过得失，必须看他的后半生。"这真是一句至理名言。

评点

自律是人的一种重要的优良品质。一个人要想担负起责任，就必须具有极强的管理自己的能力。生活中，大多数人一开始起步时对自我要求严格，具有很强的自我约束能力，也正是由于这种自律性，才能让他们脱颖而出，受到众人的赞赏和钦佩。可是，他们中的一些人功成名就时，却往往迷失了方向，抵挡不住金钱、美女、权势的诱惑，触犯了法律，犯下了不可饶恕的错误。

九十四

平民肯种德施恩^①，便是无位的公卿^②；士夫徒贪权市宠^③，竟成有爵的乞人。

注释

①**种德**：行善积德。

②**公卿**：指高官。

③**士夫**：士大夫。**市宠**：这里指博得别人的宠爱。市，买卖。

译文

一个普通老百姓只要肯多积功德，广施恩惠，帮助他人，就如同一位没有实际爵禄的公卿官宦；反之，一个达官贵人如果一味贪恋权势而把当官作为一种生意买卖，这种人表现出的卑劣，就如同一个有爵禄的乞丐。

评点

古人说："君子爱财，取之有道，用之有度。"这是一种对待金钱、名利、权势的正确态度。人们每天生活在俗世中，有欲望，是一件很正常的事情，但是我们要能驾驭自己的欲望，把欲望化作我们前进的动力，做自己欲望的主人，而不是被欲望所奴役，用尽心机、不择手段，满足永无止境的贪婪。战国时著名的贤士陈仲，是齐国贵族田氏的后裔，其兄是齐国的卿大夫，封地在盖邑，年收入达万钟之多。陈仲从小生长在贵族家庭中，看到贵族阶级内部肮脏糜烂的腐朽生活，以及对广大下层人民的残酷剥削和压榨。他更憎恨哥哥为了自己的荣华富贵不惜出卖灵魂，公开行贿受贿。他深感个人无力改变社会，便在年轻时代毅然与兄长决裂。他先在沂山附近隐居，但仍受到一些仕臣宰相的造访，不得安宁。之后来到风景秀丽的长白山中，陈仲打草鞋种粮食，自食其力，过着与世无争的世外桃源生活。所以说，人生中往往充斥着形形色色的诱惑，这些诱惑很容易使我们偏离

正确的航向，只有加强内心的修养，理性地看待它们，不被诱惑，人生才会有最后的辉煌。

九十五

问祖宗之德泽，吾身所享者是，当念其积累之难；问子孙之福祉①，吾身所贻者是②，要思其倾覆之易③。

注 释

①祉：与"福"同义。

②贻：遗留。

③覆：覆灭、消耗。

译 文

假如要问我们的祖先给我们留下多少恩德，我们现在生活所享受的就是，对此当要感谢祖先当年留下这些德泽的艰辛；假如要问我们的子孙将来是否能生活幸福，就必须先看看自己给子孙留下的德泽究竟有多少，就要想到子孙假如无法守住家业，从而遭受家道败落是非常容易的。

评 点

传统文化的精华部分，是我们的祖先留给我们的精神财富，我们要怀着一颗感恩的心，懂得知足常乐，不仅将它们继承下来，还要与时俱进地加以改进，更好地为我们服务，如果我们拥有了这些，我们就是最富有的人；对于传统文化中的不足之处，我们也要意识到它们曾经也在中华民族几千年的文明史中发挥了重要的作用，只是不适合当今社会发展的需要了，甚至阻碍了文明的进步，对此我们必须要舍弃，这也是对我们后代子孙负责任的一种行为，我们有责任让中华民族的优秀文化成为子孙后代的精神财富，并且代代相传，不断发扬光大。

前
集

〇九三

九十六

君子而诈善①，无异小人之肆恶②；君子而改节，不及小人之自新。

注 释

①诈善：虚伪的善行。

②肆恶：纵恣，放肆。

译 文

一个伪装心地善良的正人君子，与一个无恶不作的邪恶小人没什么区别；一个正人君子如果改变自己的气节，那他还不如一个痛改前非，肯于重新做人的小人。

评 点

如果一定让你从两种人——"伪君子"和"真小人"中选择一种人做朋友，你会选择谁？你一定会做出和令狐冲一样的选择，那就是"真小人"。处世经验告诉我们："明枪易躲，暗箭难防"，生活中无恶不作的小人，常常披着君子的外衣，这种小人比真正的小人更具有欺骗性和危险性，所以"伪君子"比"真小人"更可恶。"真小人"虽然是小人，但他不装腔作势，很真实，所以即使经常做坏事，我们也更容易躲避或是揭穿他；"伪君子"虽然表面自诩仁义道德，但实际上一肚子阴谋诡计，所以，和这样的人相处，我们要时时提防。《庄子·列御寇》中有这样一段话："贼害最大的，莫过于德中藏有私心而心眼有所遮蔽。到了心眼真被遮蔽却要主观去观察，就要坏事了。坏的品质有五种，其中'心中的品质'为首，什么是心中的品质？心中的品质，就是用自以为好的东西，而诋毁自己所不从事的东西。"

九十七

家人有过，不宜暴怒，不宜轻弃；此事难言，借他事隐讽之[1]；今日不悟，俟来日再警之[2]。如春风解冻，如和气消冰，才是家庭的型范[3]。

注释

①**隐讽**：暗示，婉转劝人改过。

②**俟**：等。

③**型范**：典型模范。

译文

如果家人犯了什么过错，不可以急躁大发雷霆，更不可以用冷漠的态度置之不理；如果他所犯过错不好直说，就借其他事情暗示以使之改正；如果无法立刻使他悔悟，就耐心寻找时机再进行劝告。循循善诱，就像春风一般能消除冰天雪地，像一股暖流融化寒冰，这样充满和气的家庭才是模范家庭。

评点

生活中许多人对待外人礼貌宽容、友善仁爱，而对待家人却简单粗暴，脾气很差，还自我解释为"打是亲，骂是爱"。殊不知，"打是亲，骂是爱"原是指爱人之间的打情骂俏，是一种爱的表达形式，这种方式不仅不会疏远双方的感情，还会增加彼此间的情趣。可是许多人误以为家人之间就可以不注意说话的语气和态度，可以没有顾忌地乱发脾气，那就大错特错了。因为，再深的感情也会因一次次的争吵而由浓转淡，再亲密的关系也会因一次次的伤害而疏远。茫茫人海，两个萍水相逢的人由相知到相恋，最后携手步入婚姻殿堂，这一切是多么难得，又是多么幸运！既然是这样，我们又何必为那些鸡毛蒜皮的琐事而不满呢？家，本来就不是讲理的地方，日常琐事更不是讲道理就能解决的，多给对方一分爱，多给对方一分谅解，多站在对方的角度考虑问题，双方自然就会相安无事了。一个内心幸福、快乐的人需要有好的家庭，而好的家庭更需要家庭成员一起用心经营。

九十八

此心常看得圆满，天下自无缺陷之世界；此心常放得宽平，天下自无险侧之人情①。

【注 释】

①险侧：邪恶不正。

【译 文】

一个心地完美的人的眼里，天下事物都很美好而无缺陷；一个心地宽厚平和的人的眼里，世间人情都很宽厚而无邪恶。

【评 点】

一个人的心态决定了他如何看待周围的世界。世界是什么样子，在不同人的眼中是不一样的。现实生活中，一个人，要想过上更加幸福的生活，必须学会修养身心。为什么有些人常常感到快乐，不是因为他们物质要求低，而是他们容易满足的心态决定了他们眼前的生活都是美满的，并时常把这种快乐情感分享给每个人。世界是一面镜子：你对它笑，它便对你笑；你对它哭，它也就对你哭。你是怎么看待这个世界的，这个世界也便如你想看到的一样。如果人人都能够在内心深处看淡名利，不计较得失，那么人人眼中的生活都是圆满的。

九十九

澹泊之士①，必为浓艳者所疑②；检饰之人③，多为放肆

者所忌④。君子处此,固不可少变其操履⑤,亦不可太露其锋芒⑥!

注释

①澹泊:恬静无为。

②浓艳者:指身处权势名利之中的人。

③检饰:谨言慎行。

④放肆者:肆意作恶的人。

⑤操履:操守及履行之事。

⑥锋芒:比喻人的才华和锐气。

译文

　　一个具有很高修养而又能淡泊名利的人,一定会遭受那些热衷名利的人的怀疑;一个言行谨慎、处处自我检点的真君子,往往会遭受那些邪恶放纵、无所顾忌小人的忌妒。所以一个有才学而又有修养的君子,万一不幸处在这种既被怀疑又遭忌恨的环境中,不可以稍稍改变自己的操守和志向,但也不可以过分展示自己的才华和节操。

评点

　　中国人早就悟出了"大智若愚"的道理。大智若愚,出自苏轼《贺欧阳少师致仕启》:"大勇若怯,大智若愚。"意思是,才智很高而不露锋芒,表面上看好像愚笨。若愚,已入理悟之境;但要大彻大悟,

● 苏轼《水调歌头》

需守愚，守者即修行，亦即功夫。简单讲，就是越聪明的人，越要表现得愚笨，这样就可以被别人疏忽或者无视，以便给自己寻找和争取发展壮大的机会，这就是一种示弱的智慧。俗话说"枪打出头鸟""人怕出名猪怕壮""树大招风"，都说明才能过于外露的人容易遭到别人的忌妒，受到别人的打击。对此，胡适先生曾说过："凡是有大成功的人，都是有绝顶聪明而肯做笨功夫的人。"聪明而不外露，才能避免受到无能之辈的排挤，遭到无德之人的诽谤，进而取得更大的进步。

一〇〇

居逆境中，周身皆针砭药石①，砥节砺行而不觉②；处顺境中，眼前尽兵刃戈矛，销膏靡骨而不知③。

注 释

①**针砭药石**：比喻砥砺人品德气节的良方。针砭，古代用以治病的石针，也指用石针治病的方法；药石，泛称治病用的药物。

②**砥、砺**：磨刀石，此指磨炼。

③**销膏靡骨**：融化脂肪，腐蚀骨头。

译 文

一个人如果生活在艰难困苦的逆境中，那周围所接触到的全是有如针砭药石般的事物，在不知不觉中磨炼人的品行；反之，一个人如果生活在丰衣足食、无忧无虑的良好环境中，就等于在你的面前摆满了刀枪等杀人的利器，会在不知不觉中腐蚀人的身心。

评 点

人生路上有鲜花，也有荆棘；有幸福，也有痛苦。高尔基曾说，"苦难是人生最好的大学。"因为，人经历了苦难后，往往会愈挫愈坚，无往不胜。而没有经历过苦难的人，却容易在安逸中消磨意志，走向颓废，就恰如食物在温暖环境中容易发酵腐败，而在寒冷环境更容易保存长久。一个人生活一旦优裕，就容易产生惰性；反之，如果处在艰苦穷困的环境中，却最能激发人的斗志。唐朝人李景让的母亲郑氏，年轻时就守寡，当时家境贫困，孩子幼小，都是她亲自教育孩子。一次，她家房子的后墙塌陷，从墙内找到了许多钱，她向天神祈祷说："我听说不劳而获是自身的灾祸。如果天神怜悯我贫穷，那就让我几个儿子的学问有成就吧，这些钱就不敢拿了。"说着就赶快把那些钱掩埋上，把墙修好砸实了。

一〇一

生长富贵家中，嗜欲如猛火①，权势似烈炎，若不带些清冷气味，其火焰不至焚人，必将自烁矣②。

注释

①嗜欲：指放纵自己对财色的嗜好。

②烁：熔化、毁灭。

译文

一个生长在富贵之家的人，物质享受极大丰富，容易养成各种不良嗜好和张扬跋扈的个性；不良嗜好和张扬个性对自身的危害有如烈焰。假如不及时给他浇一点冷水，给他强烈的欲望降降温，那猛烈的欲火即使不烧到别人，早晚有一天也必然会引火上身把自己毁灭。

评点

富贵，是指富而贵。它其实包含两个方面的意思，一种是指一个人因物质富裕而显得尊贵，另外一种的意思是指一个人因为精神或者知识的富足而受人尊敬。很多人理解富贵，只是停留在第一种含义的理解上，即因为有了富足的钱财而显得贵气十足，地位显赫。其实，这种理解，只是过多地强调了富的含义，而没有突出贵的真正含义。而第二种含义，恰恰反映了人在精神上的高贵。一个真正高贵的人不在于他身居高位，而在于他那种低调的风度和修养。当然，享受生活不是错，享受更不是罪，一个懂得享受的人，才是一个懂得生活的人。但凡事都要有度，人只有放弃对物质的过高奢求，不与别人攀比，才能更加坦然地享受生活，享受人生，做一个精神上的贵族。

一〇二

人心一真，便霜可飞①，城可陨②，金石可镂；若伪妄之人③，形骸徒具，真宰已亡④，对人则面目可憎，独居则形影自愧。

注释

①**霜可飞**：比喻人的诚心感动上天，变不可能为可能，在炎热夏天降下冰霜。这是说邹衍六月飞霜的故事。

②**城可陨**：城墙倒塌，这里是说孟姜女哭长城事。

③**伪妄**：虚伪，狂妄。

④**真宰**：指人的本性。

译文

一个人的修养如果达到至诚境界，就可感动上天，在盛夏之日下霜，使城墙倒塌，甚至金石也会由于真诚而雕琢贯穿；一个人如果心存虚伪，念头邪恶，那他只不过是空有人的形体，灵魂早已死亡，并且由于心术不正，也会使人觉得讨厌，夜深人静之时，独自面对自己的影子，也会觉得万分羞愧。

评点

诚信是儒家传统伦理准则之一，一个人如果没有诚信，就失去了基本的做人准则。中国自古以来就讲究诚信。例如，我国明代的大学问家宋濂，自小好学，却因家境贫寒只得借书自习，为了能保留好书并如期归还，哪怕是三九寒冬他也会连夜抄记，为了遵守与老师的约定，即使是鹅毛大雪，他也会奔走上路，只因为诚信是为人处世之本。可是当社会发展到市场经济的今天，人心渐渐浮躁了起来，许多人见利忘义，丢了做人的根本。"诚

信者，天下之结也。"诚实守信，是中华民族的传统美德，这种美德引领中国人走了几千年，应该在我们这一代继续传承下去。

一〇三

文章作到极处^①，无有他奇，只是恰好；人品作到极处，无有他异，只是本然^②。

注 释

①**极处**：登峰造极的最高成就。

②**本然**：本来如此。

译 文

文章写到绝妙的境界，并没有什么特别的，只是把自己内心的情感表达得恰如其分；一个人的修养如果达到炉火纯青的境界，并没有什么不同的，只是使自己的精神回归纯真的本性而已。

评 点

简单质朴、光明磊落、纯净无杂念，是一种极高的个人道德修养境界。如果人人都拥有这种修养，那么世界就清明了。台湾地区著名作家三毛生前曾说："人际关系最重要的，莫过于真诚，而且要出自内心的真诚。真诚在社会上是无往不利的一把剑，走到哪里都应该带着它。"这句话告诉人们，为人处世要忠诚老实。忠诚老实就是竭尽全力，言行一致，表里如一地做事情，它是中华民族优良的伦理道德规范。生活的本质很简单，你用什么态度对待世界，世界就用什么态度回报你。老老实实做好自己的本分，踏踏实实一步一个脚印地走好人生的每一段旅程，这样的人生就是成功的人生了。诚如一句俗语所说，天下最成功的人就是老实人。因为老实人诚实可靠，没有心机，所以人人都喜欢他，愿意和他交往。而那些投机取巧、玩弄心机的人处处防备着别人，别人也处处防备着他，反而没有真朋友。所以，我们提倡老实做人、规矩做事。

一〇四

以幻境言①，无论功名富贵，即肢体亦属委形②；以真境言③，无论父母兄弟，即万物皆吾一体。人能看得破，认得真，才可以任天下之负担，亦可脱世间之缰锁④。

译文

世事变幻无常，不要说官位、财富、权势都是虚幻的，就连自己的四肢躯体也仅仅是上天暂时赐给你的形象；回到真实世界中，不论是父母兄弟等骨肉至亲，甚至连天地间的万物也都和我同为一体。人只有对世事看得透彻，才可以担负起救世济民的重大使命，也只有这样，才能摆脱人世间的一切困扰。

评点

叔本华说："由于受意志的控制，总是充满着痛苦。可以说，人的欲望是一切痛苦的根源：欲望不能得到满足时，就会陷入痛苦之中；即使得到了满足，快乐也只是非常短暂的。因为，人会不断地产生更多的欲望，从而产生出新的痛苦。但是如果没有了欲望，人又会陷入空虚和无聊之中。"人有欲望是正常的，然而物欲太多，会造成精神上的永不满足，反而会成为人生的一种负累。所以要想拥有幸福的生活，担负起造福人类的重任，就要学会控制你的欲望，不为荣华富贵、名利地位等外物所累，树立高尚的情操和远大的理想。

一〇五

爽口之味①,皆烂肠腐骨之药,五分便无殃②;快心之事,悉败身丧德之媒③,五分便无悔。

注 释

①爽口:可口。

②殃:伤害。

③媒:媒介。

译 文

美味可口的山珍海味,其实都是伤害肠胃的毒药,所以我们一旦遇到美食,不可多吃,只要控制住吃个半饱,就不会伤害身体;世间所有称心如意令你开心的事情,其实都是一些引诱你走向身败名裂的开端,所以凡事不可要求十全十美,只有保持在差强人意的限度上,才不至于造成事后懊悔的恶果。

评 点

荀子说:"人生而有欲。"人有欲望是正常的,但欲望要有一个度,尤其在这样一个充满繁华和诱惑的社会,我们每时每刻都要保持一颗平常心去做事。合理的欲望可以使人努力进取、奋发向上;过度的欲望会使人贪婪,失去理性。明人胡九韶是儒学大师吴与弼的弟子,家境十分贫穷,他每日和孩子们一起努力耕作,这着勉强糊口的日子。但是,每天晚上他都要烧香感谢上苍让他享了一天"清福"。他的妻子笑道:"一天三顿粥,这算什么清福?"他说:"幸逢天下太平,没有战乱;又幸一家人有土地耕种,有吃、有穿,又没有人生病,也没有人坐牢,不是清福是什么?"说到底,欲望要有度,知足才会常乐。当欲望来临时,要明辨是非,要有较强的自我控制力。古往今来,多少不能控制欲望,抵制各种诱惑的人终遭身败名裂,所谓"一念之欲不能制,而祸流于滔天"。贪婪的人只瞧见了眼前的利益,而看不到隐藏的祸端，对蝇头小利的追逐只会加剧他们走向衰败而不自知，一个人在充满诱惑的世界里，只有固守做人的准则，坚守心灵的防线，克制不合理的欲望，才会生活得轻松自在，超然洒脱。

一〇六

不责人小过^①，不发人阴私^②，不念人旧恶^③。三者可以养德，亦可以远害。

注释

①**过**：过错、过失。

②**发**：揭发。**阴私**：私下做的不可告人之事。

③**旧恶**：指他人以前的过失。

译文

不要轻易责难他人所犯的小过错，也不要随便揭发他人生活中的隐私，更不要对他人以往的仇怨耿耿于怀。这三大做人原则，不但可以培养自己的品德，也可以彻底避免突发的灾祸。

评点

《弟子规》里说："人有短，切莫揭；人有私，切莫说。"意思就是说，对别人的短处，不要去揭穿，对别人的私事不要去议论。生活中我们免不了和人打交道，如何处理好和他人的关系也是一门学问。每个人都有自己的人格和尊严，任何人被有意无意地击中痛处，自尊心都会被伤害。戴尔·卡耐基曾说："人与人之间需要一种平衡，就像大自然需要平衡一样。不尊重别人感情的人，最终只会引起别人的讨厌和憎恨。"所以，我们平时要注意自己的言行，一定要回避对方忌讳的事情，你尊重了别人，别人就会尊重你。每个人都各有所长、各有所短，我们不能总是拿自己的长处去比较别人的短处，以满足自己的虚荣心，而不在乎别人的感受。

一〇七

士君子持身不可轻①,轻则物能挠我,而无悠闲镇定之趣;用意不可重,重则我为物泥②,而无潇洒活泼之机。

译文

一个德才兼备的君子,平日待人接物绝对不可有轻浮的举动,尤其不能有急躁的个性,因为一旦轻浮急躁,就会把事情弄糟而使自己受到困扰,这样自然就会丧失悠闲宁静;无论在处理任何事情时,都不可思前虑后想得太多,因为凡事如果想得太多,就会受外界的拘束,那样自然会丧失自由的乐趣。

评点

持身不可轻,用意不可重,可以看作是人性的一种磨炼。一方面,做人切忌浮躁、急于求成。追求效率原本没有错,然而任何事物都是有客观规律的,做事情必须在符合客观规律的前提下,循序渐进。但是,生活中很多人做事总是急于求成,结果越急躁,越是容易迷失方向,反而离成功的道路越来越远;另一方面,考虑事情时,也不能顾虑重重,瞻前顾后,患得患失,因为这种犹豫不决的心态很容易错失良机。

一〇八

天地有万古①,此身不再得;人生只百年,此日最易过。

幸生其间者,不可不知有生之乐,亦不可不怀虚生之忧②。

注释

①**万古**：比喻时间长。

②**虚生**：空虚地活着。

译文

　　天地永生常在，人的生命却只有一次，死了之后就不能再复活；人生最多也不过一百年，可是百年的人生跟天地来比简直微不足道。我们人类能侥幸诞生在这永恒不变的天地之间，不但要享受生活给予我们的乐趣，更要随时提醒自己不要蹉跎岁月、虚度一生。

评点

　　生命如惊鸿一瞥，稍纵即逝，所以，我们应该格外珍惜这仅有一次的生存权利。那么，如何才算不枉此生？这是我们每个人都应该思考的人生命题。叔本华曾说："生活是一条由炽热的煤炭所铺成的环形道路。"因为他的情感中有对生活苦难的深度感知。张爱玲说："生活是一件美丽的华袍，里面爬满了虱子。"因为她的情感中有对生活本质深刻的剖析。任何人一生中都会经历苦难，人们面对苦难往往会选择不同的道路，有些人把苦难当作朋友，有些人把苦难当作敌人，朋友会助你一臂之力，敌人却把你推向深渊。苦难并不可怕，可怕的是在苦难面前悲观失望，意志消沉，人生从此一蹶不振。

一〇九

　　怨因德彰①，故使人德我②，不若德怨之两忘；仇因恩立，故使人知恩，不若恩仇之俱泯③。

注释

①**德**：行善。**彰**：明显。

②**德**：感恩。

③**泯**：泯灭。

译文

怨恨因行善而更加彰显，所以行善与其让人赞美我，不如把赞美和怨恨两相忘掉；仇恨因恩惠而产生，所以与其施恩而希望图报，不如把恩惠与仇恨全部忘记。

评点

我们的一生，绝大部分都会在得与失之间徘徊。聪明的人顺其自然，坚持自己该做的事，问心无愧就好，坦然面对自己的得与失；愚蠢的人斤斤计较，功利而自私，付出必要回报，惶惶于失去的那一点儿东西。海明威说："只要你不计较得失，人生还有什么不能想法子克服的？"其实，许多时候，表面上的失，未必是真失，放下眼前的利益，学会顺其自然，便会得到快乐人生最好的活法；表面上的得，未必是真得，虽然得到了眼前的回报，但从长远看，可能失去了自我，付出的代价会更大。取舍间，必有得失。任何事物都具有两面性，得与失不会像数字加减那么简单，是可以相互转化的。同样，在恩德与怨恨的问题上，也要从辩证的角度看，因为人与人之间的恩怨归根结底无非就是得失问题，所以，我们要以智慧之心去感悟和化解恩怨。

一一〇

老来疾病，都是壮时招的；衰后罪孽，都是盛时造的。故持盈履满①，君子尤兢兢焉②。

注释

①**持盈**：指事业有成。　**履满**：指福寿完满。

②**兢兢**：小心谨慎的样子。

译文

一个人如果到了晚年而体弱多病，那都是年轻时不注意爱护身体所招来的痛苦；一个人失意以后还会有灾祸缠身，那都是得志时不收敛、不检点所造成的罪孽。因此一个有高深修养的人，即使生活事事如意，也要时刻抱着战战兢兢的谨慎态度，以免伤害到身体或者得罪他人。

评点

古人云："地低成海，人低成王。"意思是说，低调的人，往往是人群中的不凡之人，也是最后的强者。很多人在春风得意、志得意满时喜形于色，甚至目中无人、忘乎所以，殊不知，这种沉不住气，把自己摆得太高的心理，只会得到众人的反感，有朝一日，位卑权轻时，就会成为孤家寡人，四处碰壁，人生之路越走越窄。所以，一个人无论有多大的成就，都要时刻保持谨慎诚恳的姿态。所谓"平易近人者人皆近之"，就是告诉我们，谦卑是一种智慧，是为人处世的黄金法则，懂得谦卑的人，必将得到人们的尊重，受到世人的敬仰。对有一定身份和地位的人来说，和大家平等相处，低调做人，踏踏实实走好每一步，反而会赢得大家的尊重，人生之路必将越走越宽。

一一二

市私恩不如扶公议①；结新知不如敦旧好②；立荣名不如种隐德；尚奇节不如谨庸行③。

注释

①**市私恩**：指收买人心。市，买卖；私恩，指出自私下所施的恩惠。**扶**：扶植。**公议**：社会舆论。

②**敦**：厚，加深。

③**庸行**：平常行为。

与其收买个人，不如获得公众的赞誉；结交新朋友，不如增进与老朋友的友谊；树立美好的名声，不如悄悄地行善积德；崇尚丰功伟绩，不如注意平时的行为。

评 点

"万物安于知足，死于无厌。"人很多时候会抱怨生活中的不满足，无法摆脱各种各样的欲望。在欲望的支配下，人们会做出很多不可理喻的事情。人们当欲望没有满足时，就会怨声载道，心态失衡。可是，当欲望得到满足时，就会心情暂时大好，然后开始满足下一个欲望，就这样循环下去，无休无止。可见，过度的欲望是人类不快乐的根源之一。如果我们总是在物质上比谁更富有，那么谁都不会有好日子过。因为比来比去谁都不会总是第一，这种比较会加深我们的痛苦，这种痛苦来自我们的内心。如果我们能够驾驭好自己的欲望，不贪得无厌，而是知足常乐，随遇而安，那么快乐就会油然而生，我们就会从容地享受生活。

一一二

公道正论，不可犯手①，一犯则贻羞万世；权门私窦②，不可着脚③，一着则玷污终身④。

注 释

①犯手：沾手、违犯。

②私窦：就是私门，即走后门。窦，门。

③着脚：涉足。

④玷污：指名誉受污损。

译 文

凡是大众所公认的规范，不可以触犯，一旦触犯，就会留下千古骂名；假公济私的事情，不可涉足，一旦触碰，清白的名声就一辈子洗刷不清。

生活中，只有内心平静、头脑清醒，才能保证自己看清前进的方向，永葆高贵的品格。《孔子家语》中说："芝兰生于幽林，不以无人而不芳；君子修道立德，不为穷困而改节。"意思是，兰花生长在冷清偏远的山谷之中，却不因缺少他人的观赏而停止芬芳开放，品德高尚的人修身立人，不会因穷苦的境遇而改变自己高尚的品节。这句话是要告诫人们，要洁身自好，不应随波逐流，丢了气节。现实社会，有不少人容易受环境影响，而违背道德规范和法律法规。真正具备高贵品行的人是不会被世俗所同化的。真正的君子在世俗名利面前，能保持自己纯洁，不同流合污，在道德规范和法律法规的约束下为人做事。他们热爱生命，追寻生命的乐趣。这一乐趣来自内心的富有、精神的充实，而不是对名利的支配和拥有。因为他们懂得，和物质的满足相比，心灵的富足才是真正快乐的源泉。

一一三

曲意而使人喜①，不若直躬而使人忌②；无善而致人誉，不若无恶而致人毁③。

①**曲意**：委屈自己的想法，着意。

②**直躬**：刚正不阿的行为。

③**致**：招致、招来。**毁**：毁谤。

一个人着意博取他人的开心，不如刚正不阿、光明磊落而遭小人的忌恨；一个人与其没有善行而无故受他人的赞美，不如没有劣迹而遭小人的毁谤。

许多有才华、有抱负的人之所以被能力不及自己的人打败，终生不得志，很重要的一个原因就是他们不善于与人交往，智商虽高，但情商低。每个人的成长、发展直至成功都离不开人际关系，良好的人际关系能加速成功的进程。一个能处理好人际关系的人，可以在现实世界里如鱼得水，而一个没有良好人际关系的人则很难有所作为。要处理好人际关系，就要圆融处世，这并不是一种庸俗的处世哲学，而是体现了一种积极的入世观，但圆融处世的前提是与人为善，问心无愧。"处世让一步为高，退步即进步的张本；待人宽一分是福，利人实利己的根基。"说老实话、办老实事、做老实人，是为人处世的最高境界。

一一四

处父兄骨肉之变，宜从容，不宜激烈；遇朋友交游之失，宜剀切^①，不宜优游^②。

注 释

①**剀切**：诚恳地规劝。
②**优游**：模棱两可，纵容发展。

译 文

当遇到父母兄弟或骨肉至亲之间发生矛盾时，应该保持冷静的态度，绝不可以感情用事，从而把事情弄得更坏；当你跟好朋友交往时，遇到朋友犯了什么过失，你应该很诚恳地劝导他，坚持原则，绝对不可以怕得罪他，而眼看着他继续错下去。

评 点

真诚是人类最重要的美德之一，也是人与人沟通与交流的纽带。在人际交往中，我们都喜欢听赞美之词，不喜批评。但作为家人和真正的朋友，就应该坦诚相待，知无不言、言无不尽，这样才能让亲情和友情保持长久。当亲人或朋友犯错时，我们如果采取容忍、包庇甚至奉承的态度，那么只会害了他们，我们要敢于不留情面地指出他们的问题，而不在意他们的记恨，因为我们的目的是为了让他们不断进步，越来越好。西塞罗说："即使你享受幸福，享尽荣华富贵，要是没人像你那样衷心替你高兴，怎能有莫大的快乐？同时，处在逆境时，如果没有人把它当作比你更沉重的重荷，必然更难以忍受。"当然，对人坦诚在现实社会里是不容易做到的，需要有西塞罗的勇气和自我牺牲的精神，但是这种勇气和精神却是亲人朋友之间最珍贵的情谊。

一一五

小处不渗漏，暗处不欺隐①，末路不怠荒②，才是个真正英雄。

注释

①**欺隐**：欺骗隐瞒。

②**末路**：走投无路。**怠荒**：懒惰，颓丧。

译文

在一些不为人所注意的细节上，不能疏忽遗漏，粗心大意，在别人看不到的地方也不要做什么坏事，当一个人走投无路时，更不能自暴自弃，这才是真正的英雄。

评点

《礼记·中庸》中说："道也者，不可须臾离也；可离，非道也。是故君子戒慎乎其所不睹，恐惧乎其所不闻。莫见乎隐，莫显乎微，故君子慎其独也。"意思是说，道（儒家所谓的道与道家的道是不同的，儒家的道是指遵守仁义礼智信，在道德上为人楷模）是不能够离开片刻的，离开了就不是道了。所以君子在别人看不到的地方也要言行谨慎，不让任何邪恶的念头萌发，在人家还没听闻时也常唯恐有失，更保持自己的人格尊严一点也不虚伪。一个人在生活中做人做事必须严于律己，自觉地进行思想道德修养，而在一个人独处的时候，更应该加强自我约束，自我监督，杜绝一切违背道德的想法和行为的发生。因为，在公共场合，法律的监督和舆论的压力会使人们自觉地约束自己的行为，但是，一旦到了众人看不见的地方，失去了监督的力量，这时人的道德本质往往就会从一些细节上显露出来。

一一六

千金难结一时之欢①，一饭竟致终生之感②，盖爱重反为仇，薄极翻成喜也③。

注 释

① **一时之欢**：一时的欢心。

② **一饭**：一顿饭的恩德。

③ **薄极**：恩惠极少。

译 文

帮助别人的方式和时机很重要，有时用千金财富重赏他人，难以打动人心，有时一顿粗茶淡饭的小小帮助，却令人一生难忘，永远心存感激。这或许就是：当爱一个人爱到极点时，由爱生恨，很可能会翻脸成仇；平常不受重视的人，给予一点帮助，就有可能转而对你表示好感。

评 点

每个人都有自尊，都渴望得到别人的尊重。因此，我们在和别人交往时，无论对方地位比我们高，还是比我们低，无论对方比我们富有，还是比我们贫穷，我们都要尊重对方，维护对方的尊严，这样对方才会真心实意地与我们交往。有这样一句话："当你看到帮助别人的机会时，要像松鼠看到松果那样扑上去。"帮助人是中外的传统美德，但是，如果你帮助别人不注意方式，往往会伤害受帮助者的尊严。这时候，你的帮助就会变味，不但帮不了人，还会给受帮助者带来莫大的危害。所以，如果我们真心实意要帮助别人，就要站在对方的立场上，多为对方着想。提供帮助时要讲究说话的方法和方式，尽量不要伤及对方的尊严。否则，人情没做成，反而疏远了。

一一七

藏巧于拙,用晦而明^①,寓清于浊,以屈为伸,真涉世之一壶^②,藏身之三窟也^③。

【注释】

①用晦:表现得模糊一点。

②壶:葫芦,这里比喻救生法宝。

③三窟:狡兔三窟,比喻安身救命之处很多。

【译文】

我们做人宁可装得笨一点,也不可显得太聪明,宁可谨慎收敛一点,也不可锋芒毕露,宁可随和一点,也不可太孤芳自赏,宁可退让一点,也不可太轻率急进,这才是实现自我和保全自我最有用的办法。

【评点】

《论语·为政第二》中记录了孔子对其得意门生颜回评价的一段话:"吾与回言终日,不违如愚。退而省其私,亦足以发,回也不愚!"日常生活中,我们常常可以看到这种现象:一些很有学问和修养、心里明白的人,表面却显得愚钝,既不与人钩心斗角,也不用心算计。正由于这样,一些无知的人反倒取笑他,背后议论他,并自以为聪明得意。"难得糊涂"历来是高明的处世之道。锋芒太露,容易招致祸端,容易为自己树敌。所以有大智慧的人,不卖弄聪明,甚至有些糊涂。因为糊涂可以有效地保护自己。大智若愚,低调处世,不争强好胜,保持一种谦虚的品德,必要时会犯一点小错误,这样才不会引起别人的忌妒,让对手放松警惕。因为,人皆有同情弱者的心理,显示出自己弱于对方的一面,往往能获得身边人的好感,进而达到征服对方的目的。一个有才华的人只有真正理解了生活中的进与退、屈与伸、实现自我和保全自我的关系，才能在关系复杂的社会上立于不败之地。

一一八

衰飒的景象就在盛满中①,发生的机缄即在零落内②；故君子居安且操一心以虑患,处变当坚百忍以图成③。

注释

①**衰飒**：指境遇衰败没落。

②**机缄**：机关，玄机。

③**百忍**：比喻极大的忍耐力。

译文

人生衰落颓败的悲惨景象，往往是在一个人辉煌时埋下的种子；人生枯木逢春焕发生机，往往是在逆境中种下善果。所以有才学的君子，事业成功时要保持清醒冷静的头脑，防患于未然；而当置身于动乱灾难之中时，则要坚韧不拔地继续奋斗，以便取得事业的最后成功。

评点

月有阴晴圆缺，人生也有起起落落。易卜生说："不因幸运而故步自封，不因厄运而一蹶不振。真正的强者，善于从顺境中找到阴影，从逆境中找到光亮，时时校准自己前进的目标。"并借此告诫世人：一个人在顺境时不要得意忘形、失去警惕，否则会为以后招致危机。顺境可以让衣食无忧的人养尊处优、不思进取，而后坐吃山空。所以，面对自己的成绩，可以自豪，但绝不能飘飘然志得意满、迷失方向，而要好好想一想，怎样才能使自己好运连连，立于不败之地；人在逆境中，也不要意志消沉，要拿出毅力，咬紧牙关，继续奋斗。历史上，在逆境中破釜沉舟，而后绝处逢生反败为胜的例子数不胜数。可见，逆境不可怕，可怕的是人在逆境中意志不坚、恒心不足。面对人生的高潮和低谷、顺境和逆境，我们需要在平时就培养自己乐观向上的心态和心理承受能力，随时保持一个客观、冷静的头脑去面对人生中可能出现的风风雨雨。

一一九

惊奇喜异者①，无远大之识；苦节独行者②，非恒久之操③。

注 释

①**惊奇喜异**：指喜欢标新立异。

②**苦节独行**：苦守名节，刻板、独来独往。

③**恒**：长久不变。

译 文

一个喜欢求新、求特、行为怪异的人，不会有高深的学识和远大的见解；一个只知苦守名节而独来独往的人，不能长久实行。

评 点

伟大究竟是怎样成就的？伟大的力量究竟在哪里？其实，我们知道"万丈高楼平地起"，想要成就伟大的事业，就要耐得住寂寞，埋头去做。数学家华罗庚曾说："雄心壮志只能建立在踏实的基础上，否则就不叫雄心壮志。雄心壮志需要有步骤地、一步步地、踏踏实实地去实现，一步一个脚印，不让它有一步落空。"人一生中际遇不会相同，成功的标准也不一样，但只要你踏踏实实地努力，不断充实、完善自己，相信当机遇来临时，你就能把握住机会，成就一番事业。现在，社会快速发展，人们难免浮躁，对比于埋头苦干，更受大众欢迎的是各种速成的捷径。于是，许多没有毅力的人，妄想通过投机取巧的方式来谋取成功，却很难达到胜利的终点。事实上，"伟大寓于平凡之中"，只有那些资质平平、不懒惰、不胆怯、脚踏实地、勤奋不辍的人，才能坚持到成功的终点。

一二〇

当怒火欲水正腾沸处，明明知得，又明明犯着，知的是谁，犯的又是谁？此处能猛然转念，邪魔便为真君矣[1]。

注释

①**邪魔**：邪恶的魔鬼。**真君**：神仙。

译文

当愤怒在胸中燃烧，欲望在胸中沸腾时，人们常常会做一些明知故犯的事。知道这种道理的是谁？明知故犯的又是谁呢？如果每个人都能够用自己的理智和意志去克制自己，恶魔也就变成神仙了！

评点

孟子认为，人性本善，每个人身上都有"仁、义、礼、智"四种美德。可是，既然每个人都有善良的因子，为什么生活中却又有好人和坏人之分呢？其实，之所以有些人做不到，不是他做不到，而是他不愿意做，不愿意唤醒心中的仁爱。仁爱，是儒家思想的核心内容，孔子认为，仁爱是做人的根本。孔子说："非礼勿视，非礼勿听，非礼勿言，非礼勿动。"意思是说，不合于礼的现象不要看，不合于礼的声音不要听，不合于礼的话不要说，不合于礼的事不要做。可见，仁

● 礼教大行

爱不仅是一种人格情怀，同时也是一种非常具体的行为方式。但这样的一种大气度、大智慧，并不是与生俱来的，而是后天修身、克己的结果，这就是儒家提倡要重视修身的原因。儒家相信，只要一个人经过由内到外的改造，是可以成为圣贤之士的。因为圣人之所以成为圣人，并不是他心中没有愤怒和欲念，而是他能够用自己的理智和意志去克制自己，这就是所谓的"克己为仁"。

一二一

毋偏信而为奸所欺，毋自任而为气所使[1]；毋以己之长而形人之短[2]，毋因己之拙而忌人之能。

译　文

不要偏信偏疑而被奸诈小人所欺骗，不要刚愎自用，意气用事，不要恃才傲物，目空一切，拿自己的长处比他人的短处，不要因自己的笨拙而妒忌他人的才华。

评　点

"毋偏信自任，毋自满嫉人"，指出了我们为人处世应有的修养和胸怀。一个人要想功成名就，受人敬仰，就要加强自己的修养。不应固执己见、自以为是；不应居功得意、目空一切；更不应用自己的喜好来决定事物的发展。俗话说："出头的椽子易烂。"意思是说，暴露在外的椽子会经受更多的风吹雨打，自然要先腐烂。过分地张扬自己，难免会遭到明枪暗箭。深藏不露是智谋，规避风头，才能走好人生路。一个人要想在工作中保持心情舒畅，并与领导和同事关系融洽，那就应该在姿态上低调、工作上踏实，因为人们更愿意和这样的同事一起共事。如果幸运的话，还很可能被上司

委以重任。而受到别人的赞许时，应该谦虚有礼，因为谦逊能够避免给别人造成太张扬的印象，这样做才能淡化别人的忌妒心理，有利于维持和谐良好的人际关系。事实上，越是自以为是的人，往往越不容易看清周遭的环境。一个真正有修养的人不会把自己太当回事，懂得为别人考虑，心平气和地包容、接受，自然也就能够融入世间，得到别人的尊敬。

一二二

人之短处，要曲为弥缝①，如暴而扬之②，是以短攻短；人有顽固，要善为化诲，如忿而疾之，是以顽济顽③。

注 释

①曲：婉转、含蓄。弥缝：弥补、掩饰。

②暴：暴露、揭发。

③济：救助。

译 文

当发现别人有什么缺点，要婉转地掩饰与规劝，如果当众揭发人家的缺点，不仅会伤害别人的自尊心，也证明了自己的无知和不足；一旦发现某人愚蠢固执时，要耐心地开导和启发，如果对人家生气或厌恶，不仅无法改变别人的愚蠢与固执，也证明自己的愚蠢与固执。

评 点

每个人都有自尊心，如果被一些不中听的话激怒，都可能会情绪失控。所以，我们与人沟通时，说话要委婉，不要直来直去，更不要拿对方的短处开玩笑。尤其当指出别人的短处，想要对方改正时，应该讲究技巧。如果过于直言快语，有时候，不仅起不到劝诫的作用，还会引起怨恨。法国作家拉·封丹曾写过这样一则寓言：北风和南风比威力，看谁能把行人身上的大衣脱掉。北风首先来一个冷风凛凛、寒冷刺骨，结果行人为了抵御北风的侵袭，便把大衣裹得紧紧的。南风则徐徐吹动，顿时风和日丽，行人因之觉得春暖上身，便开始解开纽扣，继而脱掉大衣，南风获得了胜利。寓言中的"南风效应"告诉我们：在指出别人的错误或者缺点时，由于方法不一样，结果大相径庭。我们应该让批评像南风一样送给人温暖。事实上，每个人都有长处，也都有短处，我们不能做以己之长较人之短的事情。发现别人的不足，一定要善意地去帮助、去开导，要站在对方的角度上，换位思考，这样才不会伤害到对方的自尊心，别人也容易接受。

一二三

遇沉沉不语之士①，且莫输心②；见悻悻自好之人③，应须防口④。

注 释

①沉沉：阴险、深沉。

②输心：推心置腹。

③悻悻：自以为是。

④防口：谨防多说话。

译 文

在生活中要善于察言观色，假如你遇到一个表情阴沉沉而不喜欢说话的人，千万不要一下就推心置腹跟他做朋友；假如你遇到一个自以为了不起的人，就要尽量小心谨慎，少和他说话，防止言多有失。

评 点

现代社会，我们每天都要与形形色色的人打交道。在"涉世"方面，圣人主张："守口，少说、莫传"，以"慎言"为原则。要知道，一张嘴既能生好事，也能生坏事，谁都愿意让自己多生好事，所以我们要管好自己的嘴。俗话说："逢人只说三分话，莫要全抛一片心。"刚开始与人交往的时候，不要一见面就把自己的想法和心理活动全部告诉对方，因为知人知面不知心，在不了解一个人的人品之前，千万不要轻信于人，否则将来后悔也来

不及了。所以，我们要学会察言观色，完全了解了一人人，与他熟悉之后，再决定如何与之说话，决定交往的深度。那么，如何才能做到慎言？曾国藩曾提出过"立言有六禁：不本至诚，勿言；无益于世，勿言；损益相兼，勿言；后有流弊，勿言；往哲已言，勿袭言；非吾力所及，勿轻言"，意思是说，不是发自内心的真话，不说；对大家无益处的话，不说；有益但也有害的话，不说；会给以后带来弊端的话，不说；以往的思想家、哲学家说过的话，不能作为自己的话说；仅靠自己的力量完成不了的事，不要乱说。此"六禁"虽然带有浓重的"经世致用"和"立身处世"的味道，但也有合理的思想，值得我们重视。

一二四

念头昏散处①，要知提醒，念头吃紧时，要知放下；不然恐去昏昏之病，又来憧憧之扰矣②。

注释

①**昏散**：迷惑散乱。

②**憧憧**：来往不绝的样子。

译文

当头脑昏乱的时候，要学会自我调节，冷静以对，工作紧张思绪忙乱时，要知道放下；否则恐怕刚刚克服了昏昏沉沉的毛病，又会出现心神恍惚的困扰。

评点

良好的精神状态可以使生理功能达到最佳状态，反之，则会降低或破坏生理功能。例如，怒气过盛则伤肝，暴喜过度气血涣散，思虑太甚使脾胃虚弱。有人做过这样一个比较：在战场上，胜利者的伤口比失败者的伤口愈合得快，愈合得好。因此，人要学会处理好人际关系，自我控制，自我排遣，自我调节，以达到益智健身的目的。老子说："知人者智，自知者明。

胜人者有力，自胜者强。知足者富，强行者有志。"意思是说，了解自己的优势、正确评估眼前的形势非常重要，这就是做人的机智。现代人生活节奏加快，竞争日趋激烈，有着太多的压力、太多的诱惑、太多的欲望，也有太多的痛苦。相对于坚持来讲，机智有时也非常重要。因为，在现实生活中，我们有时会因为过度坚持，反而深陷困境而无法自拔。不懂得适时放弃的坚持，就是一种固执。一个人的思想有昏乱的时候，也有紧张的时候，要学会自我调节，做到劳逸结合，这样才能保持充沛的体力。比如，学会让自己把思维安静下来，多进行户外运动，慢慢降低对事物的欲望，多和自己竞争，不去忌妒别人，善待他人等，这些都是调节身心的好方法。同理，我们对自己的目标要持之以恒，一旦发现有问题，就要及时调整，千万不要固执，这样才可能走向成功。

一二五

霁日青天①，倏变为迅雷震电②，疾风怒雨，倏转为朗月晴空。气机可当一毫凝滞③？太虚可当一毫障塞④？人之心体亦当如是。

注释

①霁：雨后转晴。

②倏：忽然、迅速。

③气机：这里比喻主宰气候变化的大自然。

④太虚：天空。

译文

当万里晴空艳阳高照之时，会突然乌云密布、雷雨交加，急风暴雨过后，又会突然皓月当空、万里无云。可见，日月星辰的运行，春夏秋冬的更替，都遵循着大自然的法则，一时一刻也不会停顿，我们人类心理也应当像大自然一样。

评点

　　只有尊重事物发展规律并踏实努力地付出，才能获得最终的成功。日月星辰的运行，春夏秋冬的更替，都遵循着大自然的法则，我们人在成长的过程中何尝不是如此呢？古语云："墉基不可仓卒而成，威名不可一朝而立。"意思是说，城墙的基础不能匆匆忙忙打成，人的威名不可能一天就建立起来。因为匆忙打的地基，势必不能建成高大的城墙，即使建成了，也会因地基不牢而倒塌。企图匆匆建立威名，势必采用欺骗手段或暴力手段，这样建立的威名，必然维持不久。所以无论什么事，都不能急于求成。我们要想完成一件事情，就要事前做好充分的准备；我们要想取得好的成绩，就要平时刻苦努力，这些都是生活中的从量变到质变的客观规律。"千里之行，始于足下"，要达到事物的质变，必须首先做好量变的积累。歌德也从他的人生经验中得出这样一个结论："不应当急于求成，应当去熟悉自己的研究对象，锲而不舍，时间会成全一切。凡事开始最难，然而更难的是何以善终。"歌德以此来告诫后人，做事情千万不要拔苗助长，只有脚踏实地一点一滴去努力，才有可能获得最后的成功。

一二六

　　胜私制欲之功，有曰：识不早，力不易者[①]；有曰：识得破，忍不过者。盖识是一颗照魔的明珠，力是一把斩魔的慧剑[②]，两不可少也。

注释

　　① **易**：改变。

　　② **慧剑**：佛家语，用智慧比喻利剑。

译文

　　在战胜私心私欲的功夫上，有的人是没有认识到，意志自然无法控制，有的人是认识到了，却忍受不了物欲的引诱。因为见识力是一颗照亮魔鬼的明珠，意志力是一把斩伐魔鬼的智慧利剑，这两者不可缺少。

评点

生活中的许多烦恼都是自己造成的，是自己给自己套上的精神枷锁。常言道："病是吃出来的，健康是走出来的，祸是说出来的，烦恼是想出来的。"所谓"自寻烦恼"就是这个道理。比如，不切实际的追求，朝三暮四的企盼，好高骛远的欲望等，这些都是背上烦恼包袱的根源，成为自我作茧的圈环。程颐说："一念之欲不能制，而祸流于滔天。"也是说，欲望不加以节制，就会变成贪欲，贪欲则会使人失去理性，走向堕落的深渊。

一二七

觉人之诈①，不形于言②，受人之侮，不动于色，此中有无穷意味，亦有无穷受用。

注释

①觉：发觉、察觉。诈：欺骗。
②形：表形、表露。

译文

发觉被人欺骗不说出来，受人侮辱也不生气。这里面有无穷的意味，也有无穷的作用。

评点

"觉人之诈""受人之侮"并不是不知不觉，而是觉察并把对方的企图、手段看得清清楚楚、明明白白，这是智慧；而能不形于言，不动于色，这是德行，是涵养，是胸襟。人生在世，难免不受到欺骗、侮辱等伤害，那么，当这些不如意的事情发生时，我们要怎么办呢？保持一种平和的心境，不让坏情绪左右自己，所谓"忍得一时之气，才做得人上之人"，说的就是这个道理。在欺骗和侮辱面前，生气和愤怒都是没有用的，它们不会因为你

的生气和愤怒而有丝毫改变。所以，当我们被人欺骗侮辱时，不妨置之一笑，将它看成人生中必然会发生的一件很平常的事情。唐朝的娄师德，祖父历代都做大官，他弟弟到代州去当太守，他嘱咐说："我们娄家屡世余荫，所以难免被人说道。你出去做官，要认清这一点，遇事要能忍耐。"他弟弟说："我懂得，就是有人把口水唾到我脸上，我也自己擦掉算了。"娄师德说："这样还不行。"弟弟又说："那就让它在脸上自己干。"一个人只有保持平和的心境，有忍辱负重的胸襟，才不会因不如意而消沉，他的人生自然也会有新的景象。

一二八

横逆困穷①，是锻炼豪杰的一副炉锤②。能受其锻炼，则身心交益，不受其锻炼，则身心交损。

【注　释】

①**横逆**：指意想不到的灾祸。

②**炉锤**：比喻锻炼人心性的东西。

【译　文】

生活中一切的逆境、困苦、灾难都是磨炼英雄豪杰心性的洪炉和铁锤，能够接受这种锻炼考验的人，他的肉体与精神都会得到好处；反之，如果承受不了这种环境熏熬，经受不住恶劣考验，结果将是一败涂地，身心俱损。

【评　点】

"宝剑锋从磨砺出，梅花香自苦寒来。"人只有在经历磨难后，才会彻底成熟。古今中外，多少成功人士都是从苦难中成长起来的。海伦·凯勒从小又盲又聋又哑，却依然坚持写作，关注社会，最终成为闻名世界的教育家、文学家和慈善家；张海迪高位截瘫，依然坚持学习外语，翻译外国作品，成为一代人的精神楷模；贝多芬丧失听力后，创作出了不朽名作《命

一二五

运交响曲》。这些人在磨难面前从容不迫，反而成就了一番大事业。再来看看我们身边的人，有的年轻人由于不学无术、好逸恶劳而成为"啃老一族"，有的因为高考成绩不理想而跳楼自杀，有的因为谈恋爱失败而一蹶不振，很多人稍有不顺利就涕泪横流。往往那些来自农村，从小就受苦的人最能承受压力和挫折，而越是娇生惯养的孩子，遇到困难时越容易选择放弃。所以说，一个人成熟的过程就是经历苦难的过程，一个人成功的过程也是战胜困难的过程，艰难困苦是人生的一笔财富。

一二九

　　吾身一小天地也，使喜怒不愆[1]，好恶有则[2]，便是燮理的功夫[3]；天地一大父母也，使民无怨咨[4]，物无氛疹[5]，亦是敦睦的气象[6]。

注释

①愆：过失、错误。

②则：准则。

③燮理：调和、谐和。

④怨咨：怨恨。

⑤氛疹：自然界发生的灾害。

⑥敦睦：亲善友好。

译文

　　我们自己的身体就是一个小世界，不论喜怒哀乐，都要保持和谐，尤其对于所喜好的和所厌恶的东西也要有一定标准，这就是做人和谐的功夫；大自然就如同全人类的父母，负责养育人民，让每个人都没有牢骚怨尤，使万物都能没有灾害而顺利成长，便能呈现一派祥和的景象。

评点

从容是一种人生境界，也是一种生存智慧，我们只有掌握了这种智慧，人生之路才会充满光明。如果一个人总是忙乱不堪、没有定性，就意味着他心理的某种失衡和脆弱。我们知道，就像人体讲究营养平衡，自然界要求生态平衡一样，我们的心态也要保持一种平衡的状态。一个人只有内心和谐、安宁、乐观和从容，他才能不被忙乱的琐事所困扰，即使背负很多事情，依然能无所畏惧，游刃有余地去面对。相反，心态一乱，就容易出大问题。《三国演义》里"三气周瑜"的故事可谓妇孺皆知：第一次气周瑜，使得周瑜在马上心神大乱，箭疮复裂，掉落马下。第二次气周瑜，使用"周郎妙计安天下，赔了夫人又折兵！"言语激将，气得周瑜再次金疮迸裂。第三次气周瑜，使周瑜气得箭疮第三次迸裂，心梗而死。死前，仰天长叹："既生瑜，何生亮！"诸葛亮的妙计，使周瑜的心态失去平衡，最终丧失了性命。所以说，这种从容不迫的心态，就是一种尊重自然、尊重生命的气度与风范。

● 诸葛亮

一三〇

害人之心不可有，防人之心不可无，此戒疏于虑也①。宁受人之欺，毋逆人之诈②，此警伤于察也③。二语并存，精明而浑厚矣。

注 释

①**疏于虑**：考虑不周。

②**逆**：预想、设想。

③**伤于察**：考虑过周造成的失误。

译 文

"害人之心不可有，防人之心不可无"，这是告诫那些警觉性不高，对谁都相信的人；"宁可忍受他人的欺骗，也不愿事先设想别人使诈"，这是告诫那些警觉性过高，对谁都提防的人。在为人处世上深知这两种道理，才算是精明而又浑厚的人。

评 点

俗话说"知人知面不知心"，大千世界，形形色色的人应有尽有，所以在交往中既要防人，又不要过分疑人。首先，做人要懂得保护自己，因为不提防人有时反而会被人陷害，所以一个人要对自己周围的人心中有数，对新结识的朋友更不能轻易相信；其次，也不要对谁都不相信，因为一个对谁都提防的人是不会有真朋友的。不过，如果我们真的有幸得以生活在没有你死我活竞争的名利场中，我们就是幸运的平凡人；如果我们想得到快乐，就应按常人生活规律行事，摒弃"害人之心不可有，防人之心不可无"的思维方式。俗话讲："予人玫瑰，手留余香。"不对他人恶意设防，才可能送出真诚的玫瑰。也许，在生活中会有一些曾经伤害过我们或以后可能会伤害我们的人，但我们要看到：他们毕竟只是少数，在我们还没有彻底分清之前，不要让这些枯枝败叶遮挡我们相信美好生活的双眼。我们也应该相信这样一点事实：就是再坏的坏人，他的内心深处也会明白谁才是真正的好人。

一三一

毋因群疑而阻独见①，毋任己意而废人言，毋私小惠而伤

大体②，毋借公论以快私情③。

注 释

①**阻**：阻碍、阻挡。

②**大体**：大局。

③**快**：称心如意、高兴、痛快。

译 文

不要因为大多数人都怀疑而阻止独特的见解，也不要固执己见而忽视他人的言论；不可施小恩小惠而伤害大局，也不可假借公众舆论而满足个人欲望。

评 点

当我们与别人的意见不一致时，我们首先要耐心地把不同的意见听完，这既是对对方的尊重，同时也能让我们自己彻底了解对方的看法和观点。然后，我们就要冷静地分析，认真地思考，或择其善者，或合二为一。如果对方的观点是正确的，就应该积极采纳，并真诚地表示感谢，这样做有利于搞好团结，使彼此间关系更融洽；如果对方的观点不合理，就要委婉地拒绝，不要伤害到对方的自尊心。事实上，个人的真知灼见往往是建立在集体的智慧上的，一个人只有善于听取别人的见解，汲取不同的经验，发挥众人的优势，才能做出正确的决策。相反的，三国时期诸葛亮，可以说是很能知人善任的，而且又很熟悉管子的学说。管子说："言勇者试之以军，言智者试之以官，所言而不试，帮妄言者得用。"但是，诸葛亮在任用马谡上，却犯了个错误。马谡兵书读得好，也善于参谋军机。虽然他缺乏临阵作战的经验，但诸葛亮因赏识他的才华，最终还是派他做了主将。马谡这个人，言过其实，思过其行，诸葛亮因为他的"言""思"之长而错用了他，导致街亭之失，破坏了整个行动计划，这可以说是历史上一个很深刻的教训。

一三二

　　善人未能急亲^①,不宜预扬,恐来谗谮之奸^②;恶人未能轻去^③,不宜先发^④,恐遭媒蘖^{niè}之祸^⑤。

注释

①**急**:急切。

②**谗谮**:说坏话诬陷别人。

③**去**:离开。

④**发**:揭发。

⑤**媒蘖**:搬弄是非,酿其成罪。

译文

　　要想结交一个有修养的朋友,不可急切地亲近,也不应该事先赞扬,以免招来坏人的谗言佞语;假如想摆脱一个心地险恶的坏人,也得慢慢地疏远他,不宜过早暴露,以免遭受这种坏人的报复或陷害。

评点

　　庄子说:"君子之交淡若水,小人之交甘若醴;君子淡以亲,小人甘以绝。"意思是说,君子之间的友情清淡得像水,小人之间的交情甜得像酒;君子之间的友情虽平淡却亲近,小人之间的交情虽甘甜却绝情。因此,和一个有修养的人交往,不用刻意去追求,只要交出一颗真诚的心,就可以长久地交往下去;要和一个品行不好的人绝交,也不是一件简单容易的事情,要慢慢地疏远,以免遭受他的报复或陷害。可见,交朋友要慎重,和一个人打交道之前,要对这个人的品行操守有所了解,以此来决定交往的方式与深度。

菜根谭

一三〇

青天白日的节义①,自暗室漏屋中培来;旋乾转坤的经纶②,从临深履薄处操出③。

注释

①节义:节操与义行。

②经纶:纺织丝绸,这里指治国的政治韬略。

③临深履薄:面临深渊脚踏薄冰,比喻做事非常谨慎小心。

译文

光明磊落的高尚情操,是从暗室漏屋的艰苦环境中培养出来的;扭转乾坤的丰功伟业,是从临深履薄的谨慎中一点一滴积累出来的。

评点

作家傅雷曾经说过:"不经劫难磨炼的超脱是轻佻的。"艰难困苦磨砺人的意志和个性。就像树木受过伤的部位往往结成硬结一样,一个人经历了苦难之后,会变得更坚强、更严谨,相信有了一段饱经磨难的人生经历后,以后不管遇到什么难题,都能应对自如。同时,"奇迹多是在厄运中出现的",也就是说,艰苦的环境中往往还蕴藏着成功的机遇和创造奇迹的无限可能,这一切都是成就事业必不可少的条件,是苦难给予我们的一笔财富。因此,当苦难到来时,我们不要畏惧,因为只有经过磨砺的人生才会得到提升,风雨过后,我们会走得更稳、更好。《朱子治家格言》提到"屈志老成,急则可相依",所以往往是在这些细节当中都能够非常谨慎的人,才能真正把重要的大事办好。假如在一些小地方都不用心,很可能真正接手一件重大事情就会有很多小失误出现,甚至影响到整个事情的结局。同样为人父母在一些生活学习的细节当中,也要从小多多提醒孩子。同时我们自己也要多多关注,莫要在小事当中起心动念,进而去改过、去修正。

一三四

父慈子孝，兄友弟恭，纵做到极处，俱是合当如此①，着不得一毫感激的念头。如施者任德②，受者怀恩，便是路人，便成市道矣③。

译文

父母慈祥子女孝顺，兄长友爱弟妹恭敬，即使做到最完美地步，这也是天经地义的人之常情，用不着存有一丝感激的念头。如果布施的人当自己是恩人，接受的人怀感恩泽，这样的关系就像是陌生的路人，亲情也就成为市井交易。

评点

父母子女之间，兄弟姐妹之间的亲情之爱都是天生的，也是最纯洁的一种情感。如果亲人之间也存在等价交换的原则，那么这就是一种道德的堕落。因为，骨肉之情是一种根基于血缘关系的天性，相互关爱是一种本能，动物尚且知道如此，而人与人之间更不可以有一点施恩图报的想法。如果亲情关系变了味，那就等于把骨肉至亲变成了陌生人，骨肉之情变成了一种市井交易，那么，整个社会也就丧失了温暖，变成了冷漠的世界。对待家人我们都应该有两字箴言：一曰真，以真情相待；二曰忍，相互包容。在我国的传统家风之中，父慈子孝、兄友弟恭是修身齐家治国平天下的基石，谁也不能有丝毫的违背，上至帝王将相，下至黎民百姓。

菜根谭

一三五

有妍必有丑为之对^①，我不夸妍，谁能丑我？有洁必有污为之仇^②，我不好洁，谁能污我？

注释

① 妍：美丽。
② 仇：比照，对比。

译文

人间之事，有美好的就有丑陋的来做相对，如果我不自夸美丽，有谁会讽刺我丑陋呢？世上之物，有洁净的就有肮脏的来相对，如果我不自夸洁癖，有谁会讽刺我肮脏呢？

评点

每个人都难免有忌妒别人的时候，如果你太优秀了，就难免会刺伤某些人的自尊心。想想看，当你占尽了所有的荣誉，抢了别人的风光，别人会高兴吗？因此，在现实生活中，要想使自己免遭别人的忌恨，就要谦虚谨慎、低调做人，牢记"持盈履满，君子兢兢"的告诫啊！事实上，忌妒你的人都是因为不如你才忌妒，你们本就不在一个档次上，和他们生气是在浪费时间，而且把你自己的身份也拉低了。所以，平时我们尽量低调做人、谦虚有礼，一旦出现了忌妒者，也不必委曲求全，完全可以视若不见，置之不理。这样一来，那些想伤害你的人也无的放矢，忌妒的声音自然也就消失了。《庄子·齐物论》曰："毛嫱丽姬，人之所美也；鱼见之深入，鸟见之高飞，麋鹿见之决骤，四者孰知天下之正色哉？"其中富含的寓意告诉我们，任何美丑都只是相对的，没有绝对的美和丑。老子也说："天下皆知美之为美，斯恶已；皆知善之为善，斯不善已。故有无相生，难易相成，长短相形，高下相盈，音声相和，前后相随。"

一三六

炎凉之态^①,富贵更甚于贫贱；妒忌之心,骨肉尤狠于外人。此处若不当以冷肠^②,御以平气,鲜不日坐烦恼障中矣。

注释

①炎凉：人情冷暖。

②冷肠：冷漠心肠。

译文

人情冷暖、关系厚薄的变化，在富贵之家比在穷困人家显得更鲜明；而忌妒、憎恨、猜忌的心理，在兄弟姐妹、骨肉至亲之间比跟陌生人显得更厉害。一个人在这些方面如果不能用冷静的心态来看待，不用平和的情绪来处理，那就会整日陷在烦恼状态中。

评点

"共患难易，共富贵难"，富贵之家往往为了争权夺利而父子交兵或兄弟阋墙。汉武帝、唐太宗、武则天等无不为了权力而骨肉相残，历史上这样的事例随处可见。残暴的隋炀帝，已经被册立为太子，可是为了早日当皇帝竟谋杀亲爸隋文帝而即位。现代社会，人与人之间关系很复杂，到处都充斥着对金钱、名利的追逐。越是富贵的家庭，对名利的角逐心越强，骨肉亲情也就越淡；越是至亲的人，一旦妒忌憎恨起来越疯狂，许多家庭由此酿成了一幕幕悲剧。所以，一个人如果处于这种环境之下，就要看透这种人情的变化，学会平衡各种关系，尤其是与亲人之间的人情往来，做到不势利、不猜忌、不攀比、不嫉恨，始终保持一颗平和的心，低调做人，宽以待人，用理智来战胜私欲物欲，才能富贵永存，亲情永在。

一三七

功过不容少混，混则人怀惰隳之心[1]；恩仇不可过明，明则人起携贰之志[2]。

注释

①**惰隳**：疏懒堕落，不求上进。

②**携贰**：指不相亲附，怀有二心。

译文

功过分明，是非清楚，如果混淆了，人们就会变得懒怠而没有上进之心；对恩惠和仇恨不能表现得过于明显，太明显了人们就容易生怀疑背叛之心。

评点

　　一个领导者，如果手下没有一群优秀的人才，是难以成功的。而优秀的人才是需要领导者加以关怀和保护的。功过分明就是一个成功的领导者吸引人才的第一块法宝，因为只有功过分明，才能充分调动起部下的积极性，从而鼓舞士气、消灭邪气；富有人情味，是一个成功的领导者能够吸引人才的第二块法宝。中国人自古重情义，"士为知己者死"，"得人滴水之恩，必当涌泉相报"都体现了这一道理。如果领导者懂得宽厚待人，能从感情上打动下属，那么，自然就会有更多的人围绕在他周围，拥护他的领导。例如，汉高帝刘邦平定天下之后，以前帮助他汀天下的功臣将相，为了争功甚至于动起手来，因而使刘邦都感到胆战心惊，幸亏王陵等人的建议，经过一番论功行赏之后，这些功臣才算平静下来各就本位，使大汉帝国维持了长达四百年的天下，这也是因"功过分明"而走向成功之路的一个典例。

一三八

爵位不宜太盛^①，太盛则危；能事不宜尽毕^②，尽毕则衰；行谊不宜过高^③，过高则谤兴而毁来。

注释

①爵位：指官位，君主所封的等级。

②能事：擅长的事。

③行谊：合乎道义的品行。

译文

一个人的爵禄官位不可以太高，如果太高就会使自己陷于危险状态；一个人的才干能力不可以完全发挥出来，如果都发挥出来就会由于江郎才尽走向没落；一个人的品德言行不可以标榜太高，如果太高就会遭到别人的毁谤和中伤。

评点

《老子》中说："挫其锐，解其纷，和其光，同其尘"，意思是锉掉锋芒，消除纠纷，收敛光耀，混目尘世。听起来晦涩，实则告诉我们一个为人处世的方法——冲而不盈，即与世俗同流而不合污。现实世界中，一个人能力水平太强，就会遭人忌妒；道德修养过高，容易招致非议；当官做太大了，更容易引来杀身之祸，可以说，中国几千年的封建史，就是皇帝对功臣大开杀戒史。不过，宋太祖赵匡胤的"杯酒释兵权"做法更加仁慈一些，加之石守信等人懂得急流勇退，这些功臣不仅没有被宋太祖杀掉，反而都弄个节度使做做，而且每个人还都成了皇帝的亲家。然而能真正善待功臣的除了李世民之外，我们还能数出几个吗？所以，世事难料，一个人需要懂得进退的道理，该前进的时候就一往无前，该后退的时候就主动示弱。大智若愚，不偏执一心，把握有度，只有这样智慧处世，才能保证自己虽周旋于俗世之间，却不同流俗，仍保持着自身的光华。

一三九

恶忌阴①，**善忌阳**②。故恶之显者祸浅，而隐者祸深；善之显者功小，而隐者功大。

译文

一个人做了坏事最可怕的是想掩盖它，做了好事最忌讳的是自己到处宣扬。所以做了坏事如果能侥幸被人发现那灾祸就会减小，如果没被人发现那灾祸就会变大；做了好事而自己宣扬出去那功德就会小，只有暗中默默行善功劳才会大。

评点

古典小说《镜花缘》中有一人淑士国，家家标榜"贤良方正""好义循礼"，其实不过是一个贪图虚名的假仁假义的表面派国家。道家主张"见素抱朴"，保留人性中善良、单纯、朴实的东西，抛弃投机取巧和自私自利的私心。可是，生活中的许多人总是习惯于做仁义的表面文章，做人的这种虚伪离本意越来越远，还不如老老实实。北宋人鲁宗道嗜酒如命，经常到酒店喝酒。有一天，皇帝派遣使者召见他，使臣来到他家却到处也找不着他，原来鲁宗道又喝酒去了。过了很长时间，他才晕乎乎地回来，这时已经过了皇帝召见的时间了，使臣只好先走一步，并问他："圣上如果怪罪你来迟了，你当用什么原因来回答？"鲁宗道说："应该实话实说。"使臣好心地提醒说："若这么回答，只能得罪圣上。"鲁宗道说："我好喝酒，这是人之常情，圣上知道了也可原谅，但是欺君的罪过可就大了。"所以，我们为人处世务求平实，不应该处处标榜仁义道德，这种虚伪的行为根本无功德可言，而且总有被人看穿的一天，只有不图名利默默行善的人，所积的功德才是最大的。

一四〇

德者才之主，才者德之奴。有才无德，如家无主而奴用事矣，几何不魍魉而猖狂①？

注　释

①**魍魉**：古代传说中的一种怪物。**猖狂**：狂妄而放肆。

译　文

一个人的品德是才能的主人，而才能不过是品德的奴隶。一个人如果只有才能而没有品德修养，就好像一个家庭没有主人，而由奴隶当家，这样一来，岂有不使鬼怪肆虐之理？

评　点

中国的人才观自古以来一直重视品德胜过重视才能，一个人身上的"德"与"才"的关系，可以具体有如下三种情况：一个人品德好，但才能差了一些，只要虚心好学，持之以恒，能力也会提高；一个人品德不好，才能也差，对社会的危害也不会太大；一个人品德差，但才能高，对社会的危害就大。春秋后期，晋国大权旁落到智氏、赵氏、魏氏、韩氏四家手中，以智氏权力最大。智宣子想立儿子智瑶为继承人，族人智果反对说："智瑶有五个优点，一是须髯飘逸，身材高大；二是擅长弓箭，力能驾车；三是技能出众，才艺超群；四是能言善辩，文辞流畅；五是坚强果断，恒毅勇敢。他的这五个优点无人能比，唯独缺少仁德之心。如果立他为继承人，智氏必有灭门之祸。"果不其然，智瑶主政后，傲慢无礼，为所欲为，导致其他三家联合，大败智氏，杀死智瑶，尽灭智氏之族。一个社会和国家的安定需要有才能的人，但更需要品德高尚的人去维护，一个社会和国家的持续发展离不开"德才兼备"的人才。因为，在生活中，"有才无德"和"有德无才"都难成大业，只有"德才兼备"的人才有可能成就大业。

一四一

锄奸杜倖[1]，要放他一条去路。若使之一无所容，譬如塞鼠穴者，一切去路都塞尽，则一切好物俱咬破矣。

①**杜**：杜绝、阻止。**倖**：用手段谋求更高职位的小人。

译 文

铲除邪恶之徒，杜绝投机取巧的小人，有时就要酌情给他们留一条改过自新的途径。反之，如果逼得他们走投无路，毫无立足之地，那就等于为了消灭一个老鼠堵死一切鼠洞，固然把老鼠的一切逃路都堵死了，可是一切好东西却也都被老鼠咬不了。

评 点

俗语说"穷贼勿追"，否则他会跟你做"困兽之斗"，也就是说一个人做事不要太走极端，一切都应采行中庸之道。国人虽然强调中庸，但在实际生活中却时常走极端。正因如此，现在国家才提倡建设和谐社会，其核心含义就是中庸，让世人不要偏激和走极端。在与人的交往中，我们难免会和别人发生矛盾，难免有人会因此为难我们，嫉恨我们，诋毁我们，那么，我们应该如何处理这些情况呢？释迦牟尼说，以恨对恨，恨永远存在，以爱对恨，恨自然消失。可见，对待那些曾经伤害过我们的人，要视情节后果轻重，采取不同处理方式，尽量避免一棍子打死。最好的方式是以博大的胸襟包容他们，给他们一次改过的机会。毕竟，"成者王侯败者寇"，你死我活的激烈斗争，并不适合现代社会的人际交往。最后大家还是要在一起学习和工作。所以，与人为善地和平解决一切误会，才是唯一正确的方法。

一四二

当与人同过①,不当与人同功,同功则相忌;可与人共患难②,不可与人共安乐,安乐则相仇③。

注释

①同过:共同承担过失。

②患难:指艰难困苦。

③仇:仇恨。

译文

要有跟人共同承担过失的胸怀,不应该有跟人争功争利的念头,因为共享功劳就会引起彼此的猜忌;可以跟人共患难,同舟共济,不可以有跟人共享安乐的贪心,因为共安乐彼此之间就会互相仇视。

评点

我们经常说"同甘共苦"是人类一种美好的品德,其实"同甘共苦"只是一种理想的境界。现实社会,很多人可以共患难却不能同欢乐,"有功就抢、有过就推"是职场里许多人不成文的潜规则,这是人性的弊病。我们经常会听到或看到这样的新闻,一个不富裕

● 范蠡扁舟归五湖

菜根谭

一四〇

但很和睦的家庭中了彩票，一家人最后因为这张彩票打得不可开交，甚至对簿公堂；一对从一无所有奋斗到千万身家的夫妻突然就离了婚。人类自私、贪婪的本性，当面对金钱、名利这些物欲的诱惑时，修养不够的就会蠢蠢欲动。古语云："飞鸟尽，良弓藏；狡兔死，走狗烹。"这句话最早是范蠡说的。他当年急流勇退，怅然而去，还写出了"只可共患难，不可共安乐""敌国破，谋臣亡"的千古名言。欲望是无止境的，而生命不过百年，要想在有限的生命里不留遗憾，应该加强自己的修养，能与人同甘，又能和人共苦，不计较名利得失，自在过好每一天。

一四三

士君子贫不能济物^①，遇人痴迷处，出一言提醒之；遇人急难处，出一言解救之，亦是无量功德^②。

【注 释】

①**济物**：用金钱救助他人。

②**无量功德**：无限的大功德。

【译 文】

一个既有学问又有品德的读书人，因为家贫不能以物资救助他人，可是当别人迷惑不解时，能从旁指点使之有所领悟；遇到别人危急与困难时，能说一句话来帮助他，这也算是积下无限的功德了。

【评 点】

"功德无量"通常是指无限恩惠的意思。此亦为佛家语。《大乘义章》中有一段写道："功"就是功能，是滋润善行与福利的功能，故称之为功。功又是一种美德，所以叫"功德"。《滕经宝窟》有一段言："恶尽谓之功，善满谓之德。又，德乃得也，因是修功所得，故称之为功德。"也就是说，功德便是一般人所做的善行恩惠。助人为乐是中华民族的优良传统，乐于助人的先进事例和人物也层出不穷，比如雷锋、郭明义等都是几代人学习的楷模。当然，助人为乐要量力而为。当别人有困难的时候，我们每个人都应根据自己的能力施以援手，既可以是物质上的资助，也可以是精神上的支持。俗话说："一方有难，八方支援"，只要我们每个人都献出一点爱心，众志成城，相信再大的困难都会迎刃而解。只要你拥有一颗善良仁慈的心，尽自己所能帮助需要帮助的人，于己来说这是一件行善积德的事，于公来说，这是一件弘扬人间正气的大好事，功德无量。

一四四

饥则附①，饱则扬②；燠^{yù}则趋③，寒则弃，人情通患也④。君子宜当净拭冷眼⑤，慎勿轻动刚肠⑥。

注释

①附：依附。

②扬：飞翔。

③燠：温暖。**趋**：归顺。

④患：疾病。

⑤拭：擦拭。**冷**：冷静。

⑥刚肠：个性耿直。

译文

穷困饥饿时就投靠人家，吃饱了就远走高飞；当人有钱时就跑去巴结，当人贫穷时就弃置不顾。这都是一般人的通病。一个有才学、有品德的君子，不论对于任何事物，都要保持冷静态度，不要轻易指责他们。

评点

《史记》中有"一贫一富乃知交态，一贵一贱交情乃见"的感慨。俗谚有"贫居闹市无人问，富在深山有远亲"的叹息。俗话说："人往高处走，水往低处流。"在名利、地位、金钱的欲望面前，大多数人都会选择去结交更有益于自己发展的人，这也是人之常情。而有利于自己发展的人，通常是那些手中握有权力、掌握资源、人脉广泛、社会地位高的人，所以，这些人身边往往会围绕着许多人。我们不能说这是道德的退步，只能说这是现实社会的一种通病，是人性最真实的一种反映。我想，对不如自己的人，尤其是自己的亲人，我们也应该经常关心他们，根据自己的能力去帮助他们，做到"爱富而不嫌贫"，这样，我们才可能为自己多积功德，才可能有更好的发展。

为人处世"曲则全，枉则直"，有时候，人际交往中直来直去未必会达到目的。善于言谈的人，不是指那些能说的人，而是指会说的人，他们讲话委婉、中听，既能达到目的又不伤人。很多时候，我们推崇的是那些真诚、耿直、率真的人，但是，刚直的东西容易折断，做人也是如此。这份耿直往往不顾及情面，可能会使本来亲密的关系变得疏远，一个不善于保全自己的人，就容易使事业受挫夭折。因此，正直、诚实是我们做人的基本态度，我们要坚持下去，"曲则全"是我们与人交往的方法，我们也要牢记。成大事者更应遇事冷静，若动不动就使性子，轻则自毁前程，重则毁了大业。

一四五

德随量进，量由识长①。故欲厚其德，不可不弘其量②，欲弘其量，不可不大其识。

【注 释】

①识：知识、见识、经验。

②弘：扩大、光大。

【译 文】

人的品德、气度、经验三者不可分离，是一个循序渐进的完善过程。品德会随着气度的恢宏而增进，气度会随着经验的丰富而恢宏。因此要增进自己的品德，就不能不使自己的气度恢宏，要恢宏自己的气度，就不能不扩展自己的生活经验。

老子说："天长地久，天地所以能长且久者，以其不自生，故能长生。"意思是说，人生在世，无私能成其私。一个人要想平平静静、稳稳当当地度过一生，重要的是拥有一颗宽容的心，宽容是人性至善的最高境界。而一个人的宽容程度是和他的见识、气度、品德分不开的。我国古代，在关于如何培养"品德"的问题上，就有过这样精辟的论述："德随量进，量由识生。"就是说，一个人的品德高尚与否，取决于他的肚量。肚量宽一分，德行就高一分。而肚量则是由见识而生成的。即见识越多，知闻越广，那么肚量也就越大。反过来说，见识的多寡，也就决定了品德的高下。通常我们知道，往往人到了老年，心态变得平和也最能包容。为什么呢？正是因为老年人饱有见识、生活阅历丰富、道德深厚，而当一个人这三方面逐步完善、能够分辨是非、解决问题时，这个人也就达到了无往不胜的境界了。所以人们常说的"姜还是老的辣"，在某种意义上就体现了这个道理。

一四六

一灯萤然①，万籁无声②，此吾人初入宴寂时也③；晓梦初醒，群动未起，此吾人初出混沌处也。乘此而一念回光④，炯然返照，始知耳目口鼻皆桎梏⑤，而情欲嗜好悉机械矣⑥。

①萤然：形容灯光微弱得像萤火虫一般闪烁。

②万籁：一切声音。

③宴寂：安息、寂灭，这里指梦乡。

④回光：反射之光，这里指反省内心。

⑤桎梏：捆住手足的刑具，比喻约束、束缚。

⑥机械：比喻扰乱人心的工具。

译文

灯光微弱闪烁，大地一片宁静，这是人们要入睡的时候；清晨夜梦过去，万物还未活动，是刚从梦境走出的时候。在这刚刚安息和刚刚睡醒的刹那间，好像有一线灵光掠过脑海，反省自己，这时会突然使内心有所醒悟，才知道耳目口鼻都是束缚心智的刑具，而感情欲望全是使灵魂堕落的器物。

评点

人的一生常常为追求欲望而奔波忙碌，但欲望是无止境的，生命是有限而短暂的。既然生命是短暂的，那么，我们追求的东西其实也都是过眼云烟。所以人啊，在万籁俱寂的夜晚，如果经常反思，你就会看明白很多人生道理。曾子曾经说过，他每天都要多次地反省自己："替别人办事是否尽心尽力了呢？与朋友交往是否诚实呢？老师传授给我的学业是否反复温习实行了呢？"宋人瑞严和尚每天都要问自己："你头脑清醒吗？"然后自己回答说："清醒。"这样才算安心。这种自我警醒、细细问心，受到朱熹和张岱的肯定。人生在世，要保持理性，不为虚妄所动，不为欲望所诱惑。当然，俗世中的我们可以去享受生活乐趣，但不要有任何非分的追求和欲望，更不能为了满足一己之私而不择手段，只有这样不屈服于身体的诱惑，不被感官压倒，我们的内心才能变得安静和闲适。

一四七

反己者^①，触事皆成药石^②；尤人者^③，动念即是戈矛。一以辟众善之路^④，一以浚诸恶之源^⑤，相去霄壤矣。

注释

①反己：反省自己。

②药石：治病的东西，引申为规诫他人改过之言。

③尤人：指责别人。

④辟：开辟。

⑤浚：开掘。

一个经常自我反省的人，都会从过错中吸取教训，不论接触的任何事物，都会变成修身养性的良药；一个经常怨天尤人的人，犯了过错就会把它变成伤害别人的利器。可见，自我反省是通往高尚的途径，而怨天尤人却是走向罪恶的渊源，两者之间真有天壤之别。

评 点

每个人在做事情的时候都难免会犯错误，犯了错误并不可怕，只要我们能够及时反省自己，改正错误，坏事就变成了好事。孟子曰："爱人不亲，反其仁；治人不治，反其智；礼人不答，反其敬。行有不得者，皆反求诸己，其身正而天下归之。"翻译过来就是，"爱别人却得不到别人的亲近，那就应反问自己的仁爱是否不够；管理别人却不能够管理好，那就应反问自己的管理才能是否有问题；礼貌待人却得不到别人相应的礼貌，那就应反问自己的礼貌是否到位。凡是行为得不到预期的效果，都应该反过来检讨自己。自身行为端正了，天下的人自然就会佩服"。有人说，人类的历史就是在不断反省中发展的，历史尚且如此，对于个人来说，反省就更为重要了。一个善于反省的人，犯了错误能够积极寻找自身原因，避免以后再犯同样的错误。而一个不善于反省的人，犯了错误只会怨天尤人，把责任推卸到别人身上。布朗宁说："能够反躬自省的人，一定不是庸俗的人。"

● 孟子

自我反省是人们都很看重的品格。可见，学会自我反省，才能在事业上不断进步，从而在人生的道路上越走越宽。

一四八

事业文章随身销毁，而精神万古如新；功名富贵逐世转移[1]，而气节千载一日[2]。君子信不当以彼易此也[3]。

注释

① **逐世**：随着世代。

② **千载一日**：千年仿佛一日，比喻永恒不变。

③ **信**：确实。**彼**：指事业文章和功名富贵。**此**：指精神和气节。

译文

事业、文章都会随着人的死亡而消失，只有博大的精神万古不朽；功名利禄、富贵荣华，更会随着时代的变迁而转移，但崇高的气节会永远留存。可见一个有才德的君子，不可放弃能够名留青史的精神气节，换取随身消亡的事业文章和功名富贵。

评点

何为浩然正气，其实就是道义担当的昂扬正气，是无所畏惧的勇气，是襟怀坦荡的磊落之气，这种浩然正气体现了一种做人的道德准则和应当达到的高尚境界。孟子说："吾善养吾浩然之气，其为气也，至大至刚，以直养而无害，则塞于天地之间。"中国历史上有浩然正气的英雄人物很多，"文王拘而演'周易'；仲尼厄而作'春秋'；屈原放逐，乃赋'离骚'；左丘失明，厥有'国语'；孙子膑脚，'兵法'修列；不韦迁蜀，世传'吕览'"，这些旷世才俊都是将伟大的精神留给了后世子孙，世代相传。他们的内心强大，敢于同不合理的事物或黑暗势力做斗争，他们那种忧国忧民的博大精深和崇高气节有口皆碑、永远流传。人的生命总有一天会走向尽头，所有功名富贵不过是过眼云烟，唯有精神方能不朽，永存于世。要保持一身正气，就必须修身养性，并以弘扬正气为修养的最终目标，引领整个社会和民族走向正义和文明。

一四九

鱼网之设，鸿则罹其中①；螳螂之贪，雀又乘其后②。机里藏机，变外生变，智巧何足恃。

注 释

①鱼网之设句：《诗经》："鱼网之设，鸿离其中。"

②螳螂之贪，雀又乘其后：比喻只看到眼前利益而忽略了背后的灾祸。

译 文

本来是一张为捕鱼而设的网，不料鸿雁竟落在其中；贪婪的螳螂一心想吃眼前的蝉，不料后面却有一只黄雀。可见天地间真是变化莫测，玄机中还藏有另外的玄机，一些小花招哪里靠得住啊！

评 点

《杂阿含经》上说："色无常，无常即苦。"意思是说，因为众生抗拒无常，所以觉得痛苦。"爱别离""怨憎会""求不得"就是通常由无常引发的三苦。何谓无常？鲁迅先生写过一篇《无常》，无常就是没有定数，是对人生变幻莫测的经典概括。孔子主张"尽人事以听天命"。人生是无常的，因为人生中有太多的不确定因素存在。有时我们越是想要看清它的方向，却越是看不清；有时却偏偏"有心栽花花不发，无心插柳柳成荫"；有的时候却是"机关算尽太聪明"，最终一无所得。可见天地之间的一切事物都变幻莫测，其神奇不可思议之处，绝非人类智慧所能理解。面对这样一个因缘所生、幻化无常的世间现象，我们不要惶恐不安，也不要自暴自弃，而要在认识无常、接受无常之后，在淡然和闲适中坦然面对生命的变化莫测，顺其自然地走好生命的每一段旅程。

菜根谭

一五〇

作人无点真恳念头,便成个花子^①,事事皆虚;涉世无段圆活机趣^②,便是个木人,处处有碍。

注释

①花子:原本指古代妇女面颊上的装饰,这里比喻华而不实。

②圆活机趣:圆通灵活和随机应变。

译文

做人如果华而不实,没有一点真诚恳切的态度,就会变成一个八面玲珑的社交花,不论做任何事情都不实在;人活在世上,如果办事教条,不能随机应变,就等于是一个没有情趣的木头人,不论做任何事都会四处碰钉子,处处遇到阻碍。

评点

人与人的交往,应该本着真诚的原则,不弄虚作假,踏踏实实做事,自然就会有人信任你。孟子说:"诚者,天之道也,思诚者,人之道也。"庄子说:"真者,精诚之至也,不精不诚,不能动人。"淮南子说:"两心不可以得一人,一心可得百人。"可见真诚的重要性。但事实上,任何事物的发展都不是一条直线,有时候需要我们运用一些迂回的处世技巧,才能够顺利地解决问题。俗话说:"变则通。"生活中往往有一些事情没有更好的解决办法,我们应该随机应变,不能钻牛角尖,因为,生命的真谛不是追求,而是实现。我们在不违背原则的前提下,适当变通一下,也许会发现更好的解决办法。事实证明,人的一生世事难料,做事太过教条、一味拼杀的人不会走得太远,懂得变通、运筹帷幄的人才能坚持到最后。

一五一

水不波则自定，鉴不翳则自明^①。故心无可清，去其混之者，而清自现；乐不必寻，去其苦之者，而乐自存。

注 释

①鉴：古指镜子。翳：遮蔽。

译 文

没有波浪的水面自然是平静的，没有蒙尘的镜面自然是明亮的。所以心灵根本无须刻意清洗，只要清除内心的杂念，纯洁清澈的心境自然会显现；乐趣也根本不必执着追求，生活中的许多痛苦和烦恼实际上都来源于自身，只要排除内心的痛苦和烦恼，快乐幸福自然会到来。

评 点

如果我们总是对自己的处境心怀不满，自怨自艾，总是容易受到外界的影响，那么我们就不会有所成就。事实上，许多痛苦和烦恼实际上都来源于自身，这就是人们常说的小心眼，外界的压力和侵扰足以令心胸狭窄的人疑神疑鬼了。在这个空前浮躁、急功近利的社会里，总是患得患失而没有一个稳定心态的人是不会获得幸福的。这就要求我们拥有一个强大的内心，要有一定的胸襟和气度。"世上本无事，庸人自扰之"，一个人的成长道路并不是完全由外部环境决定的，内心强大、意志坚定的人能够不受外界的困扰，做自己的主人。诸葛亮在《诫子书》中说："非淡泊无以明志，非宁静无以致远。"意思是，一个人在社会中生活，若淡泊名利等身外之物，便可以真正明确自己的志向，若心无旁骛地投入到某项你所钟爱的事业中，便可以实现远大的目标。这是诸葛亮一生的真实写照，亦是我们后人应谨遵的警世名言。

一五二

有一念而犯鬼神之禁^①，一言而伤天地之和，一事而酿子孙之祸者^②，最宜切戒^③。

注 释

① **禁**：禁忌。

② **酿**：造成。

③ **切戒**：务必引以为戒。

译 文

那种触犯鬼神禁忌的念头，那种破坏人世间和气的话语，那种会带给子孙后代无尽灾难的事情，必须特别小心，绝不能去做。

评 点

古人说："三思而后行。"意思是说，我们在说每一句话之前，都要进行再三地推敲，不让别人因为误解而埋怨我们。生活中有很多矛盾都是由于说话不注意造成误解引起的，而说出去的话就像泼出去的水一样无法收回，所以，说话之前要冷静地想一想，不要给自己带来不必要的麻烦。历史上，曹操征讨江南，当时曹操经历过官渡大战，义倾一时，自大起来，觉得其他诸侯不如他，因此未三思谋划，遭遇赤壁之败。吴三桂冲冠一怒为红颜，也是未三思后果，直接引清兵入关，导致明朝的灭亡，自己后来也为清政府所杀。那么，我们在与人沟通时要注意避免哪些情况呢？首先，就是说话干净利索，尽量不啰唆，不讲废话；其次，不要炫耀自己，不要对别人进行说教；最后，说话不要大声，要尽量降低音调。总之，我们要根据说话的场合，选择恰当的语言进行表达，这样才有利于我们与别人打交道。

事有急之不白者①，宽之或自明，毋躁急以速其忿②；人有操之不从者③，纵之或自化④，毋操切以益其顽。

注释

①不白：不明白。

②忿：精神紧张。

③操：操纵。

④纵：放纵。自化：自己觉悟。

译文

世间有很多事，你越是急着想弄明白越是糊涂，所以倒不如暂时放下，也许头脑冷静之后事情自然就清楚了，千万不可太急躁，欲速则不达，事情就越弄越坏而不堪收拾；世上有很多人，不愿服从他人，这时倒不如听之任之，放下不管让他自由发展，使对方心悦诚服地遵从，千万不可操之过急增加他的错误和固执。

评点

俗话说："欲速则不达。"在漫长的人生之路上，我们会遇到很多需要我们解决的事情，有些人操之过急，急于求成，反而达不到好的效果。事实上，面对任何事情都不能太过刻意去追求，为了实现目标，必要时不仅不能着急，还要放慢脚步，或者后退一步。这样的后退不是停滞不前，而是为了留给自己思考的时间，冷静地分析问题，以便未来走得更远。事实证明，所有的成功人士都是一步一个脚印，踏踏实实干起来的，稳步前进才是硬道理，而那些盲目追求效率、急功近利的人是不可能取得成功的。另外，在子女教育的问题上不妨"宽严得体"，即是宽严适中，符合实际，心悦诚服，乐意接受。因此，在塑造孩子灵魂与培养孩子品行的教育实践中，就要把握好这个"度"。要做到教育宽严适度，既不能溺爱，也不能过于严格，过宽过严都会适得其反。

一五四

节义傲青云^①，文章高白雪^②，若不以德性陶之，终为血气之私^③、技能之末。

注　释

①**青云**：比喻高入云端。

②**白雪**：阳春白雪，古代高雅的名曲，引申为高深典雅的文艺作品。

③**血气**：这里指感情。**私**：个人意气。

译　文

气节和正义足以顶天立地，生动的文章足以胜过阳春白雪等名曲，然而如果不用高深的道德来陶冶这些，气节和正义不过是一时的意气用事或感情冲动，生动的文章也无非是微不足道的雕虫小技。

评　点

人生宛如一个竞技场，激烈而残酷的竞争无处不在。那么要不要与人竞争，如何与人竞争是值得我们深思的问题。孔子的弟子曾子说："晋国公子的财产我望尘莫及。但是，他依靠他的财产生活，我依靠我的仁德生活；他依靠他的官职做人，我依靠我的道义做人，我还有什么不能满足？"这是曾子的气概。但是，在现实社会中，尤其是市场经济的社会里，从个人角度讲，为了生存，人与人之间的竞争是避免不了的；从社会角度看，社会的进步，国家的兴旺，也需要竞争。古人认为，人的一生树立高尚的道德是第一位的，而现代社会，竞争又是在所难免的，因此，人与人之间的竞争应该在以遵守道德的契约精神下进行，这种竞争是讲究规则的、良性的，而不是无序没有规则的、恶性的。在以道德引导下的竞争可以促进社会发展，实现双赢，而失去道德制约的竞争注定形成你死我活、势不两立的局面，结果双输。

一五五

谢事当谢于正盛之时①；居身宜居于独后之地②。谨德须谨于至微之事③；施恩务施于不报之人④。

注 释

①**谢事**：指辞官归隐。
②**独后**：不与人争，独自居后。
③**谨德**：谨守德操。**至**：极、最。
④**不报**：指无力回报。

译 文

要想隐退不问世事，应该在自己事业的巅峰时期急流勇退，让贤于人，只有这样才能名垂青史。引退之后居家度日，就要忘掉以前的荣耀，最好住在一个与世无争的清静之地，只有这样才能使你真正实现修身养性。要想加强品德修养，不能做表面的文章，必须从小事做起；要想真正帮助别人，应该雪中送炭，帮助那些无法回报的人。

评 点

中国传统的处世哲学讲究低调、不张扬，其中"功成身退"就是一个典型的观点。"功成身退"是指在功成名就的时候急流勇退，让生命的张扬适可而止。做人应该懂得节制，尤其在名利面前更要适可而止。否则，该放下时放不下，很可能让你从人生的顶峰狠狠地摔下来，反而招致了祸端。

"赠人玫瑰，手有余香"，付出是人的一个美好的天性，同时也是一种处世哲学。帮助别人、与人分享可以让我们找到自己存在的价值，体会到奉献的快乐。但生活中，有许多人把这种付出变成了一件目的性很强的功利行为，他们帮助的对象往往是那些对他们有利、有用的人；很多人只会锦上添花，而不愿意雪中送炭，不去帮助那些真正需要帮助的人；还有些人助人只做表面文章，只为博得一个好名声，从不考虑帮助的方式和效果。

这些行为都是不负责任的伪善，本质上就是一种急功近利的思想，是与品德修养背道而驰的。

一五六

交市人不如友山翁^①；谒朱门不如亲白屋^②；听街谈巷语，不如闻樵歌牧咏；谈今人失德过举^③，不如述古人嘉言懿行^④。

注释

①**山翁**：隐居山林的老者。
②**白屋**：指贫穷人家住的地方。
③**过举**：过格的举动。
④**懿行**：美好的行为。

译文

与其结交一个市井沉俗之人，不如结交一位山野老翁；与其巴结权贵豪门，不如亲近布衣老百姓；与其听一些无稽之谈、衔巷是非，不如多听樵夫牧童的歌谣；与其批评别人的错误过失，不如讲述古人的美言善行。

评点

世界上有许多诱惑，比如金钱、名利、地位，但那些都是身外之物，在人生的长河中不过是过眼云烟。人生的旅途上，只有简单最潇洒，快乐最珍贵。我们要想一生幸福，就必须割断与权力的联系和束缚，淡泊名与利，位高不自满，位低不自卑，享受平凡的乐趣，让自己回归自然纯朴的天性，这样才能感受到人生的真谛。当然，放弃名利的诱惑并不是每个人都能做到的，那是在经过一番挫折，深刻反省之后的醒悟。是幡然醒悟后的凤凰涅槃。

一五七

德者,事业之基①,未有基不固而栋宇坚久者②。心者,后裔之根③,未有根不植而枝叶荣茂者④。

注释

①基:基础、根本。

②栋宇:房子。

③裔:后代。

④植:植入泥土。

译文

高尚的品德是一个人事业的基础,就像盖一座高楼大厦,基础不牢固,高楼大厦不会坚固持久;善良的内心是爱护子孙后代的根本,拥有一颗善良的心,就等于给后代子孙种下了幸福的根基,如同栽花植树,没有植根土地,花枝树叶不会繁荣茂盛。

评点

子曰:"骥不称其力,称其德也。"意思是说,对千里马不要称赞它的力气,而要称赞它的品德。这是儒家提倡的做人准则。要做事,先做人。品德的修养是人生的基础,决定一个人一生行事是善是恶是美是丑。一个人没有好的品德,再好的学识或许不能有益于人,可能还会害人,而且知道越多害人越深,权势越大破坏越广。善良是这个世界上最感人的力量,"人之初,性本善",但长大以后,人还会保持一颗善良的心吗?也许有的人依然善良,而有的人已经失去了善的本性。其实,善待社会、善待他人并不是一件困难的事情,"不以善小而不为,不以恶小而为之",只要心存善念,哪怕是一个善意的微笑,只要能帮助到他人,都是值得一做的。如今,当看到有人落入险境,我们之中有人不再是立刻挺身而出,而是在脑海里思忖:这一定是个骗局,多一事不如少一事。做善事对一个人的影响究竟有多大，是很难量化的，但帮助了别人有时候就是给自己留下了善根，每一个善良的人都会有好报的。但我们必须牢记，做善事的本质是不求回报，索求回报的行善不如不做，那是一种伪善，是要不得的。

一五八

前人云："抛却自家无尽藏[①]，沿门持钵效贫儿。"又云："暴富贫儿休说梦，谁家灶里火无烟？"一箴自昧所有[②]，一箴自夸所有，可为学问切戒。

注 释

①**无尽藏**：无穷无尽，比喻大量的财富。

②**箴**：劝诫之言。

译 文

从前的人说："放弃自己家中的大量财富，模仿穷人拿碗沿街乞讨。"又说："一个突然暴富的穷人，不要夸耀自己的财富，哪家的炉灶不冒烟呢？"这两句谚语，一句是隐瞒所有，一句是夸耀所有，这都是做学问的人必须戒除的。

评 点

人生成功的秘诀就是经营自己的长处，经营自己的长处会给人生增值，而经营短处会使人生贬值。一个人做这件事没有成功，并不意味着做那件事也不会成功，因为他可能还没有发现他的长处。"横看成岭侧成峰，远近高低各不同"，大千世界，芸芸众生，我们每个人都有各自的特点和作用，只有找准了自己的位置，才能大展拳脚、有所成就。生活中，只要我们每个人都能正确认识自己，然后坚持不懈、踏踏实实地去努力，最终都会在各自擅长的岗位上取得不平凡的成绩。沈从文年轻时曾经一度陷入困顿，甚至有过轻生的念头。后来一位编辑跟他说，你有写作特长，有思想，还怕长安居不易吗？沈从文豁然开朗：是啊，我手里有笔，可以写啊。通过自己的努力，他终于成为大作家。

一五九

道是一种公众物事^①，当随人而接引^②；学是一个寻常家饭，当随事而警惕^③。

注　释

①**公众物事**：指社会大众的事情。

②**接引**：迎接、引导。

③**警惕**：警觉感悟。

译　文

道是一种与社会大众相关的事物，应当根据每个人的性情去引导他们；学问是一件日常的事情，应当对每件事情思考，从中得到启发。

评　点

中国人自古以来就把守德作为处世为人、齐家治国的基本品质。道德操守高的人受人尊敬和赞扬，道德操守低的人受人嫌弃和斥责。所以我们要做一个道德高尚、有诚信的人。人的一言一行往往是受自己的品德指导的，一个人如果没有一个比较高的道德修养，他的行为必然会失去正确的方向，最终的结局必然是失败的。人生在世，无论生活还是工作，都应以德立身，如果失去道德的约束，也就失去了信誉和信任。同理，做学问就像每个人每天吃饭一样，应当随着事物的变化与时俱进。吕蒙是三国时吴国名将，小时候家里很穷，没读什么书。一次，孙权对吕蒙和蒋钦说："你们如今执掌大权，应加强学习，这样于己有益。"吕蒙答道："军中事多，无暇读书。"孙权说："不过是让你们多读些书以增长见识而已。"从此，吕蒙坚持学习，所读之书，比一般书生还多。后鲁肃接替周瑜任都督，与吕蒙交谈，学识不及吕蒙，鲁肃叹道："我以为大弟只有武略，不料今日学识如此渊博，再也不是昔日阿蒙了！"吕蒙说："士别三日，当刮目相看。"

一六〇

信人者^①，人未必尽诚，已则独诚矣；疑人者^②，人未必皆诈，已则先诈矣。

注释

①**信人**：相信别人。

②**疑人**：怀疑别人。

译文

一个信任别人的人，别人虽然未必全都诚实，但是自己却先做到了诚实；相反，如果你总是疑神疑鬼，别人虽然未必全都奸诈，但是自己却先成了奸诈。

评点

俗话说"将心比心"，你相信别人，别人也会相信你，你怀疑别人，别人也会怀疑你，所以孔子说："尽心为人之谓忠，推己及人之谓恕。"所谓"推己及人"就是"己所不欲，勿施于人"的功夫。人际交往中，与他人建立起一种互相信任、互相满意、互相合作的关系非常重要。人在社会中生存，建立一个良好的人际关系有助于我们走向成功。古往今来，有许多优秀的人才，就是因为不善于与人交往，没有搞好人际关系，而被能力不如自己的人打败。与人打交道，首要就是以诚相待，哪怕是对你有成见的人，这是和所有人搞好关系的前提。如果你疑神疑鬼，不相信别人，结果就是大家越来越远离你。因为，人际交往中，你对待别人的方式就是别人对待你的方式。所以既然交往，就要以诚待人，同时也要给别人足够的信任。

一六一

念头宽厚的，如春风煦育①，万物遭之而生；念头忌刻的，如朔雪阴凝②，万物遭之而死。

注释

①煦：温暖。

②朔：北。

译文

一个心胸宽广的人，好比和煦温暖的春风，能给万物带来生机；一个胸襟狭隘刻薄的人，处处伤人，好比阴冷凝固的霜雪，能给万物带来杀气。

评点

在人与人的交往中，难免有矛盾、有误会。老话说："良言一句三冬暖，恶语伤人六月寒"，心胸狭隘的人，人人避之；待人宽厚的人，人人趋之。因此，我们应该心胸宽广，给予别人必要的尊重和谦让，如果寸步不让，只会把关系搞得越来越僵。人非圣贤，孰能无过？人在犯错之后，都会感到内疚，这时如果宽以待之，那么必能引他为善。生活中，还有许多人待人刻薄、心胸狭窄，这样的人如果不及时反省自己，调整心性，那么他在集体生活中就会寸步难行。你会发现，当你平易随和、宽厚仁慈的时候，其他人才会更愿意靠近你，才会满面春风地对待你。

一六二

为善不见其益，如草里冬瓜，自应暗长；为恶不见其损①，如庭前春雪，当必潜消②。

注 释

①损：伤害。

②潜：偷偷地、秘密地。

译 文

做好事表面上看不出益处，却会像草丛中的冬瓜一样暗暗地长大；做坏事表面上看不出损失，却会像春天院子里的积雪一样，慢慢地减少融化。

评 点

佛陀曾说："每个细微的念头，都会结一个果。"也就是说，我们今天做的每一个选择，日后都会有一个回声的。那么，如果选择与人为善，就是一种大的人生智慧。眼是一把尺，量人先量己；心是一杆秤，称人先称己。挑人过错，自己也有不完美；责人短处，自身也有缺陷。所以，与人为善，就要不遗余力地成就他人，不知不觉也成就了自己。一己是人，众人是天；谋事在人，成事在天。中华民族几千年来一直推崇助人为乐、与人为善，人们尊重、赞美善良的人，善这种美德存在于每个人的心中。而与之相反的是，坏人坏事，总是受人唾弃的，是见不得光的。一个人如果做了坏事，就会整天提心吊胆，惶惶不可终日，因为"善有善报，恶有恶报"的观念早就在中国人的心中根深蒂固了。

一六三

遇故旧之交，意气要愈新；处隐微之事①，心迹宜愈显②；待衰朽之人③，恩礼当愈隆。

注 释

①隐微：隐私。

②心迹：心情。

③衰朽之人：指年老体衰的人。

遇到多年不见的老友，情意要特别真诚、欣喜；处理某种秘密的事情，要和明处做事一样光明磊落，态度要特别端正；服侍身体衰弱的老人，举止要特别殷勤，礼节要特别周到。

评 点

中国自古以来就被称为礼仪之邦，其中，礼仪就是礼节和仪式；邦就是国家。礼仪之邦就是指讲究礼节和仪式的国家。儒家认为，"礼"是一个人在社会上立身的根本，一个不懂"礼"的人是无法在社会上立足的。那么，什么是"礼"呢？美国成功学家马尔登曾经说过："文明的举止，还有背后所蕴藏的对人的体谅、关心，是我们人生的一笔巨大财富。"可见，"礼"不应该只是一种外在形式上的"彬彬有礼"，更应该是人的内心美德的一种表现。在人与人的交往之中，最重要的就是存在于内心的一种尊敬、仁爱的美德。只有从心里敬重对方、善待对方，别人才会把你当成真正的朋友。

一六四

勤者敏于德义①，而世人借勤以济其贪；俭者淡于货利，而世人假俭以饰其吝②。君子持身之符③，反为小人营私之具矣，惜哉！

注 释

①敏：努力、奋勉。

②假：凭借。

③符：准则。

译 文

一个勤奋的人会尽心尽力在品德和道义上下功夫，而世人却仰仗勤奋来满足自己的贪占；一个俭朴的人把财货和利益看得淡泊，而世人却凭借俭朴来掩饰自己的吝啬。勤奋和俭朴本来是有德君子立身处世的信条，却成了市井小人营私的工具，真是令人感到惋惜。

评点

漫漫人生路，我们会经历许多选择，有什么样的选择就会有什么样的结果。正确的选择会让我们离成功更近一步，而错误的选择会让我们离成功更远一分。选择对每个人来说都是非常重要的。中国有句古话："有所为有所不为"，主动选择"有所为"，敢于放弃"有所不为"，是选择中的大智慧。在人生的每一个关键时刻，运用你的头脑审慎权衡，权衡哪些应该做，哪些不应该做，什么是最值得珍惜的，什么是应该放下的，但无论选择什么，人生之路都要自己走。人生就是一个选择的过程，我们选择了什么，生活就会给予我们什么。

一六五

凭意兴作为者①，随作则随止，岂是不退之轮②？从情识解悟者，有悟则有迷，终非常明之灯③。

注释

①**意兴**：兴致、兴趣。

②**不退之轮**：佛家语，永不后退的车轮。

③**常明之灯**：佛家语，永远明亮的灯。

译文

光凭一时冲动做事，等到热情一消失，事情也就半途而废、不了了之，这哪里是长久奋发向上的做法呢？一个只从感情出发领悟真理的人，领悟有时会被感情所迷惑，这也不是永久光亮的智慧之灯。

评点

荀子《劝学》中说："不积跬步，无以至千里；不积小流，无以成江海。"这句话告诉我们，做事情只有从一点一滴做起，日积月累、持之以恒，才能有所成就。"宝剑锋从磨砺出，梅花香自苦寒来"，没有人能不经过艰辛磨砺，随随便便就成功。人们只知道美慕那些卓越非凡的成功人士，殊不知"要想人前显贵，就得背后受罪"的道理，成功者往往并非天才，而是在背后付出了持续不断的努力。做任何事情，都要经过长期不懈的努力，持之以恒的追求，如果经常半途而废、不了了之，缺乏恒心和毅力，是无法走到最后的。我们大家都有这样的体会：做一件事，开始时往往干劲十足，而事情也会十分顺利，等干到一半时，兴奋的情绪有所减退，放松和慵懒之心渐起，此时办事效率降低，如果不及时靠毅力坚持，往往前功尽弃。因此，老子认为："只有那些坚持不懈地追求下去的人，才称得上有志之人。"

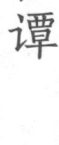

一六六

人之过误宜恕①，而在己则不可恕；己之困辱当忍②，而在人则不可忍。

注 释

①恕：宽恕、原谅。

②困辱：困难和羞辱。

译 文

别人的过失和错误应该多加宽恕，可是自己的过失和错误却不可以宽恕；自己受的屈辱和困境应该尽量忍受，可是别人受到委屈，就要想方设法替他解决。

评 点

孔子说："躬自厚，而薄责于人，则远怨矣！"这里的"躬"是自问的意思，"自厚"并不是指对自己要厚道，而是对自己要严格。这句话告诫我们，我们平时对自己要严格要求，而当别人做错事，责备别人时，不要像对自己那样严格，只有严于律己、宽以待人才能避免别人的怨恨。严于律己、宽以待人是一个人的优良品质，在现代社会的人际关系里面却最容易被人忽视。所以，人与人的交往中，不要总盯着别人的缺点，

● 孔子乘辂图

要经常反省自己，遇事要将心比心，尽量去理解别人，这样才会获得一个良好的人际关系。尤其是在领导岗位上，要想担负起一定的责任，没有这种自律精神是不行的。

一六七

能脱俗便是奇[1]，作意尚奇者，不为奇而为异[2]；不合污便是清，绝俗求清者[3]，不为清而为激。

【注 释】

①**脱俗**：不沾染俗气。**奇**：与众不同。

②**异**：不同的、特殊的。

③**绝俗**：与世俗隔绝。

【译 文】

一个人能够超凡脱俗就是奇人，可是故意标新立异的人并非奇人而是怪异；不肯同流合污算是清高，如果以为清高就是跟世俗断绝，那就不是清高而是偏激。

古人云"出淤泥而不染"，意思是说，不与世俗同流合污，保持自己心中的一方净土。的确，清高是一种高洁的品德，是每个君子在精神上所追求的一种境界。但是，如果以为清高就是跟世俗断绝联系，就大错特错了。譬如东晋崇尚清谈，人人以做名士为荣，结果一些人为了显示自己的清高，故意辞官不就或隐居山林，以博取虚名。中国还有句古话"水至清则无鱼"，意思是说，太清澈的水里是养不活鱼的，这句话又告诉我们这样一个道理：人生在世，有些时候只有放下自己的清高，路才能越走越顺。所以，在生活中，可追求清高，但不能高傲，要用包容豁达的胸襟广交朋友，而不要目中无人，这样才能避免自己走到孤立无援的境地。

一六八

恩宜自淡而浓[①]，先浓后淡者，人忘其惠；威宜自严而宽[②]，先宽后严者，人怨其酷[③]。

注释

①恩：恩惠。

②威：威严。

③酷：残酷，暴虐。

译文

施行恩惠，要从淡而变厚，如果先浓厚而后寡淡，就易使人忘记这种恩惠；对人使用自己的威严，要从严而变宽，如果先宽厚而后严厉，就会使人恨你冷酷无情。

评点

工作中，很多人意志坚定、永不言弃，而用一种"不撞南墙不回头"的执着精神一路坚持下去，这样的结果往往却是失败的。为什么呢？因为，做任何事情如果想成功，光有热情是不够的，还要讲究方式和方法。拥有一个灵活的头脑，保持一个健康的心态，对工作来说是必不可少的，做事只会使蛮力，而不会用巧劲儿，只能事倍功半。可见，无论是施行恩惠还是使用自己的威严，采取的方式方法很重要，方法错了，越坚持走得越慢，甚至会往相反的方向走。

一六九

心虚则性现①,不息心而求见性②,如拨波觅月；意净则心清,不了意而求明心③,如索镜增尘。

前集

注 释

①**心虚**：指心中没有杂念。

②**息心**：排除欲念。

③**不了**：不能了结。

译 文

只有内心了无杂念，人的本性才会显现，如果不促心神宁静而想发现本性，就像拨开水波来找水中之月一样；只有意念清明，心情才会开朗，如果不清除烦恼而想心情于朗，那就等于要在落满灰尘的镜子前面照出自己的影子一样。

评 点

中国有句古话："静以修身，俭以养德。"意思是说，静下来反省自己，使自己修养身心，以简朴节约来培养自己高尚的品德，这样，才能使自己清除掉物欲带来的烦恼，内心豁然开朗。其实生活中的许多困扰都是我们自己造成的，因为我们的贪婪、执拗，很多利益都舍不得放弃，于是越来越疲倦，越来越烦恼。如果我们能摒弃外界的诱惑，反观自己的内心，我们就能发现一个真实的自我。所以，做任何事情，只有先集中精神，心无旁骛，才可能成功。每个人在生活中都会遭遇到困难和挫折，如果避免不了，就要镇定以待，切勿惊慌失措。因为，一旦心慌意乱，就会乱了阵脚，就

一六七

必然会影响到你的行为。所以，一动不如一静，以不变应万变才是解决问题的最好办法。静是心无旁骛的心灵感受，所谓"非宁静无以致远"，只有心无旁骛地对待你的工作，你才能取得更大的成功。

一七〇

我贵而人奉之[①]，奉此峨冠大带也[②]；我贱而人侮之，侮此布衣草履也。然则原非奉我，我胡为喜？原非侮我，我胡为怒[③]？

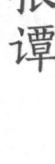

注 释

①奉：奉承。

②峨冠大带：高冠和宽衣带，泛指士大夫。

③胡为：为什么。

译 文

有权有势，人们就奉承我，这是奉承我的官位和乌纱；贫穷低贱，人们就轻蔑我，这是轻蔑我的布衣和草鞋。可见根本不是奉承我，我为什么要高兴呢？根本不是轻蔑我，我为什么要生气呢？（能够如此潇洒地面对人生，才算得上是大彻大悟。）

评 点

周国平说："人生最好的境界是丰富的安静。安静，是因为摆脱了外界虚名浮利的诱惑；丰富，是因为拥有了内在精神世界的宝藏。"的确，人的一生常常被名利、权势、金钱所束缚。其实，人生不过百年，一日不过三餐，睡觉不过一张床，这些外在的物质真正能够为我所用的，是极其有限的。追求这些，不过是人对自己价值的一种认可罢了。六祖惠能名偈云："菩提本无树，明镜亦非台，本来无一物，何处惹尘埃。"每个人都是"生不带来死不带去"，假如能尽早悟出这个道理，对世间种种事物以及世态变迁就会看得淡些。可是，仍有许多人为了满足自己的虚荣心，不惜终身索取，实在是不值得的。真正有智慧的人能够守住自己一颗清静的心，在充满诱惑的世界里，不迷失方向，从而拥有了真正的幸福与欢乐。

一七一

"为鼠常留饭，怜蛾不点灯。"古人此等念头，是吾人一点生生之机①。无此，便所谓土木形骸而已②。

注释

①**生生之机**：此指使万物生长的意念。

②**形骸**：人的形体。

译文

为了不让老鼠饿死，常留一点剩饭；为了不让飞蛾烧死，夜晚不点灯火。古人这种慈悲心肠，就是人类繁衍不息的源泉。人之所以成为人，就是因为人有感情，如果没有这一点，人就变成没有灵魂的躯壳，和树木、泥土没有什么区别了。

评点

佛教的中心思想之一就是主张不杀生，因此先贤才有"为鼠常留饭，怜蛾不点灯"的名谚，而不杀生正是源于人性中的"善"。善，是一种人与生俱来的道德属性，"人之初，性本善"。现实生活中，就要你帮助我，我帮助你，相互扶持，尤其当别人深陷困境的时候，更要主动伸出援助之手。做人不能势利：谁对我有用，我就去善待他；谁对我无利，我就不去理睬。那样的人，会被周围的人所不齿，最终只能沦落为孤家寡人。高贵的人之所以高贵，不是因为他们衣着华丽，也不是因为他们地位显赫，而是因为他们能善待身边的一切人和事，从而获得人格上的高贵。在人生的道路上，只要我们善待他人，他人也会以同样的善心回报给我们。

一七二

　　心体便是天体：一念之喜，景星庆云[①]；一念之怒，震雷暴雨；一念之慈，和风甘露；一念之严，烈日秋霜。何者少得？只要随起随灭，廓然无碍[②]，便与太虚同体[③]。

注释
　　①景星：代表祥瑞的星星。庆云：又名景云，象征祥瑞的云朵。
　　②廓然：完全消失。
　　③太虚：泛指天地。

译文
　　人心就是宇宙，人体就是天体。喜悦的心情，就像祥瑞的景星庆云；愤怒的心情，就像暴戾的雷电风雨；慈悲的心情，就像和风甘霖的温润；冷酷的心情，就像肃杀的烈日严霜。什么心情在自然界中都有对应。只要这些心情自自然然地出现与消失，没有挂碍，就与天地同心同体了。

评点
　　宇宙间的万事万物时时刻刻都会发生变化，不会永远不变。在人生的起起落落里，有时喜怒哀乐，有时悲欢离合，和大自然的变化一样，都是很平常的事。浩瀚宇宙，一切从无中来，到无中去，这是生命的本真状态，人生又何尝不是如此呢？在生死轮回的不断往复里，生命就是一个过程，人的喜怒哀乐就像自然的四季变化一样，谁也左右不了。那些荣华富贵、功名利禄，生不带来，死不带去，就是过眼云烟。乾隆皇帝当年巡察江南时，看到江面上千帆竞渡，不禁好奇地问左右："江上熙来攘往者为何？"陪伴一旁的大学士纪晓岚随口就答道："无非为名、利二字。"纪晓岚一语道破天机，看透人生奥秘。所以我们只要修养达到这种境界，能够坦然、平静地面对自然和生命的变化，便是真正参透了人生。

一七三

　　无事时，心易昏冥①，宜寂寂而照以惺惺②；有事时，心易奔逸③，宜惺惺而主以寂寂。

注释

①昏冥：昏暗不明。

②寂寂：安静、沉静。惺惺：机警、警觉。

③奔逸：冲动不安。

译文

　　无事可做时，人就会胡思乱想，各种不良念头也容易产生，在这种情况下，一定要保持清醒的头脑，才不至于惹是生非。忙碌的时候，头脑里面装满了事情，容易心浮气躁，在这种情况下，一定要保持冷静，才不至于忙中出错。

评点

　　现代人的工作生活紧张而忙碌，随之产生的各种浮躁、焦虑让人很难享受到人生的舒适与恬淡，那种"松涧边，携杖独行；竹窗下，枕书高卧"如闲云野鹤般携杖游于山林溪边，成为现代人的可遇而不可求。因此，在这样的情况下，我们不如适当冷静一下，让自己默享生活的原味。古人云："心非静不能明，性非静不能养。"意思是说，要认识自己，必须静下心来，只有静思反省才能达到尽善尽美。内心平静是养身之本，也是智慧之根。只有心态平和的人才能身体健康，只有平心静气的人才能不茫然失措，从而找到前进的方向。面对激烈的竞争压力，我们如果能经常让自己冷静一下、反思一下，让身心能够在安静的状态休养生息，那么，我们的人生将会达到一个新的境界。

一七四

议事者身在事外①，宜悉利害之情；任事者身居事中②，当忘利害之虑③。

[注 释]

①议事：评议事情。

②任事：负责某事。

③利害：利害得失。

[译 文]

评论事情的人，置身事外，应该了解事情的始末与利害；处理事情的人，置身事中，应当不计较个人利害得失，这样才能专心致志地完成自己的工作。

[评 点]

在日常生活中，人们发生矛盾的原因往往是缺乏换位思考的能力，对别人的情绪和需要不能给予理解，从而导致隔膜的产生。人与人相处时，如果每个人都是以自我为中心，站在自己的立场考虑问题，那么得出的结论就难免片面，有失公允。所谓"横看成岭侧成峰，远近高低各不同"，换个角度看问题，就会有不一样的看法。由于身在事外和身在事中的位置不同，感受自然不同。我们在评论别人的功过时，多把自己放到对方的位置上去思考，就能比较公正地发表自己的意见。

一七五

士君子处权门要路，操履要严明，心气要和易，毋少随而

近腥膻之党^①,亦毋过激而犯蜂虿之毒^②。

注 释

①腥膻：比喻操行不好的人。

②蜂虿：黄蜂和蝎子，比喻恶毒小人。

译 文

　　一个有修养的读书人身居重要官职时，操守要严谨方正，行为要光明磊落，心境要平和稳健，气度要宽宏大量，不与营私舞弊的人同流合污，也不要轻易触犯阴险狠毒的小人。

评 点

　　在人际交往中，我们要本着对人光明磊落、平和宽容的原则为人处世，但有时会发现，实际上，与人沟通的效果却并不理想。这是为什么呢？因为，人的性格是不同的，所以，对待人的态度也要有所不同。事实上，人人都喜欢听好听的话，不留情面地直言会让人不痛快，甚至会让某些小人心生反感，而招致怨恨。

　　人们常说能得罪君子，但万不可得罪小人。为什么呢？孔圣人招人诟病的体会是最深的："唯女子与小人为难养也，近之则不逊，远之则怨。"司马光也曾经说过：无才无德的愚人危害是有限的，而有才无德的小人就不同了，"小人智足以遂其奸，勇足以决其暴，是虎而翼者也，其为害岂不多哉！"当别人的言行不符合你的要求时，采取迂回的谈话策略比直接指责更有说服力。因为，委婉的语言是经过深思熟虑的，这种语言更温和，充满善意，更容易让听者接受。所以，即使是充满诚意的语言也要用委婉的方式表达出来，让听者欣然接受，这才是与人沟通的艺术。

一七六

标节义者,必以节义受谤;榜道学者,常因道学招尤^①。故君子不近恶事,亦不立善名,只浑然和气^②,才是居身之珍。

①**尤**：指责。

②**浑然和气**：纯朴敦厚，儒雅温和。

译　文

　　一个标榜节义的人，到头来会因为节义而受人毁谤；一个标榜道学的人，经常因为道学而招人抨击。所以君子不做坏事，也不追求名誉，只是一团和气，这才是立身的珍宝。

评　点

　　生活中有很多人，每天追逐着名利、地位，有一点虚名就会沾沾自喜，却并不知道自己的本性是什么，这样做是不明智的。我们要弄清楚自己的本性，然后，按照自己的本性去做事。现实社会里，人都是有欲望的，可是欲望是一个无底的深渊。在欲望支配下的行为，不是人的本意。对名利无休止的追逐只能给我们带来更多的困扰甚至灾难。比如权力，都说权力是柄双刃剑，既可为民造福，使人名垂青史，也可祸国殃民，致人身败名裂。若拥有权力只是为了被人艳美，捞取更多的私利，则必会被权力埋葬。

一七七

　　遇欺诈的人，以诚心感动之；遇暴戾的人①，以和气熏蒸之②；遇倾邪私曲的人③，以名义气节激厉之：天下无不入我陶冶中矣。

注　释

①**暴戾**：凶狠残暴。

②**熏蒸**：熏陶、感化。

③**倾邪私曲**：行为不端，自私自利。

译文

遇到狡猾欺诈的人，就以赤诚之心感化他；遇到狂暴乖戾的人，就以温和态度熏陶他；遇到邪僻自私的人，就以道义气节激励他。能做到这些，天下人都会被我所感化了。

评点

中国人自古重情义，古语云："得人滴水之恩，必当涌泉相报""士为知己者死"等知恩图报、重情重义的事例就说明了中国人的这一情怀。尤其作为一个领导者，"以情动人"是最常见的一种招揽人才的策略。真情能够化解人和人之间的隔阂，能够感化愚顽固执的人，能够让邪恶的人悔过自新。《汉书·韩延寿传》写韩延寿在东郡做官三年，举贤任能，勤政纳谏，表彰扶困让财、孝悌友爱的行为，大力发展教育，使乡风为之一变，犯案的人大为减少。后调任左冯翊并代理高陵县令，有兄弟两人争田打官司，韩延寿即引咎自责，认为这样骨肉相争是自己不能宣明教化的结果，感动了打官司的兄弟俩，他们自动和解。领导者只要善于感情投资，必然会为自己打下良好的群众基础，从而使整个集体齐心协力、团结一致。所谓"人心齐，泰山移"，只要集体产生了凝聚力，必然会获得更大的成功。

一七八

一念慈祥，可以酝酿两间和气①；寸心洁白，可以昭垂百代清芬②。

注释

①**两间**：天地之间。

②**昭垂**：昭示垂范。**清芬**：比喻高洁的品德。

译文

心怀慈祥，就会让人间充满和平之气；心地纯洁，就可以使美名永垂不朽、万古常新。

中国人历来推崇"以和为贵"的处世准则。孔子曾说"礼之用，和为贵"。孟子说："天时不如地利，地利不如人和。"可见，"人和"是一个很重要的处世之道。一个待人和气的人，往往能成就大事。因为，这种不斤斤计较、包容大气、善待他人的处世原则有助于消除人和人之间的紧张，化解人和人之间的矛盾。能够和和气气与人交往的人，一定是善于与人沟通、合作的人，而在现代社会里，人际交往能力对人事业上的帮助更是不容小觑的。所谓"和气生财"，只有和和气气待人，才能得到更多的支持和拥护，才能与人共成大事，在人生之路上走得更远。

一七九

阴谋怪习，异行奇能，俱是涉世祸胎①。只一个庸德庸行，便可完混沌而召和平②。

注释

①**祸胎**：祸根。

②**混沌**：这里指身心的自然状态。

译文

阴谋诡计，怪异言行，都是招来灾祸的根源。只有那种平庸的德行、朴实的言行，才是保全身心健康、带来平静的生活。

评点

所谓的庸德庸行，也就是保持一颗平常心，做老实人、说老实话、做老实事，这样才能长久、长远。平凡人的追求也许没有那么轰轰烈烈，但是，他们把目标落在了更有实际意义的事情上去。他们不与别人攀比，不忌妒别人，对物质没有过高的要求，愿意过普通、平静的小日子。这样一来，他们反而减少了精神上的压力和思想上的负担，他们可以有更多的时间去和家人享受天伦之乐，和朋友谈笑风生。这种看似平平淡淡，却让人心灵

安宁的生活，更有助于思索人生的真谛。而不甘寂寞，想轰轰烈烈过日子的人，生活中就得冒风险、受煎熬，虽然容易干出一番事业，过上荣华富贵的生活，但也会因此失去享受生活、享受人生的安然与洒脱。古人云："贵莫贵于无求，富莫富于知足。"要过什么样的生活，就取决于你的兴趣和人生态度。

一八〇

语云："登山耐侧路①，踏雪耐危桥②。"一"耐"字极有意味。如倾险之人情，坎坷之世道，若不得一"耐"字撑持过去，几何不堕入榛莽坑堑哉③？

注释

①**侧路**：陡峭的路。

②**危桥**：危险的桥。

③**榛莽**：比喻人生各种险境。榛，杂木；莽，草木深的地方。

译文

俗话说："爬山要耐得斜坡上的险境，踏雪要有胆踏过危险的桥梁。"可见这一个"耐"字具有深远的意义。险诈奸邪的世间人情，坎坷不平的人生道路，如果没有这一个"耐"字支撑下去，有几人不堕入杂草丛生的沟壑呢？

评点

孔子说："小不忍，则乱大谋。"意思是说，人生在世，不如意事十有八九，如果不能忍受一丁点儿挫折，就会影响全局，甚至破坏了整个事业。忍耐，是中国人的处世之道，是儒家思想的精髓。一个人要成大事就要耐得住困苦，耐得住寂寞，克服困难，这样才能在社会中站稳脚跟。中国历史上有许多大人物，都是凭借超人的忍耐力而取得大成就的。正如孟子所说：

"天将降大任于是人也，必先苦其心志，劳其筋骨，饿其体肤，空乏其身，行拂乱其所为，所以动心忍性，曾益其所不能。"生活中，有许多人渴望获得事业上的辉煌，但是能坚持到最后成功的人却不多。因为，树立一个远大的目标容易，可是前进中一遇到挫折和诱惑，意志不坚定的人就会动摇，渐渐偏离原来的目标，而且越走越远。

一八一

逞功业①，炫文章，皆是靠外物作人。不知心体莹然②，本来不失，即无寸功只字，亦自有堂堂正正作人处。

注　释

①逞：炫耀，显示。

②莹：玉石的光彩。

译　文

夸耀自己的丰功伟绩，炫耀自己的美妙文章，这都是靠外物增加自身光彩来做人。岂不知人人内心都有一块洁白晶莹的美玉。所以做平凡的人，做平凡的事，只要不失纯朴善良的本性，即使默默无闻，也问心无愧，也是一个光明正大的人。

评　点

现代人一直疲于奔命，寻求所谓的幸福，可是，何为幸福？地位、财富、名誉这些形式上的东西往往使人们忽略了生活的真谛。《左传》："太上有立德，其次有立功，其次有立言，虽久不废，此之谓不朽。"可见立德为最重要，其次才为立功、立言。如品德垂范千古的孔子、孟子、屈原，功业流传千古的汉武帝、唐太宗等。实际上，我们对于工作应该认真负责，但是对于名利、财富这些事情大可不必斤斤计较。一个好高骛远、物欲心极重的人，是贪得无厌的，是永远没有满足的，永不满足的人是不会幸福的。而一个肯脚踏实地工作、心境恬淡的人却是最容易满足和幸福的。在

这个满是浮躁的时代里，能守住一颗平常心是非常可贵的。做平凡的人，做平凡的事，即使默默无闻，只要问心无愧就好。因此，一个人想要做事，首先需要修身养性。事实上，那些建立了丰功伟绩的人也都不是沽名钓誉之徒，而是道德修养高尚的人。

一八二

忙里要偷闲①，须先向闲时讨个把柄②；闹中要取静，须先从静处立个主宰③。不然，未有不因境而迁④、随事而靡者⑤。

注 释

①偷闲：抽空休息一下。

②把柄：把握。

③主宰：主见。

④迁：转移、变更。

⑤随事而靡：受制于事情。

译 文

即使繁忙也要抽出一点空闲时间，以便让身心获得舒展，这就要求在还没有忙的时候就开始着手；即使喧闹也要保持一点清静，以便让头脑能够获得一点清醒，这就要求在闹之前就先调整好心态。如果平时没有养成这种习惯，就会境况一变主意也变，临事忙乱。

评 点

在生活中，我们平时努力地工作，创造财富，这是正常的。因为，享受生活必须有一定的物质基础。一个人连最基本的生活都没有保障，是没有闲情逸致去享受生活的，所以，我们要努力工作。但工作并不是人生的全部内容，也不是人生所追求的目的。我们一方面要勤奋工作，一方面要使生活充满乐趣，这才是和谐的人生。辛勤地工作是为了能够更好地生活，所以不管有多忙碌，你也一定要设法抽出一点空闲时间，来让身心获得舒

展和宁静。要避免让身体过分疲劳，平时就要养成事先计划的习惯，不论做人做事，都要事先有周详的安排，这样工作起来才不会手忙脚乱。当子路问孔子："子行三军则谁与？"孔子告诉他："暴虎冯河，死而无悔者，吾不与也。必也临事而惧，好谋而成者也！"这意思是，子路问孔子如果你统领三军将交与谁来指挥？孔子回答说，那些只能空手搏虎、涉水过河，有勇无谋、鲁莽冒险，就是死了也不懊悔态度坚决的人，我是不会用他们的。我必定是用那些遇事有些惧怕，善于事先谋划而胸有成竹的人。

● 子路

菜根谭

一八三

不昧己心①，不尽人情，不竭物力②，三者可以为天地立心，为生民立命③，为子孙造福。

注释

①昧：违背。

②竭：完、尽。

③生民：老百姓。

译文

不蒙蔽自己的良心，不做绝情绝义的事情，不过分浪费财力物力。能做到这三件事，就可以为世间树立善良的榜样，为众人确立美好的命脉，为后代创造永恒的幸福。

评点

人生在世，无论是在职场、学校还是社会，做人必须从"德"开始，加强自身的道德修养，只有以德立身，才能成大事。早年的曾国藩觉察到自己与人相处"言多尖刻，惹人厌烦"，又有自傲态度，"好名之意，又自谓比他人高一层"，他通过深刻反省，立志彻底改正，在日记中写道："前日云，除谨言静坐，无下手处，今忘之耶? 以后戒多言如戒吃烟。如再妄语，明神殛之! 并求不弃我者，时时以此相责。"所以，中国人历来把守德作为为人处世、齐家治国的基本品质，道德操守高的人会受到社会和舆论的称赞，而背弃道德的人，则要承受来自社会舆论的抨击和唾骂。因为一个人的德行操守关系到一个人的行为动机。比如，内心诚实，就不会欺瞒；内心坚定，就不会变节；内心质朴，就不会浪费。俗话说"做事先做人"，做人就应该有良心、尽人情、节用度，只有做到这三点才能立于天地之间，做出为百姓安身立命、造福子孙后代的大事。

一八四

居官有二语,曰:"唯公则生明,唯廉则生威。"居家有二语,曰:"唯恕则情平①,唯俭则用足②。"

注释

①**恕**: 宽恕、原谅。

②**用足**: 够用。

译文

做官有两句必须遵守的箴言，就是"态度公正无私才能明确判断，行为清白廉洁才能产生威望"；治家有两句必须遵守的箴言，就是"多理解宽恕他人，心情自然平和；生活节俭朴素，家用自然充足"。

评点

老话说:"不患寡而患不均"。老百姓最痛恨的就是不公平。为官者，要被老百姓信任，首先办事就要公平、公正。对待下属赏罚分明、一视同仁，以信为本，不搞小团体。为官者，要想被老百姓爱戴，做人就要清白、廉洁。吃苦在前，享受在后，在巨大的物质诱惑面前，不被欲望所迷惑，能保持

强大的自制力，不为其所动。事实上只有为官者本人以身作则，时刻把人民的疾苦放在心间，才能真正做到清正廉明。宋代包公、明代海瑞之所以能深受百姓的爱戴与怀念，正是因为他们的公正无私、正直清廉。一家之主，要想家庭和睦，首先要有宽大的胸襟和气度，能体谅家里的每一个人，这样家人之间才能避免口角，和平相处，家事才能顺顺当当。有了一个好的家庭环境，还要注意理财。把家庭的财富有计划地积累和分配，做到节俭有度、量入为出，这样才能保证家庭的财富自然充足，不致经济拮据。宋人朱熹曾经说过："一粥一饭，当思来之不易；半丝半缕，恒念物力维艰。"在物质十分丰富的当今社会，朱熹的话细细琢磨还是有道理的。

一八五

处富贵之地，要知贫贱的痛痒①；当少壮之时，须念衰老的辛酸。

注释

①痛痒：苦痛。

译文

身居富贵荣华之位，要了解贫贱之家的疾苦；在身强力壮之时，要想到年老体衰的困境。

评点

人的一生起起伏伏，有顺境，也有逆境。得意时莫张狂，要意识到失意时的苦楚；失意时，莫沮丧，要想到今日的挫折是日后成功的积淀。同理，年少有为时，要善待、孝敬老人；老年迟暮时，要体谅年轻人。孟子说："老吾老以及人之老，幼吾幼以及人之幼。"古人的话教育人们，年轻人不仅要对家中的老人照顾好，孝敬好，同样在社会上也要尊敬老年人。中国人自古就习惯用辩证的方法去思考问题，如"晴带雨伞，饱带饥粮""闲时吃紧，忙里偷闲""福兮祸之所伏，祸兮福之所倚"等，居安思危的意识渗透在每

个人的生活和工作中，也影响着整个民族的思维方式和处世原则。我们国家低调、内敛、谨慎的民族性格，究其根本就是由这种思维方式决定的。

一八六

持身不可太皎洁①，一切污辱垢秽要茹纳得②；与人不可太分明，一切善恶贤愚要包容得。

注释

①**持身**：立身处世。**皎**：洁白明亮。

②**茹纳**：容纳。

译文

立身处世不可过于自命清高，对于羞辱、委屈、毁谤、脏污都要容忍才行；与人相处不可过于明白透彻，好人、坏人、智者、愚者都要包容才行。

评点

包容是人性至善的一种境界。一个人如果要想生活得平静、快乐，就要学会拥有一颗包容、豁达的心。古时楚汉相争，汉王能容物而项羽对人嫉苛，故汉王获得垓下一战的成功。秦朝丞相李斯曾说过："泰山不让土壤，故能成其大；江海不择细流，故能就其深；王者不却众庶，故能明其德。"为人处世应该有自己的原则，该坚持的不能让步，该恪守的决不通融，比如孝敬老人、不触犯法律等；但是在非原则的事情上，有智慧的人是不会去斤斤计较的，更不会过于清高教条，智者要有包容之心，要有宽恕之德，况且大多数的时候事情是很难分出正误的。缺

● 项羽

少包容，人们会认为你孤傲、难以接近，这样一来，你会失去很多朋友和机会，这是为人处世的大忌。

一八七

休与小人仇雠①，小人自有对头；休向君子谄媚，君子原无私惠②。

（注 释）

　　①休：不要。雠：仇敌、仇人。
　　②私惠：私下的恩惠。

（译 文）

　　不要跟行为恶劣的小人结仇，因为小人自然有人与他为敌；不要对正人君子殷勤，因为君子不为私情而予人恩惠。

（评 点）

　　俗话说："君子坦荡荡，小人长戚戚。"大千世界，芸芸众生，人和人的性格是不一样的。人们常说，"宁和君子打一架，不跟小人说句话"，可见小人是十分可怕的！"小人"没有统一面目，却几乎集人性阴暗之大成：嘴上无事生非、颠倒黑白、挑拨离间、造谣惑众；内心自私自利、唯利是图、诡计多端；面目巧言令色、狐假虎威、阳奉阴违。君子与小人，道德操守不同，所以，与他们交往也要采取不同的态度。首先，尽量不要与小人打交道，能避开就尽量避开。如果必须要与其交往，要多忍让，不与他们一般见识，尽量不和他们结成仇怨。小人所作所为，常常令人切齿痛恨，相信坏人自有他的结局。另一方面，与君子交往，也要掌握分寸。首先，君子品格高尚，因此，要敬重君子，与之交往要懂"礼"、讲"礼"。其次，君子看重名誉，因此，与之交往切忌逢迎谄媚，因为那样一来不仅使自己人格低下，也是对君子人格的一种侮辱。所以，与君子打交道要和君子一样正直坦荡，以诚相待。

一八八

纵欲之病可医，而势理之病难医[①]**；事物之障可除，而义理之障难除**[②]**。**

注　释

①**势理**：对事物的认识。

②**义理之障**：道理方面的障碍。

译　文

放纵情欲的毛病还有医治的可能，但思维方式上的固执往往根深蒂固，不好纠正；事物上的障碍可以排除，但观念上的偏见，要去除它，谈何容易。

评　点

在日常生活中，人们总是习惯看到他人的不足，却很少能够看到自己的短处。其实，每个人都有优点，每个人也都有缺点。与其去忌妒别人的优点，不如提高自己去赶上他；与其指责别人的缺点，不如先改变自己的不足。如果别人以一种不好的态度对你，这时候你不妨反思一下，是不是自己有了什么问题，而不要一味抱怨别人。想让别人改变，不如先改变自己，自己的问题没有了，别人自然就会接受你。可见，有了过失并不可怕，可怕的是不会改变。一个人如果自以为是，就不会承认自己有错，不承认自己有错，当然也就不会改正自己错误，这种人必然永远错下去也不知悔改。俗语说："知过能改，善莫大焉。"而孔子更劝世人"过则勿惮改"。因此，一个人只有在生活中不断发现自己的问题，然后努力改正，才会越来越完美，才会在与外界相处时越来越协调。

一八九

　　磨练当如百炼之金，急就者非邃养^①；施为宜似千钧之弩^②，轻发者无宏功。

注 释

①邃：深远。

②弩：一种利用机械力量发射箭的武器。

译 文

　　磨砺身心要像锻炼钢铁，急躁就不会有高深修养；成就事业就像拉千钧之弩，轻易发射就不会有更好的效果。

评 点

　　成功不是一蹴而就的事情，唐朝诗人贾岛有诗云："十年磨一剑。"只有静下心来，日积月累地磨炼培育，才能修养身心、成就事业。在现实世界里，面对物欲横流的社会，许多人都幻想着投机取巧、少劳多获甚至不劳而获，这种急功近利的心态是最有害的。因为，就像没有不经播种的收获，没有不用耕耘的丰收一样，事业的成功不是一朝一夕就能实现的。有时，心情太急迫了，反而拔苗助长，物极必反了。所以，在通往成功的道路上没有捷径，我们要厚积薄发，永不放弃。李白小时候自恃聪慧，读书并不刻苦。一天，他逃学到小溪边，看见一位老婆婆手里拿着根铁杵，在一块大石头上磨。李白问："老奶奶，您磨铁杵做什么呀？"老奶奶回答："我给女儿磨一根绣花针。"李白更不明白了，又问："这么粗的铁杵，什么时候才能磨成绣花针呢？"老奶奶说："只要功夫深，铁杵也能磨成针。"李白听后很受感动，回家后刻苦用功，终于成为名传千古的大诗人。正如冰心所说："成功之花，人们只惊羡于它现实的明艳，然而当初它的芽儿，浇灌了奋斗的泪泉，撒遍了牺牲的血雨。"

一九〇

宁为小人所忌毁,毋为小人所媚悦[1];宁为君子所责备,毋为君子所包容。

注释

①媚悦:此指博取他人欢心。

译文

宁可遭受小人的猜忌和毁谤,也不要被小人阿谀夸赞;宁可遭受君子的责难和训斥,也不要被君子的雅量所包容。

评点

欲做事,先做人,做人离不开做事,做事反映着做人;做人是关键,做事是根本;做人是为人生打造品牌,做事是为事业积蓄力量。正所谓:"君子务本,本立而道生。"这里的务本,就是学会做人的根本,学会做一个道德高尚、人品上无可挑剔的人。坚守高尚的品德和节操,不是一句凭空乱喊的口号,很多时候会受到外界环境条件的影响。有些人会受到影响而改变了自己,还有些人不会为世俗的规则所同化,能够"出淤泥而不染"。人之所以气节不同,都在于自己的修炼。具备高尚品行的人,在遭受小人的猜忌和毁谤时,他会坚守自己的品行,不与小人同流合污;在遭受君子的责难和训斥时,他会及时反思,检讨自己的言行,把这一切看成是提高自己的机会和自己前行的动力。

一九一

好利者,轶出于道义之外[1],其害显而浅;好名者,窜入于道义之中②，其害隐而深③。

　　①逸：超出、超越。
　　②窜：躲藏。
　　③隐：隐秘、隐藏。

译　文

　　贪图利益的人，行为超越道义范畴之外，祸害虽明显但不深；一个沽名钓誉的人，混迹仁义道德之中，不容易看出，因为求名者往往借用了仁义道德作幌子，这种危害太隐蔽、太深远了。

评　点

　　鲁迅在《狂人日记》里写道："我翻开历史一查，这历史没有年代，歪歪斜斜的每页上都写着'仁义道德'几个字。我横竖睡不着，仔细看了半夜，才从字缝里看出字来，满本都写着两个字是'吃人'！"人们追求名利，是可以理解的事情，但借用仁义道德作幌子，求取名利，就超出了道德正义的范畴。这种假仁假义的危害不仅大而且不容易看出来，是为正人君子所最不齿的。事实上，即使有些人做做仁义道德的表面文章，一时获得名利，但纸是终究包不住火的，假象早晚有一天会被揭穿。要想获得长久的幸福，做人还得务求平实，老老实实做人、本本分分做事。历史上庞涓加害孙膑，使得孙膑的髌骨被剐，并欲置孙膑于死地而后快。就是因为孙膑的才能在庞涓之上，庞涓嫉贤妒能，所以千方百计算计孙膑，但害人害己，最终庞涓被孙膑所杀。

一九二

　　受人之恩，虽深不报，怨则浅亦报之；闻人之恶，虽隐不疑，善则显亦疑之。此刻之极、薄之尤也①，宜切戒之。

注释

①薄：刻薄。**尤**：特别，尤其，更。

译文

受人恩惠很多很大但不设法报答，一旦得罪了自己，即使是睚眦小怨也不放过，非要报复才后快；听到人家的坏事即使隐约也津津乐道，甚至夸大其词，对于人家的好事再明显也不相信。这种人可以说刻薄冷酷至极，是做人应该加以戒绝的。

评点

一个人成功与否，并不完全取决于他的能力，还在于他的为人。知恩图报、宽以待人，是一个成功者必不可少的气度和胸怀。现实社会中，一个人的成功离不开众人的帮助，一个懂得感恩的人，势必会有更多的人愿意帮助他。《秦穆公亡马》一文中记载：秦穆公尝出而亡其骏马，自往求之，见人已杀其马，方共食其肉。穆公谓曰："是吾骏马也。"诸人皆惧而起。穆公曰："吾闻食骏马肉不饮酒者杀人。"即饮之酒。杀马者皆惭而去。居三年，晋攻秦穆公，围之。往时食马者相谓曰："可以出死报食马得酒之恩矣。"遂溃围，穆公卒得以解难，胜晋，获惠公以归。相反，一个不知道感恩，而且别人一旦得罪了自己，就睚眦必报的人，是没有人愿意与他打交道的，久而久之，只能越来越孤立。不懂得感恩，总是抱怨的人一定是心胸狭隘、待人刻薄的。这样的人心态不好，很可能导致身体也不健康，他的人生即使获得再大的成就，他也是不会感到幸福和快乐的。

一九三

谗夫毁士①，如寸云蔽日，不久自明；媚子阿人②，似隙风侵肌③，不觉其损。

注释

①**谗夫**：进献谗言的人。

②阿人：指谄媚取巧、曲意附和。

③隙风：指从门窗、墙壁的小孔吹进的风。

译文

恶言毁谤或诬陷他人的小人，就像云朵遮住太阳，风吹云散，太阳自然重放光明；甜言蜜语阿谀他人的小人，就像缝隙吹进邪风，侵入肌肤，由于松懈了自己的警惕之心，使人在不知不觉中受到伤害。

评点

"布衣可终身，宠禄岂可赖。"当我们历经千辛万苦终于获得荣誉的时候，在兴奋之余，还要保持一个宠辱不惊、沉着、冷静的心态。因为，在巨大的荣誉面前，一定会有诋毁你的人和赞美你的人。诋毁你的人往往出于忌妒等原因，会不择手段地损害你的清白和名誉。这时，你要镇静，不要惊慌失措地急于争辩，因为不辩解就是最好的无视和反击，你要相信"清者自清"的道理；而赞美你的人往往出于喜爱、崇拜或者巴结奉承等原因，不吝赞美之词，这时，你要冷静，不要忘乎所以、飘飘然，因为所有的赞美就像糖衣炮弹一样，会慢慢腐蚀你的心灵，让你骄傲自满、迷失方向。所以，真正的成功者会胜不骄、败不馁，不受外界干扰，始终做最真实的自己。

一九四

山之高峻处无木，而溪谷回环则草木丛生；水之湍急处无鱼，而渊潭淳（tíng）蓄则鱼鳖（biǎn）聚集①。此高绝之行，褊急之衷②，君子重在戒焉。

注释

①淳蓄：指水静止不流动。

②褊急之衷：这里指气量狭小。

高耸云霄的山峰地带不长草树，只有溪谷环绕的地方才有花木生长；水流特别湍急的地方没有鱼虾栖息，只有深而宁静的潭渊才有鱼鳖繁殖。可见过分清高，过分狭隘，如同高山峻岭和湍急河流一样，都不是容纳生命的地方。君子对此必须有所醒悟，有所戒惕。

评点

　　每个人要想成就一番事业，都会忍受内心的梦想与现实的反差，并在成长中一点点去磨平自己的棱角，以适应这个社会。"不骄方能师人之长"。一个人要想成就大业，必须不能过于骄傲，要放低自己的心态，在保持品性高洁的同时，还要平和、谦卑，不能太偏激了。明代思想家吕坤说："气忌盛，心忌满，才忌露。"这些话告诫世人，为人处世不要把自己看得太了不起，要时刻以君子的标准要求自己。历史上哀公问孔子：什么样的人是君子？孔子回答说：讲话力求忠诚老实，不自以为是，具备仁义道德但表情上从不显出骄傲神色，思虑谋划明白通达但言辞上从不争强好胜，所以举止从容不迫，好像什么目的都可以达到，这样就可以称之为君子了。始终怀着一颗包容的心面对每一件事，真诚待人、广交朋友，只有在众人的烘托之下，才能获得更大的成功。

一九五

建功立业者，多圆融之士①；偾事失机者②，必执拗之人。

注释

　　①圆融：谦虚圆通。

　　②偾：败。

译文

　　能够建功立业的人，大多是谦虚圆通的人；把事办坏错失良机的人，必然是性格偏狭、固执己见的人。

　　俗语说："上善若水任方圆。"意思是，人的德行要"方正"，而为人处世要像水一样"圆软"，不与任何事物对抗，这就充分揭示了中国人的一种人生智慧和处世哲学。有些人认为，圆滑就是见风使舵，就是媚俗，其实圆滑与否，只是一个人为人处世的外在表象，看一个人的德行，还是要看他的内心修为。做人只讲究圆滑处世，虽然可以获得一时的春风得意，但心术不正，终究会被社会所唾弃和淘汰，而一味坚守原则、不通人情的处世态度，最终也会落得个孤家寡人的下场。所以，要想事业成功，必须"外圆内方"，即人的内心一定要"方正"，坚守自己的本性，而处世上要"圆"，不与人为敌。

一九六

　　处世不宜与俗同①，亦不宜与俗异；作事不宜令人厌，亦不宜令人喜。

　　①**俗**：指一般人的做法。

　　人生在世，既不能与世俗同流合污，也不能自命清高；做人做事，既不能处处惹人讨厌，也不能曲意讨人欢心。

　　自然界适者生存的法则是残酷的，任何一种生物如果不能适应它所生存的环境，都会被自然界无情地淘汰。人类社会其实也是一样的道理，有的人为了生活得更好，就把自己的棱角彻底磨平了，对任何人都曲意逢迎，失去了自己的原则；有的人外圆内方，表面上不得罪人，避免和别人发生冲突，实际上仍然恪守自己的原则，这种人是真正的圆滑；还有的人依然故我，总是我行我素被现实弄得伤痕累累，却不知反省，这种人适应能力最差。在复杂的环境里，生存和发展是我们每一个人都要面对的问题。做哪一种人，会决定你要过哪一种生活，决定权在你手里。但不得不说的是，你可以拒绝过于圆滑，但千万不要棱角太过分明，适度地削弱一些棱角，会避免你受到伤害。

一九七

日既暮而犹烟霞灿烂，岁将晚而更橙桔芳馨①。故末路晚年，君子更宜精神百倍。

注释

①芳馨：香气四溢。

译文

夕阳西下，天空晚霞依旧灿烂夺目；深秋季节，金色柑橘吐露芳香。所以有德的君子晚年更应振作精神，奋发有为。

评点

每个人都会老，这是生命逐渐走向成熟的必然。但遗憾的是，人生是一张单程票，所有经历过的都会成为历史，再也不会为谁重来一次。既然我们无力改变，只有勇敢地面对事实、接受事实，当我们老去的时候，去做着力所能及的事情，享受生活的种种乐趣。著名作家杨绛是位优雅的老人，

● 秋夜

生活简朴，九十四岁写成《走在人生边上》一书。有评论家说她晚年的文字像初生的婴儿一样纯真、美丽。她不便出门，却坚持在室内日行七千步，这些长寿老人有一个共同点，就像年逾九十岁的著名漫画家方成写的一首打油诗："生活一向很平常，骑车作画写文章，养生只有一个字：忙。"人的心态往往对人的一生起着重要的作用，有的人虽然身体没有老去，但内心落寞、麻木，这样的人即使年轻，生活也行将就木；有的人虽然身体已经老去，但壮心不已，对世界仍然怀有一颗赤子之心，这样的人即使年龄大了，生活依然精彩。

一九八

鹰立如睡，虎行似病，正是它取人噬人手段处①。故君子要聪明不露，才华不逞②，才有肩鸿任钜的力量③。

注释

①噬：咬。

②逞：炫耀、显示。

③肩鸿：指担负大责任。

译文

老鹰站立好像打盹，老虎走路好像有病，这正是它们捕捉猎物的手段。一个具有才德的君子，要做到不炫耀聪明，不显露才华，大智若愚，含而不露，谦虚谨慎，才能避免一些不必要的伤害，如此才能培养肩负重任的力量。

评点

人可以有"锋芒"，但切忌"毕露"。从哲学上说，事物之间都是有联系的，任何一个人的成功都离不开别人的支持和帮助，能维护好和周围人的关系就意味着你成功了一半。真正有能力、有才华的人往往虚怀若谷、深藏不露，为人极为谦逊和低调，只是在关键时刻才一鸣惊人。还有些人把谦虚当虚伪，把恭敬当懦弱，明明自己没有多少真本事，却高高在上、伶牙俐齿，不给人留情面，这样满身带刺的人必然会成为众矢之的，很难在社会上立足，更别提胜任重大的工作。三国晚期的诸葛恪，是诸葛亮的兄长诸葛瑾的儿子。名门之后，家教严格，他在很小的时候就展现出了才思敏捷、天赋过人的特质，大家都认为他的才能超过了其父诸葛瑾。不过，诸葛瑾不为有这么一个好儿子感到高兴，反而觉得诸葛恪会给家族带来不幸。为什么呢？诸葛瑾说："恪性格急躁、刚愎自用，而且太喜欢表现自己，锋芒过于外露，终将引来祸端。"果不出父亲所料，诸葛恪长大掌权后，独断专行、以才压人，目中无人，最终引起众怒，被大臣们设计害死，牵连家族也遭到诛灭。所谓"深水不响，响水不深"就是这个道理。

一九九

俭，美德也，过则为悭吝①，为鄙啬②，反伤雅道③；让，懿行也④，过则为足恭⑤，为曲谨⑥，多出机心⑦。

注 释

①**悭吝**：小气、吝啬。

②**鄙啬**：过分吝啬。

③**雅**：高尚、不俗。

④**懿**：美、好。

⑤**足恭**：过分恭敬。

⑥**曲谨**：谨小慎微。

⑦**机心**：诡诈狡猾的用心。

译 文

节俭朴素，本来是一种美德，然而过分节俭，就变成吝啬，节俭是不浪费，吝啬是守财奴，这样反而会伤害到朋友之间的往来；谦虚礼让，本来是一种美德，可是过分谦让，就是谄媚，就是虚伪，就会变得卑躬屈膝谨小慎微，却给人一种好用心机的感觉。

评点

中庸之道是中国人自古就崇尚的一种为人处世的原则，讲究不多不少、不偏不倚，所谓："不偏之谓中，不易之谓庸。中者，天下之正道，庸者，天下之定理。"辩证唯物主义认为，真理前进一步就会变成谬误。通俗点讲就是：事无好坏，过度成害。孔子也曾说过："质胜文则野，文胜质则史。文质彬彬，然后君子。"比如，节俭是美德，但节俭过度，就变成了吝啬，沦为守财奴；谦让是一种美德，但谦让过了头，就会变成谄媚，流于虚伪。中庸之道在本质上是要我们适度，做事情既要做到点上，又不能做得太过头，要掌握好分寸和火候。

二〇〇

毋忧拂意①，毋喜快心②，毋恃久安③，毋惮初难④。

注 释

①**拂意**：不如意。拂，违背、不顺。

②**快心**：称心。快，高兴、痛快。

③**恃**：指望。

④**惮**：畏惧、害怕。

译 文

不要忧心于点滴的烦恼，不要快意于短暂的欢乐，不要依恃于长久的安稳，不要畏惧于一时的困难。（以变化的态度来迎接生活中的各种挑战，才能使自己的事业蒸蒸日上。）

评 点

我们每个人在成长的过程中，都会经历顺境，也会经历逆境。顺境时，莫得意、别猖狂；逆境时，不抱怨、别畏惧，这样才能从容、淡定地走好一生。所谓"不以物喜，不以己悲"，就是说不论我们面对怎样的世界，都不要受到外部事物的干扰。生命中有太多不可预见的未知，许多东西都是可遇而不可求的，很多别人的缘分可能是我们一辈子都无法遇见和得到的，那就顺其自然，随心而安。不过度、不强求、不抱怨、不悲观、不畏惧、不猖狂，始终保持一个自在安闲的心境，怀着坦然的心态来对待生活中的和风丽日、狂风暴雨，一如既往地迎接生命中的各种挑战。

二〇一

饮宴之乐多，不是个好人家；声华之习胜①，不是个好士子②；名位之念重，不是个好臣子。

注释

①**声华**：声色。**习**：习惯。
②**士子**：指读书人。

译文

经常吃吃喝喝的，不是一个正派的人家；喜欢声色犬马的，不是一个正派的读书人；执着名利权势的，不是一个好官吏。

评点

俗话说："人心不足蛇吞象。"它形象地表明了人的欲望永不满足的丑态。要想真正地享受人生，基本信条应该是"知足常足，知止常止"。事实上，欲望越多，贪婪越大，如果我们被贪婪左右，而不能节制自己，那么我们的人生就会在各种各样的诱惑面前醉生梦死、彻底沦落，这和自我放逐又有什么区别呢？玩乐不上瘾，饮酒不贪杯，好色而不淫，是做人的一种境界。孔子曾说："君子食无求饱，居无求安，敏于事而慎于言，就有道而王焉，可谓好学也已。"所以，真正的有修养的人，在物质诱惑面前，会保持坚定的意志，抛却妄念。

二〇二

世人以心肯处为乐①,却被乐心引在苦处;达士以心拂处为乐②,终为苦心换得乐来。

注释

①**心肯**:指心愿得到满足。

②**心拂**:指违背心愿,不开心。

译文

普通之人,认为满足心愿就是一大快乐,却常常被引诱到痛苦中;旷达之人,由于平日忍受各种逆境的折磨,反而在痛苦中换来真快乐。

评点

好事不一定好,坏事也不一定坏,世界上没有绝对的事情,正如人生没有绝对的苦乐一样。每个人对苦和乐所能承受的程度不同,而这种程度和人的心性有直接关系。生活中,当我们遇到挫折的时候,应该学会调整自己的心态,积极地去适应不利的环境,乐观地去面对艰难和困苦,把苦难当成是对我们意志的一种磨炼。当我们开心的时候,也不要骄傲自满、盲目乐观,把顺境看作是命运给我们的短暂的恩赐,因为俗话说:"乐极生悲,苦尽甘来。"所以,只有懂得适时反省自身,调整心态的人,才能健康、快乐地生活。

二〇三

居盈满者①,如水之将溢未溢②,切忌再加一滴;处危急者,如木之将折未折,切忌再加一搦③。

注　释

①**盈**：充满、圆满。

②**溢**：水漫出。

③**搦**：按、压。

译　文

生活在美满的环境中，就像装满了水的水缸，千万不能再加一滴，否则就会立刻流出来；生活在存在危机的环境中，就像快要折断的树木，千万不能再用力，否则就会立刻折断。

评　点

"月盈则亏，水满则溢。"这个物极必反的辩证法思想，蕴含了这样的人生智慧：做人应该永葆一颗"归零心"，不要让心中充斥太多的成见，更不要骄傲自满。只有经常发现自己的不足，才能不断进步。谦虚是一种人生智慧，是一个想要成功的人所必须具备的心态。谦虚的人能正确认识自己，在成绩面前戒骄戒躁，在缺陷面前保持清醒，经常反省自己，检查自己的不足，这样才能不断取得进步。而骄傲的人容易盲目自大、目空一切。这样的态度往往听不进去任何意见和建议而一意孤行，最终的结果只能是"骄兵必败"。可见，人因谦虚而成长，因自满而堕落。所以，我们要时刻记得将自己的心清零，放空心态、放低姿态。

二〇四

冷眼观人，冷耳听语，冷情当感①，冷心思理②。

注　释

①**当**：对待。

②**思理**：思考道理。

译　文

用冷静的眼光观察人，用冷静的耳朵听言语，用冷静的心情面对感情，用冷静的头脑思考道理。（一个"冷"字道出了知人知己的学问。）

评点

"急则有失，怒则无智。"意思是说，人在心情急躁时难免考虑不周，造成行为上的过失，而在发怒时智商就会下降，甚至还会做出疯狂的事情，酿成大错。生活中，一个人要想在社会上游刃有余，就要学会控制自己的脾气。人在年龄小的时候，血气方刚、不容易冷静，那是因为心智还没有成熟，可是当我们成年以后，就应该以成年人的方式思考问题和为人处世，不要总是毛毛躁躁或者意气用事、逞一时之快。人在一生之中会面临许多考验，当我们能够冷静、理智地去接受考验的时候，我们就真正成长起来了。

二〇五

仁人心地宽舒，便福厚而庆长①，事事成个宽舒气象；鄙夫念头迫促②，便禄薄而泽短，事事得个迫促规模③。

注释

①庆：吉祥。

②鄙夫：鄙陋之人。迫促：短浅急促。

③规模：局面。

译文

心地善良的人，胸怀宽阔舒畅，福泽深厚悠长，每件事情都做得大气有格局；心胸狭隘急迫的人，福泽浅薄而短小，事事都显得紧迫仓促。

评点

在现实生活中，人与人之间常常会因为一些矛盾而无法释怀。如果我们不懂得宽恕，伤害将会更加深刻。其实，怨恨比爱更辛苦，怨恨会使自己的内心饱受煎熬，会使自己的健康受到损害，又会伤及和谐的人际关系，可谓是有百害而无一利。所以，莎士比亚在《威尼斯商人》中写道："宽容就像天上的细雨滋润着大地。它赐福于宽容的人，也赐福于被宽容的人。"

可见，宽恕能减轻伤害你的人的心理负担，同时又使自己的内心变得更加强大。雨果有言："世界上最宽阔的是海洋，比海洋更宽阔的是天空，比天空更宽阔的是人的胸怀。'所以，不要总是斤斤计较过去的得失，宽恕别人就是放过自己，只有放下过去，才能开始美好的未来，这是一个利人更利己的人生智慧。

二〇六

闻恶不可就恶①**,恐为馋夫泄怒**②**；闻善不可即亲**③**,恐引奸人进身**。

注 释

①**就恶**：立刻厌恶。恶，动词，厌恶。

②**馋夫**：陷害别人，说别人坏话的小人。馋，说别人的坏话。

③**即亲**：立即亲近。

译 文

听到某人有过错，不可马上就厌恶，以防传话人诬陷泄愤；听到某人有善行，不要立刻就亲近，以免成为奸诈的人的进身之阶。

评 点

中国人很早就知道"耳听为虚，眼见为实"，但现实中，由于这样或者那样的机缘巧合，有时候眼见也不一定为实了，但耳听为虚却一直是一个真理。我们在听到任何一个消息或者对别人的评价时，都要多个心眼，千万不要马上就相信了。因为，有些消息可能是误传，有些消息还可能是诽谤。所谓"道听途说，德之弃也"，在传言面前，不要随便相信。要想了解真相，不被假象蒙蔽，只能亲自去调查，通过我们自己的观察，去判断真假。孔子说："众恶之，必察焉；众好之，必察焉。'就是告诉我们这个道理，当听到一个消息的时候，不要管大多数人怎么说，要始终保持自己头脑的清醒和冷静。

二〇七

性躁心粗者①，一事无成；心和气平者，百福自集②。

译文

性情急躁粗心大意的人，做什么事都不容易成功；性情温和心绪平静的人，各种福分都会自然到来。

评点

法国诗人魏尔伦说："我渴望随着命运指引的方向，心平气和地、没有争吵、悔恨、羡慕，笔直走完人生之旅。"可是，这场没有回头路的人生之旅，能心平气和地走完，又有几人能做到呢？急躁的人，常常急于求成，往往没有耐性；粗心的人，做事不细心，往往缺少责任感。这两种人决定了他们的人生之旅必然不会一帆风顺。"和气致祥，乖气致戾。"其实，每个人都会有脾气，永远心平气和其实不易。心平气和的人更善于控制自己的情绪，遇事能理智地分析问题，沉着地解决问题，而不会让其他的情绪来干扰自己。君臣和则国家兴盛，父子和则家宅安乐，兄弟和则手足提携，夫妇和则家庭幸福，朋友和则相互维护。所以，心平气和的人把情感让位于理智，自然能比较顺利地实现自己的目标，活得比一般人清醒、洒脱。

二〇八

用人不宜刻①，刻则思效者去②；交友不宜滥③，滥则贡谀

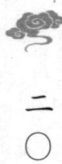

者来④。

注释
①刻：刻薄、苛刻。
②思效者：想要效力的人。
③滥：随便、过度、无节制。
④贡谀：指说好话，逢迎讨好。

译文
用人要宽厚，不可太刻薄，如果太刻薄，即使想为你效力的人也会设法离去；交友要知心，不可太泛滥，如果太泛滥，那些善于逢迎献媚的人就会设法接近。

评点
古人云："金无足赤，人无完人。"因此，我们在为人处世中必须学会宽容，要知道宽容别人就是宽容自己，给别人留条后路就是给自己留条后路。对于领导来说，要对自己的部下宽容，因为，对手下人过于苛刻，甚至揪着别人的错误不放，一点也不留情面，下面的人虽然不敢明确反抗，但会用消极怠工来发泄不满的情绪。交友如择师，朋友对一个人的影响是巨大的，"可者与之，不可者拒之"，说的就是要严格选择结交的人。所以，朋友不在于多少，关键在于是否是自己的良师益友，是否能肝胆相照、患难与共，那些酒肉朋友、阿谀朋友再多也是没有用的。

二〇九

风斜雨急处①，要立得脚定，花浓柳艳处②，要着得眼高，路危径险处③，要回得头早。

注释
①风斜雨急：形势动乱。

②**花浓柳艳**：声色犬马。

③**路、径**：这里均指世间遭际。

在动乱局势中，要把握住自己，站稳脚跟，任凭风吹雨打我自岿然不动。处身于花红柳绿中，不要一时沉湎其中，要站得高，看得远，才不至于被美色所迷惑。当事情发生危险时，要及时悬崖勒马，要快刀斩乱麻，才能回头早，舍得了，才能放得下。

评　点

人生就像一个赛车道，在不同的地段有不同的考验等待着我们。如何才能冲破重重阻碍，顺利驶向终点，是每一个人应该认真思索的问题。在人生的大是大非面前，始终要保持高尚的气节和坚定的立场，局势越动荡，就越不能左右摇摆，要做一个"贫贱不能移，富贵不能淫，威武不能屈"的顶天立地的大丈夫；在面对各种声色犬马的时候，不要被物欲迷惑了心智，贪婪只能让我们在欲望的深渊里越陷越深、不能自拔，最后彻底堕落为欲望的奴隶，这样的人生又有何意义？明智的人胸怀大志、高瞻远瞩，不会因为贪图一时的享受，而放弃了自己的理想和追求；在身处逆境，面临危险的时候，要有悬崖勒马的勇气，懂得退一步海阔天空的道理，不固执己见、钻牛角尖。

二一〇

节义之人济以和衷①，才不启忿争之路②；功名之士承以谦德③，方不开嫉妒之门。

①**济**：增加。**和衷**：温和的心胸。

②**忿争**：愤恨争执。

③**承**：承接，接续。**谦德**：谦让美德。

译　文

　　一个崇尚节义的人，为人做事的态度要温和，才不至于引来纷争；一个功名成就的人，要知道收敛自己的言行，这样才不会招致他人的忌妒。

评　点

　　一个讲义气的人，往往容易头脑发热、意气用事，而意气用事的结果就是容易偏激、做错事。所以，生活中我们一方面要对人有情有义，另一方面还要能控制住自己的情绪。这样，当事情发生时，我们才能不莽撞，冷静地处理好任何情况。一个功成名就的人，往往容易自高自大、主观武断，而主观武断的结果就是引起众人的忌恨，失去众人的支持。所以，生活中如果我们取得了一点成绩，千万不要恃才傲物，目中无人。想要取得更大的进步，就必须要保持一个谦虚、低调的态度，这样才会不引起别人的反感，而招致不必要的麻烦。

<h1 style="text-align:center">二一一</h1>

　　士大夫居官，不可竿牍无节^①，要使人难见，以杜邪端^②；居乡不可崖岸太高^③，要使人易见，以敦旧好。

注　释

　　①**竿牍**：书信。
　　②**杜**：杜绝。**端**：开端、苗头。
　　③**崖岸太高**：高高在上，难以接近。

译　文

　　读书人在做官的时候，门前车水马龙，求见之人络绎不绝，这时与别人的书信往来不可漫无节制，要让那些求职的人难以见面，以杜绝自己被那些走后门请托办事的人所利用；退职赋闲的时候，门前冷落车马稀，以至于门可罗雀，这时不能过于清高自傲，要态度平和使人容易接近，才能和邻里乡亲增进友好感情。

评点

　　现实社会里，人的身份、地位是有差异的。不论你在什么位置，做人的德行、操守不能忘，做人的根本不能变。但是，人在不同的位置，处世的态度却应随环境条件的变化而调整。当你身居要职时，就要适当地与人保持一定的距离。这么做，不是让你摆官架子，而是在职时，求见之人络绎不绝，这样可以维护你的原则，避免被一些别有用心的人所利用。

二一二

　　大人不可不畏^①，畏大人则无放逸之心^②；小民亦不可不畏，畏小民则无豪横之名^③。

注释

　　①**大人**：指有官位的人。

　　②**放逸**：放纵自由。

　　③**豪横**：蛮横不讲理。

译文

　　对于德高望重的人不能不敬畏，因为畏惧德行高尚的人就不会有放纵轻浮的想法；对于平民百姓也不能没有敬畏之心，因为畏惧平民百姓就不会有豪强蛮横的恶名。

评点

　　为官之道，对德高望重之人要存有一颗敬重的心。因为，德高望重的人，人品修养深得人心，他们深受众人敬仰和信赖，在众人的心中具有很大的影响力。有了德高望重之人的支持，就如同树立了一面镜子，那些放纵不羁的想法和丑陋的灵魂就不敢肆意妄为了；同样，对于普通老百姓，为官之人也要怀有一颗恭敬的心。孔子说："君子有三畏，畏天命，畏大人，畏圣人之言。"孟子说："民为贵，社稷次之，君为轻。是故得乎丘民而为天子，得乎天子为诸侯，得乎诸侯为大夫。"人民群众永远是推动历史前进

的重要力量，如果对待老百姓阳奉阴违、专横跋扈，失去民心，那么"水能载舟，亦能覆舟"，失去群众基础的为官者，必定因此而招致恶名，最终在官场上难以立足。

二一三

事稍横逆①，便思不如我的人，则怨尤自清②；心稍怠荒③，便思胜似我的人，则精神自奋。

【注 释】

①横逆：不顺心，不如意。

②尤：指责，埋怨。

③怠：懒惰，松懈。

【译 文】

事业不顺而身处逆境时，就应想想那些不如自己的人，这样就不会怨天尤人了；事业如意而稍有松懈时，就应想想那些比自己更强的人，这样就自然振奋起来。

【评 点】

人生之路没有一帆风顺的，有时逆境，有时顺境。如何在起起伏伏中还能意志坚定，保持一颗乐观、进取的心，是我们应该经常反思的。当我们身处逆境，容易陷于悲观的时候，不妨学一学阿Q精神，经常回头看一看那些不如我们的人，会让我们得到许多心理安慰。这种"比上不足，比下有余"的想法，会让我们容易感恩，容易懂得知足常乐，好好珍惜我们现在的生活。少抱怨，少失落，也是有益于我们身心健康发展的一剂良药。当我们身处顺境，容易迷茫的时候，就要多往上看一看，你会发现生活中还有许多人比我们强大，我们如果停止不前，就会与他们的距离越来越远，这时，我们就会有前进的动力和方向。所以，当人面对不同的境遇，要随时调整自己心态，这样才会在人生的大风大浪里自由航行。

二一四

不可乘喜而轻诺①，不可因醉而生嗔②，不可乘快而多事③，不可因倦而鲜终④。

注释

①**轻诺**：轻易许诺。

②**生嗔**：生气、发怒。

③**多事**：多生事端。

④**鲜终**：指有头无尾、有始无终。

译文

不要因为得意忘形不分青红皂白有求必应，不要借酒装疯骂人，不可以在快意之中惹下许多本来与自己无关的麻烦，不可以因为倦怠而使事情半途而废。

评点

人生在世，与人打交道时要注意自己的言行，约束自己的行为。不能因为高兴而忘乎所以，随意就向人许诺，对人有求必应，那样容易被投机取巧的人钻了空子，造成无法弥补的损失；不能因为喝醉了就耍酒疯，随便发脾气甚至做一些有违道德、不负责任的事情，犯了无法挽回的错误；不能图痛快而意气用事，给自己带来不必要的麻烦；也不能因为感到累了就半途而废，一点定力都没有。这些做法都是一个人不成熟、不睿智的表现，是不会有所作为的。能有所成就的人一定是一个可以信赖、值得托付，有责任、有担当的人。弘一大师曾经说过："盛喜中，勿许人物；盛怒中，勿答人书。"也就是说，极度欢喜时，不要许诺给别人东西；极度愤怒时，不要回复别人的书信。为什么呢？因为"喜时之言，多失信；怒时之言，多失体。"所以，要想有所建树，就必须加强自己的心性修养，对上述毛病引以为戒。

二一五

善读书者,要读到手舞足蹈处,方不落筌蹄[1];善观物者,要观到心融神洽时[2],方不泥迹象[3]。

【注 释】

①**筌蹄**:这里指谋划布局。筌,捕鱼的工具;蹄,捕兔的工具。

②**洽**:和谐、融洽。

③**泥**:拘泥。**迹象**:外在的表面现象。

【译 文】

真正善于读书的人,关键在于理解,要读到得意忘形的境界,才不会掉入文字的陷阱中;善于观察事物的人,要观察到与事物融为一体的境界,才不会停留于表面的现象。

【评 点】

如果看书只流于字面的意思,而没有深刻理解其中蕴藏的深意,就是死读书、读死书。死读书、读死书的结果就是思想僵化、行为教条,变成了书呆子,所以孟子才说:"尽信书则不如无书,吾于武成取二三策而已矣。仁人无敌于天下,以至仁伐至不仁,而何其血之流杵也。"而在现实社会,尤其是文化和科技快速发展的今天,书呆子是没有发展的。同样,看问题也不能只关注问题的表面,要透过事物的表面去发现事物的本质,这个过程需要观察者们排除外物干扰,专心致志。可见,不论做任何事情,都不要轻敌,因为事情往往不是我们表面上看到的那样简单,恰恰比我们看到的要复杂得多。所以,我们绝不能敷衍了事,而要全神贯注,尽自己最大努力去把事情做好。

二一六

天贤一人①,以诲众人之愚②,而世反逞所长③,以形人之短④;天富一人⑤,以济众人之困,而世反挟所有,以凌人之贫。真天之戮民哉⑥!

注 释

①**天贤一人**:上天让一个人聪明。

②**诲**:教导、指教。

③**逞**:炫耀、显示。

④**形**:显露。

⑤**天富一人**:上天让一个人富有。

⑥**戮民**:此指罪民。

译 文

上天给予一个人聪明才智,是要让他来教诲解除大众的愚昧,没想到世间的聪明人却不谦恭,卖弄个人的才华来暴露别人的短处;上天给予一个人财富,是要让他来帮助救济大众的困难,没想到世间的有钱人却不仁义,凭仗自己的财富来欺凌别人的贫穷。这两种人真是上天的罪人。

评 点

每个人都希望人人平等,世界公平、公正,可是我们也知道,在现实社会里,人和人生来就是有差别的。除了出身不同外,人与人的相貌、身材、性格、智力水平这些先天因素也都是不一样的。这些先天因素又导致了人的后天机遇不同,发展道路、发展水平自然也就随之不同,所以人和人之间的差距就会越来越大。真正聪明的人即使有过人的才华也不会拿出来卖弄,而是谦虚有礼甚至大智若愚,即使富有也不会炫耀、张扬,更不会仗势欺人、恃强凌弱,而是低调做人、谨慎做事。没有才华、不富有的人也

菜根谭

二一〇

不要抱怨，与其埋怨上天的不公平，还不如找到自己问题的症结，踏踏实实地努力追赶，社会需要优胜劣汰的反差来激励人们的抗争，历史就是在人们你追我赶的进程中不断进步的。

二一七

至人何思何虑^①，愚人不识不知，可与论学，亦可与建功。唯中才的人，多一番思虑知识，便多一番臆度猜疑^②，事事难于下手。

注 释

①**至人**：修养和智慧达到顶点的人。**何思何虑**：没有什么可以担忧的。
②**臆度**：主观想象和揣测。

译 文

智至极点和愚至极点的人，心中都是纯洁无私的，都是无忧无虑的，所以既可以和他们研究学问，也能够与他们一起创建功业，只有那些才能中等的人，智慧不高、心眼不少，见识不多、诡计不少的人，才是最难以合作的对象。

评 点

生活中，与什么样的人交往，要有所选择。人和人的智慧、品性是有差别的。你在与人交往之前最好先看清他的为人，然后再决定交往的方式和程度。大体上从人的天资上来看，人有三类：有些人有大智慧，高瞻远瞩、心胸豁达、世事洞明，这样的人坦诚无私，是不可多得的良师益友。比如唐初宰相魏徵，生性耿直，他在唐太宗身边工作的十多年间，提了两百多条意见，针针见血、切中时弊，唐太宗视其亦师亦友。有些人头脑简单但憨厚朴实，这样的人纯真良善、心无城府，是值得信任和托付的人。还有些人自以为比别人聪明，心胸狭窄、眼界狭隘，这样的人工于心计，聪明反被聪明误，成事不足、败事有余，是不值得交往的。所以，不论人的天资如何，做人最重要的还是要真诚、豁达。只有这样的人才是值得交往的人，我们每个人也都应该做这样的人。

二一八

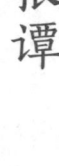

口乃心之门,守口不密,泄尽真机①；意乃心之足②,防意不严,走尽邪路③。

注释

①**真机**：真实的动机。

②**意**：意识。

③**邪路**：指不正当的小路。

译文

嘴巴是心灵的大门，如果不能管好自己的嘴巴，就会泄露心中的秘密；意识是心灵的腿脚，没有严格提防，意识就会像脱缰野马，走向歪门邪道。

评点

"言多必失"，多说就增加了犯错的机会。历史上"病从口入，祸从口出"的事例屡见不鲜。春秋时代，晋国大臣伯宗为人正派耿直，敢讲敢为，不怕得罪权势。晋厉公是昏庸暴虐的君主，喜欢溜须拍马之徒，听信谗言于是将伯宗处死。谨慎的人不会在人前，尤其是不熟悉的人面前口若悬河的，因为嘴巴不随便乱说，心中的想法别人就无从知晓，这样就达到了保护自己的目的，所以，在某种程度上，适度沉默也是一种与人沟通的技巧。俗话说："智者寡言，君子敏于事而慎于言。"这句话告诫我们，做人除了要少说话外，还要小心做事、收敛自己的行为。我们在心性上要有较高的道德操守，从思想上严格把握自己的行为，避免自己走向歪门邪道。

二一九

责人者,原无过于有过之中①,则情平;责己者,求有过于无过之内,则德进②。

注　释

①**原**:推原。

②**德进**:增进品德。

译　文

对待别人应该宽厚,要在他人的过错之中找到无过之处,帮助他人减轻心中的压力,这样相处就能平心静气;对待自己则要时时反省,事事思过,发现错误就要立即改正,这样才能增进自己的品德。

评　点

"长于责人,拙于责己"是现代人的通病。生活口,当我们发现问题时,总是习惯迁怒于别人,而寻找各种理由为自己开脱。但是经常斥责别人,从来不知检讨自己的人往往容易招致怨恨,没有人喜欢和这样的人打交道,而对人苛责的结果就是使自己陷入孤立。因此,为人处世要经常反省,检查自己的缺点和毛病。一个总是苛责他人、推卸责任的人,内心是软弱的,因为反省会挑战他们脆弱的自尊心。而一个乐于反省,并有勇气发现错误,立即改正的人,内心必然是自信而坦荡的。

二二〇

子弟者,人之胚胎①;秀才者,宰相之基础。此时若火力不到,陶铸不纯,他日涉世立朝,终难成个令器②。

①胚胎：指开端、根源。

②令器：指有用的人才。

译 文

小孩是大人的雏形，秀才是官吏的雏形。这个时候锻炼得不够火候，陶冶得不够精纯，以后走向社会或者在朝做官，最终难以成为一个有用的人才。

评 点

生命是一次次的蜕变，只有经历了各种磨难，人生之路才能越走越宽。一个人成长的过程就像破茧成蝶的过程一样，只有在痛苦中挣扎过，意志得到过磨炼，心智才会提高，而人生的阅历就是在这个过程中逐渐丰富起来的。"自古英雄多磨难，从来纨绔少伟男"，挫折和磨难是人生的一笔财富，它可以使人们从失败中吸取经验和教训，变得更加聪明和成熟。

二二一

君子处患难而不忧，当宴游而惕虑①；遇权豪而不惧，对茕独而惊心②。

注 释

①惕：担心。

②茕独：孤苦伶仃。惊心：动恻隐之心。

译 文

有能力和德行的君子哪怕处于艰难困苦的环境也绝对不会忧虑，而在声色犬马中却知道警惕，不沉迷于其中；他们遇到权贵豪强并不惧怕，而遇到那些孤苦无依的人却会产生同情心，而不会无动于衷。

评点

　　"穷则独善其身，达则兼济天下。"意思是说，贫苦时不丧失仁义，不断完善自己，显达时不背离道德，为天下谋生。安贫乐道是中国知识分子的传统美德，他们对艰难困苦的环境并不惧怕，他们对权贵豪强也并不惧怕，他们惧怕的是声色犬马销蚀自己的意志，完不成替天行道的责任。任何环境下，君子始终能保持平衡的心态和稳定的情绪，不会一味追逐名利，而是常施惠于人。善待他人、善待社会并不是一件很复杂的事情，在人生的道路上，如果一个人的理想得到了一定程度的满足，就应力所能及地回馈社会。而且一个人只有当他为他人、为社会贡献了自己力量的时候，生命才真正实现了自我的价值。

<h1 style="text-align:center">二二二</h1>

　　桃李虽艳，何如松苍柏翠之坚贞①？梨杏虽甘，何如橙黄橘绿之馨冽②？信乎：浓夭不及淡久③，早秀不如晚成也。

注释

　　①何如：怎会比得上。
　　②馨：芳香，多指花草。
　　③夭：夭折、短命。

译文

　　桃李的花朵虽然鲜艳夺目，但哪里比得上苍松翠柏的四季常青；梨和杏的果实虽然甘甜，但怎么能比得上黄橙绿橘散发的芬芳？确实如此，浓烈却消逝得快还不如清淡维持得长久，少年得志还不如大器晚成。

评点

　　做人宜淡不宜浓，淡中才有真趣味，淡中才有真感情。就像味道过重的菜，吃多了容易腻一样，特立独行的人往往由于较强的个性和与众不同的行为举止而游离于集体之外。人生在世，哪有那么多的轰轰烈烈，更多的日子莫不在一日三餐、家长里短里度过；多少尘世间的尔虞我诈、争名夺利最终也都会化为历史的云烟；荣华也好，富贵也罢，都有失去的时候，不能永远陪伴于我们左右。所以，平平淡淡才是真，现实社会里的人只有在平凡中默默实践理想，在平凡中累积阅历，才能逐渐走向成功。

后集

二二三

羡山林之乐者①，未必真得山林之趣②；厌名利之谈者，未必尽忘名利之情。

注　释

①**山林之乐**：居山林生活之乐。

②**趣**：趣味。

译　文

那些喜欢谈论隐居山林生活之乐的人，不一定真的领悟到山林生活的乐趣；那些口头上说讨厌名利的人，未必真的忘却对名利的贪恋。（以上种种人都是通过一种曲折的方式表达自己的意愿，这就叫"欲盖弥彰"。）

评　点

在现实生活中，有许多人经常夸夸其谈甚至会热血沸腾地讲述自己的宏图大志，令人浮想联翩，让人深信不疑，可是谁知一旦落实到行动上，他们就一筹莫展、畏首畏尾了。所以，做人还须脚踏实地、多做实干，空谈误人又误事，必将一事无成。还有一些人嘴上说的和心里想的常常不一致，他们嘴上越是标榜什么，心里越是反对什么，其实我们都明白这个道理，真正在意或者不在意，是根本不用急着表白的，这就叫"欲盖弥彰"。

二二四

钓水①，逸事也，尚持生杀之柄②；弈棋，清戏也，且动战争之心。可见多事不如省事之为适，多能不若无能之全真③。

①**钓水**：指垂钓。

②**柄**：权力、权柄。

③**全真**：保全真实的本性。

译 文

在水边钓鱼本来是一件清闲洒脱的事，却掌握着鱼儿的生杀之权；下棋本是高雅轻松的娱乐，其中却充斥着争强斗胜的心理。从中可以看出，多一事不如少一事，少一事不如无事，多才多艺还不如以庸庸碌碌去保全自己的真实本性。

评 点

面对人生的是非成败、恩恩怨怨，很多人往往深陷其中、不能自已。其实人生不过是一场不能回头的旅行，你我都是旅途中的过客而已，"那只是一场游戏一场梦"道出了多少人生的无奈。既然如此，我们为何不洒脱一点，随性一些，把人生看成童年的一场游戏，用一种乐观的人生态度去面对我们的挫折抑或磨难。钓鱼就是钓鱼，下棋就是下棋，过普通人的日子，悠闲自在。把那些尔虞我诈、战场厮杀统统看成是人生竞技场的种种角逐，勇敢挑战、乐观无畏。战术上重视它，战略上藐视它，相信一个具有如此格局的游戏战士，必将勇者无敌。

莺花茂而山浓谷艳,总是乾坤之幻境①;水木落而石瘦崖枯,才见天地之真吾②。

注 释

①**乾坤**:天地自然。**幻**:虚幻。

②**真吾**:真实的本来面目。

译 文

鸟语花香、草木繁茂,山谷溪流中充满了艳丽风光,然而这一切不过是天地间的虚幻境像;流水干枯,山崖光秃,草木凋零,石面清冷,这些才是天地的本来面目。(人生最大之乐趣是直面自然的人生,喜怒哀乐、富贵贫贱一切皆随其缘。)

评 点

俗话说:"天下熙熙,皆为利来;天下攘攘,皆为利往。"贪婪的人所追求的不过是财富、名誉、权势这些生不带来,死不带走的身外之物。这些功名利禄,今天谁拥有了,明天谁又失去了,兜兜转转,不过是过眼云烟。物质上的满足只能带来片刻的欢愉,因为人对物质的贪婪一旦不受约束,欲望就会越来越大,人就成为欲望的奴隶,为其所累,而到头来,终其一生又有何意义呢?所以,我们要想一生潇洒自在,幸福快乐,就必须看淡与身外之物的联系,淡泊名利,做到"宠辱不惊,去留无意",直面自然的人生。

二二六

岁月本长,而忙者自促①;天地本宽,而鄙者自隘②;风花

雪月本闲，而劳攘者自冗③。

译文

　　时间本来是很长的，可是那些忙忙碌碌的人总是弄得很急促；天地之间本来宽阔无限，可是那些小人总是把它们弄得很狭隘；美丽的大自然美景本来是供闲情逸致的，那些只知干活的人却自找劳碌。

评点

　　在人的一生中，需要面临太多得失，这就导致有些人会患得患失，自寻烦恼，还有些人在面对变故之后，随性洒脱、超然物外，不为环境所扰。你是什么样的人，就决定了你会选择什么样的生活方式和状态。一个人的生活状态并不完全由物质条件所决定，关键看人的内心修养如何。内心强大的人能无视外界的干扰和羁绊，保持一颗淡泊的平常心，一切由自己决定。

二二七

　　得趣不在多，盆池拳石间①，烟霞具足；会景不在远②，蓬窗竹屋下，风月自赊③。

菜根谭

二二○

译　文

　　寻找生活的情趣不在于东西的多寡，即使在水池和小石头间，也可欣赏到云烟日霞的山水景色；能使人心领神会的景致不在远处，即便在自己家的草窗竹屋之下，也可以享受到清风明月的悠闲情趣。（生活中并不是缺少趣味，而是在于能否发现。）

评　点

　　生活本来是丰富多彩的，只要我们把眼光从功名利禄上稍稍移开，你就会发现生活中还有碧海蓝天，还有诗和远方。只要我们不贪婪，不急功近利，就连工作也会有它的乐趣。我们平时需要工作，因为我们要保障自己最基本的生活条件。除此之外，不要让工作成为满足我们物质欲望的手段，那样只会给自己增加无谓的负担。真正的人生，是一场每人一次的快乐旅行。在旅途中，我们也许会很辛苦，但此时的辛苦是为了享受一草一木的美景，虽然耗神费力，却不是为了追逐物质上的享受而是追求精神的富有，一场有情趣的旅行不虚此行。生活处处有情趣，等待我们来发现。

二二八

听静夜之钟声，唤醒梦中之梦；观澄潭之月影，窥见身外之身①**。**

注　释

　　①**身外之身**：这里指人的精神。

译　文

　　倾听静夜从远处传来的钟声，可以把我们从人生的大梦中唤醒；细看清澈的潭水中倒映的月影，可以亲见肉身之外的真实自我。

评　点

　　一个能静下心来的人，是善于自我反省的。经常自省，能及时发现自己的问题，改正自己的过失，可以让我们更好地认清自己，发现自己的本心。于是，有的人，在慨叹人生苦短中今朝有酒今朝醉，虚度了大把时光，有的人则只争朝夕，在短短的人生路上做出一番事业。"知人者智，自知者明。"观水自照，可知自身得失。水性是至洁的，不为外物所染，观水学做人，便能洁身自好、清澈透明；水性是柔韧的，滴水可以穿石，观水学做人，便能以柔克刚、义无反顾；水性是灵活的，可以任何形态呈现，观水学做人，便能灵活处世、不拘泥于形式；水性是流动包容的，能润泽万物，观水学做人，便能有容乃大、兼济天下。一个心静如水的人能经常反省自己，抛却了俗世中的浮躁、虚荣，给自己一个单纯而美好的人生。

二二九

鸟语虫声，总是传心之诀①；花英草色②，无非见道之文。学者要天机清澈③，胸次玲珑④，触物皆有会心处。

注释

①**传心之诀**：传达心意的妙法。

②**英**：花的缤纷。

③**天机**：人的灵性。

④**胸次**：胸襟、胸怀。**玲珑**：此指光明磊落。

译文

鸟的声音和虫儿的鸣叫，是大自然在传达心中的秘密；花的艳丽和草的翠绿都是可以看见道理的文章。对于修养学问的人来说，心灵的纯净是悟道的关键，如此面对万物，才能一一彻悟大自然历历如绘的大道真理。

评点

在当今这个忙碌的社会里，人们往往步履匆匆，而忽略了身边的美景，执着于对名利的追逐，而葬送了自己安静的生活。心中装满各种纷杂思想的人，是无法领会自然界所蕴含的禅机的。例如，善于读书的人，世间一切都是书：山水是书，鱼虫是书，花月也是书。一般人只会读有字之书，

却看不见世上这些无字之书；一般人只听见琴弦之声，却听不见天地弥漫着无弦之声。因此，只有适度地离开喧嚣的世界，心常在静处，才能享受大自然的纯净和美好，才能感受到生命的真谛，而真正能懂得这个道理的人也是最接近幸福的人。对于做学问也是同样的道理，欲望太多、思想浮躁、静不下心来的人是做不了学问的，能最后学有所成、有大建树的人都是胸怀坦荡、心性纯净的。

二三〇

人解读有字书，不解读无字书；知弹有弦琴，不知弹无弦琴。以迹用①，不以神用，何以得琴书之趣？

注释

①迹：事物外在的形体。

译文

人们只会读懂用文字写成的书，却不知道读懂宇宙这本无字的书；只知道弹奏有弦的琴，却不知道弹奏大自然这架无弦之琴。琴书之雅，人人追求，然而形式上能运用，不去领会其中的精髓，这样怎么能懂得弹琴和读书的真正乐趣呢？

评点

"无一物中无尽藏，有花有月有楼台。"正因为"空无"，所以具有无限的可能性。俗世中的人只看到"有"，而不知道"空"的无穷妙用。世人总是被外在的、有形的东西所迷惑，而看不见内在的、无形的本质，其实那才是最宝贵的。所以，佛家讲一切皆空实为样样都有，就是这个道理。

心无物欲,即是秋空霁海①;坐有琴书,便成石室丹丘②。

注释

①霁:天放晴。

②石室丹丘:此处引申为神仙居住的地方。

译文

一个人内心如果不被物欲蒙蔽,就会像秋天的碧空和雨后的大海一样辽阔;一个人在居处如果能抚琴读书,就会像神仙一般逍遥自在。

评点

有一位禅师说过:"青藤攀附树枝,爬上了寒松顶;白云疏淡洁白,出没于天空之中。世间万物本来清闲,只是人们自己在喧闹忙碌。"现实社会里的人在忙碌什么呢?不外乎名和利。万物本来清闲,人们为了争名夺利使自己陷于混乱,都是自寻烦恼。孟子说:"养心莫善于寡欲。其为人也寡欲,虽有不存焉者,寡矣;其为人也多欲,虽有存焉者,寡矣。"就是说,修养品性最好的办法莫过于减少欲望。他为人很少有欲望,即便善性有所失,也很少;他为人欲望很多,即便善性有以保留,也很少。所以,只有摆脱了对这些外物的欲望,我们才能重新体会到神仙般的逍遥自在。

二三二

宾朋云集,剧饮淋漓①,乐矣。俄而漏尽烛残②,香销茗冷③,不觉反成呕咽,令人索然无味。天下事率类此④,奈何不早回头也。

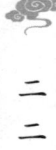

注 释

①**剧饮淋漓**：尽情饮酒狂欢。

②**俄而**：转眼之间。**漏**：古时候的计时器。

③**茗**：茶。

④**率**：大都。

译 文

宾朋好友聚集在一起，酣畅痛饮，真是痛快啊。可是，不知不觉中时间很快就过去了，香已烧完，茶水已冰凉，咀嚼嘴里的残物，真让人感到毫无兴趣。自然法则如此，人类又如何逃脱这一规律？人为什么不及时回头呢？

● 刻烛赋诗

评 点

"月有阴晴圆缺"，自然法则如此，人类又如何能逃脱悲欢离合这一规律呢？我们不可能永远和身边的人在一起，这是无法改变的事实，但我们可以在有生之年，在还来得及的时光里欣赏我们所爱的人。我们要对拥有的一切心怀感激，珍惜我们所拥有的，不论贫富贵贱。只有这样做，当我们失去这些东西的时候，我们才能坦然接受。

二三三

会得个中趣，五湖之烟景尽入寸里①；破得眼前机②，千古之英雄尽归掌握。

①**烟景**：指自然景色。**寸里**：心里。

②**机**：机运。

能够体会天地之间所蕴含的机趣，那么五湖四海的山川景色便可纳入到我的心中；能够看清当前机会、时局关键，那么所有古往今来的英雄豪杰都可归于我掌握了。

生活即道场，禅宗六祖慧能曾说："佛法在世间，不离世间觉。离世求菩提，恰如觅兔角。"佛法到底是什么，其实就在当下，在我们日常的生活工作当中。一个人如果离开了当下，好高骛远，不从身边的点点滴滴做起，一步一个脚印地朝着目标前进，那他永远也不会获得成功。一个人只有沉住气，静下心，以出世的心做入世的事，不让世俗功利蒙蔽了双眼，淡然面对得失，坦然接受成败，才能领会到事物中蕴含的情趣，体会到生命的真谛。

二三四

山河大地已属微尘①，而况尘中之尘②；血肉身驱且归泡影，而况影外之影③？非上上智④，无了了心⑤。

①**微尘**：微小的尘粒。

②**尘中**：尘世间。

③**影外之影**：指身外的各种名利。

④**上上智**：最高的智慧。

⑤**了了**：明白、明了。

　　山河大地与广袤的宇宙空间相比，只是一粒细小的尘埃，而人类不过是微尘中的微尘；血肉之躯相对无限的时间来说，只是相当于一个稍纵即逝的泡影，何况外在的功名富贵不过是泡影外的泡影。只有智慧高深的人，才明了个中机巧，才能笑看人间万事。

评 点

　　人生本无常，我们又何必深陷其中呢？生命中有太多的偶然，茫茫宇宙有太多的不确定。山河大地在茫茫宇宙中只能算是一粒尘埃，地球上如蚁的人类又是尘埃中的尘埃，人的生命在时光的长河里只不过是一刹那，转眼间已无影无踪。面对这样一个幻化无常的世间现象，有些人还在盲目地扩张自己的占有欲，忙忙碌碌做得很累，结果就象五彩缤纷的肥皂泡，短暂得瞬间即破。我们在浩瀚宇宙里如此微不足道，还有什么值得自以为是的呢？还有什么必要去争权夺利呢？只有那些拥有极高智慧的人，才能彻悟这种道理。

二三五

　　石火光中争长竞短，光阴究有几何？蜗牛角上较雌论雄①，世界究有许大②？

注 释

　　①**蜗牛角上**：比喻地方极小。

　　②**许大**：多大。

译 文

　　在电光石火般短暂的人生中你争我夺，有多少光阴呢？在蜗牛触角般狭小的空间里你胜我负，有多大的世界呢？

评 点

　　蜗角来自庄子的一则寓言，《庄子·则阳》："有国于蜗之左角者曰触氏，有国于蜗之右角者曰蛮氏，时相与争地而战，伏尸数万，逐北旬有五日而后反。"意思是蜗牛的左角有一个国家叫作触氏，右角有一个国家叫作蛮氏，两国经常因为争夺土地而掀起战争，死在战场的尸首就有几万具。现代人看来，庄子的境界是多么充满想象力！在茫茫宇宙之中，地球不过是一个微小的星球，在悠远的历史长河之中，人的一生不过是一瞬之间。在这有限的时间和狭小的空间里，如果我们仍然执着于争名夺利，计较输赢得失，心胸就会越来越狭窄，这样原本渺小的生活世界就更狭小了。况且，身外之物争得再多又有何用呢？生命不会因为谁有名有利，就让谁长生不老，谁有权有势，就让谁永垂不朽。为什么不充分利用自己有限的生命和精力去做一些有意义的事情呢？只有那些心胸宽广、淡泊名利的人，人生之路才会越走越宽，只有那些与人为善、乐于助人的人才能永远被人铭记。

<h2 style="text-align:center">二三六</h2>

寒灯无焰，敝裘无温①，总是播弄光景②；身如槁木③，心似死灰，不免堕落顽空④。

注释

①敝：坏，破旧。

②播弄：颠倒翻弄。

③槁：枯干。

④顽空：冥顽空虚。

译文

微弱的灯火没有光焰，破旧的皮衣丧失了温暖，人们总是努力想要让日子过得更好；衰败的身体像干枯的树木，空虚的心灵像燃透的灰烬，这个时候总不免想到万事皆空。

一个对任何事情念头都很淡的人，不仅自己的生活缺乏趣味，同时对别人也没有热情。而一人人是否具有生机，关键在于对生活投入的热情和思想的活跃。如果一个人空有躯壳、心灵沉寂，行尸走肉一般，则会让每天逝去的时间寡淡无味、毫无价值，不仅对于自己没有好处，而且对于大众也没有好处。人生在世要保持心灵火花的闪耀，对自己的需求要有个限度，既不要需求过度，也不要忽视自己本身拥有的东西，这样的人生才会有价值、有意义。

二三七

人肯当下休①，便当下了②。若要寻个歇处，则婚嫁虽完，事亦不少。僧道虽好，心亦不了。前人云："如今休去便休去，若觅了时无了时。"见之卓矣③。

注 释

①休：罢休。

②了：了结、结束。

③卓：高明。

译 文

一个人想要就此罢休，就要当机立断，不可犹豫徘徊、儿女情长。如果一定要寻找一个好时机，那就像人们婚礼虽然完成了，以后有关家庭的事情还会接踵而来；出家的和尚虽然暂时获得清静，但是内心的烦恼却不见得一时能够消除。古人说："现在能够罢休就赶快罢休，如果去寻找一个可以完结的时候便永远无法罢休。"这真是真知灼见啊！

评 点

人生在世，有很多身不由己的事情，明明自己不愿意做，但碍于面子，咬咬牙也要勉强为之，长此以往，人情和面子成了交往中甩不掉的包袱，表面一团和气，内心苦不堪言。古语说："当断不断，反受其乱。"做人做事绝不可犹豫徘徊、儿女情长，如果该断的不断，该休的不休，该弃的不弃，那么人生的烦恼就会拖泥带水、永不休止。现实社会中，人情问题已经成为很多人生活中甩不掉的负担，大部分人原本简单的生活也因此变得复杂和不堪忍受。如果你要让自己的生活重回简单，就要灵活地处理生活中的人际关系，务实一些，不要为虚名所累，要懂得适可而止的道理。

二三八

从冷视热①，然后知热处之奔驰无益；从冗入闲②，然后觉闲中之滋味最长。

注 释

①**热**：指名利权势。

②**冗**：忙，繁忙。

译 文

从热闹的名利场中退出后再冷静地回头看看，才能懂得名利的虚幻和无聊；从忙碌的生活转到安闲的生活，才知道安闲正是生活的真正滋味。

评 点

生活的经验来自生活的教训，生命中有许多与人的本性无关的东西，这些东西对于人来说是无用的。只有对生活进行深刻的反思，才能明白生活的真正滋味。很多时候，我们却容易被这些无用的东西所干扰，最终失去了真实的自我，在歧路上越走越远，找不到回头的道路。事实上，很多人当从名利场中沉浮过后，才懂得了名利的虚幻和无聊。所以，我们要将相反的两个方面进行比较分出优劣，把这些无用的却干扰我们的东西从生命中清除出去，让我们有足够的时间来跟随自己的心，观察事物的瞬息万变，思考什么是真正的人生，并学会安排生活。

二三九

　　有浮云富贵之风①,而不必岩栖穴处②;无膏肓泉石之癖③,而常自醉酒耽诗④。竞逐听人而不嫌尽醉⑤;恬淡适己而不夸独醒⑥。此释氏所谓"不为法缠⑦,不为空缠,身心两自在"者。

注释

　　①**浮云富贵**:把富贵看作浮云一般。

　　②**岩栖穴处**:指居住在深山洞穴中。

　　③**膏肓**:比喻深陷其中,无可救药。

　　④**耽**:沉溺,爱好而沉浸其中。

　　⑤**竞逐**:竞争。**尽醉**:醉心于名利。

　　⑥**恬淡适己**:清静无为,无欲无求。**独醒**:独自清醒,廉洁自守。

　　⑦**释氏**:佛祖释迦牟尼的简称。**缠**:扎束困扰。

译文

　　有把富贵荣华视作浮云的风骨,不一定非学仙人远遁山林去怡养心性;赋诗题词的人也不一定非去游历山水不可,只要品行高洁,生活中处处都可以自我陶醉、自得其乐。别人争名逐利与我无关,不必因为别人的醉心名利而疏远他;淡泊宁静是为了培养自己的心性,因此也不必向别人夸耀。这就是佛家所说:"既不被物欲所蒙蔽,也不被空虚寂寞所困扰,能做到这些就能使心性悠然自得。"

评点

　　微笑面对生命的一切,永远积极地生活,这才是每个人都应该拥有的人生态度。所以在生活中,不要看重外在的形式,更不要故意摆姿态,就像视富贵如粪土的人不必非要住到深山幽谷去修养心性,赋诗题词的人也

不必非去游历山水体验生活，只要心性高远，生活到处都可以自我陶醉、自得其乐。可见，拥有好心态，才能一生幸福，才能在生活中获得你所想要的一切。清高的人不标榜自己的清高，智慧的人不笑话别人的愚昧。能在灯红酒绿、尔虞我诈的欲望和诱惑之外，不依附权势，不贪求金钱，心静如水，无怨无争，拥有如此一种身心自在、简单的生活不也是一种很惬意的人生吗？

二四〇

延促由于一念①，宽窄系之寸心。故机闲者②，一日遥于千古；意广者，斗室宽若两间③。

注释

①**延促**：这里指时间长短。延，延长、伸长；促，短、短促。

②**机闲者**：心闲的人。

③**两间**：指天地之间。

译文

时间的长短多半因为心理作用，空间的宽窄多半在于人的观念；所以心里悠闲的人，即使是一天时间也比千年还要长；只要能够意境高超、心胸旷达，即使是一间小屋也能放得下大千世界。

评点

时间观念完全是人的心理制造的，美好的时光总觉短暂，痛苦的时刻才觉得度日如年，这就是时间的相对论。一个人如果对某件自认为有意义的事投入了热情，他是不会在意时间的流逝的。所以，"闲得无聊"时，就从生活中多找一些事让自己做，这样就不会只觉得自己在一天天老去，混日子了。可见，人多在每一分每一秒钟做有意义的事，方寸之间才能放得下大千世界，时间带给我们的也才不会是空洞和衰老，而是心灵上的无限满足。

二四一

损之又损①，栽花种竹，尽交还乌有先生；忘无可忘，焚香煮茗，总不问白衣童子。

注释

①损：减少。

译文

对于物欲要减少到最低程度，种些花竹培养生活情趣，把一切世间烦恼抛到九霄云外；当脑海没有烦恼而呈真空状态以后，面对佛坛烧香，手提水壶烹茶，自然就会进入忘我的神仙境界。

评点

人生真正的幸福，难寻难觅，所以古人总是在笔端流露出一声声可望而不可即的慨叹，如："久在樊笼里，复得返自然。""世间行乐亦如此，古来万事东流水。"现实社会，很多人往往对于物质的占有欲望是很强烈的，对生活的琐事更是不能忘怀，很盲目，也很辛苦。什么是幸福？幸福不是高官厚禄、名利双收。如果一个人始终在追求奢华生活，那么欲望就会蚕食他的灵性，烦恼就会无时无刻在他身边徘徊。其实，平平静静、恬恬淡淡

● 品茶清谈

就是幸福，只有平静、恬淡，才能快乐无忧。即使条件再艰苦，在快乐无忧的人的眼中也没有任何值得哀叹的。

<h1 style="text-align:center">二四二</h1>

都来眼前事，知足者仙境，不知足者凡境；总出世上因，善用者生机①，不善用者杀机②。

注 释

①**生机**：生命力。

②**杀机**：危机。杀，败坏。

译 文

面对同样的环境，感到满足的人就会享受神仙般的快乐，不知道满足的人就摆脱不了世俗困境；世间万物的因由大致相同，善于运用就处处充满生机，不善于运用就处处充满危机。

评 点

俗话说："猛兽易伏，人心难降；沟壑易填，人心难满。"人的欲望总是难以满足、永无止境的。每个人都有自己的欲望，而生活所能满足的那部分总是有限的。人生之祸多是源于不知足，一个不满足的人即使是百万富翁，也只能是一个精神上的乞丐，而一个知足常乐的人，即使粗茶淡饭，也是一个精神上的富有者。常言道："知足者常乐。"在这个被金钱、物质和利益充斥的世界，只有知足才能乐观，才能获得快乐。所谓"事能知足心常惬，人到无求品自高"，贪求索取、无法抑制自己的欲望只会被卷入贪婪的深渊，终日痛苦不已。

二四三

趋炎附势之祸①，甚惨亦甚速；栖恬守逸之味②，最淡亦最长。

译文

依附于权势的人固然能得到一些好处，但是为此而招来的祸患也最惨最快；能安贫乐道栖守独立人格的人固然寂寞，但是因此而得到的平安也最久最长。

评点

"心平常，自非凡。"生活中，只要能够远离浮躁，沉住气，常怀一颗平常心，就能够超越自己，成为一个生活幸福的人。想要保持一颗平常心，就要培养自己顺其自然的心态。"宁静以致远，淡泊以明志。"让自己的心彻底放松下来，沉住气，不要让欲望牵着我们到处跑。纵观历史，多少依附于权势的人，固然得到了一些好处，但为此招来的祸患却是最惨、最快的。只有那些不求名、不求利，每天过着朴实无华生活的人，生活才会悠闲又快乐，从容又洒脱。所以，我们要让脚步随着内心走，让浮躁的心安顿下来，体会那份海阔天空的开阔和愉悦。

二四四

松涧边，携杖独行，立处云生破衲①；竹窗下，枕书高卧，觉时月侵寒毡②。

菜根谭

注 释

①衲：僧衣。

②觉：睡醒。毡：用毛制成的毡子。

译 文

在满是松树的山涧旁边，拿着手杖悠闲散步，立定时云雾从破衣服中轻轻飘出；在简陋的竹窗之下读书，疲倦了就枕着书卷大睡，一觉醒来，月光照凉了毛毡。

评 点

在纷繁复杂的社会里，我们很多人往往会被染成五颜六色、绚烂多彩，而自己本身的颜色早已分不清楚，以至于忘记了自己当初的颜色是什么，所以，人能保持本色是十分难得和珍贵的。而生活在俗世中的人们，却注定逃不脱世俗的牵绊，与其为外境所困，不如用一颗宁静、淡泊的心平和对待。人生太精彩，人生也太劳顿，甚至还有一些坎坷，我们可以从容自在前行，也可以在愁苦中终老，完全都是自己的选择。所以有时候，天堂和地狱只在一念之间。心灵的从容、坦荡、平静有时能战胜一切艰难险阻，而这份淡定来自我们的人生智慧和信仰。当然，面对现代生活的激烈竞争，消极逃避思想并不足取，但如何在忙碌中放松自己却值得人们深思。

二四五

色欲火炽①，而一念及病时，便兴似寒灰②；名利饴甘③，而一想到死时，便味如嚼蜡④。故人常忧死虑病，亦可消幻业而长道心⑤。

注 释

①炽：炽热。

②**寒灰**：像灰烬一样寒冷。

③**饴**：用米、麦制成的糖浆，糖稀。

④**味如嚼蜡**：比喻索然无味。

⑤**幻业**：这里指功名利禄。**道心**：天理。

译文

当性欲烈火般燃烧时，只要想一想生病的痛苦情形，欲火就立刻变成一堆冷灰；当功名利禄甘美无比时，只要想一想走向死地的情景，就会感觉名利味同嚼蜡。所以一个人只要经常想到疾病和死亡，也可以消除罪恶之念而增长德业之心。

评点

季羡林说："走运时，要想到倒霉，不要得意过了头；倒霉时，要想到走运，不必垂头丧气。"这句话告诉我们，在这个世界上，任何事情都有两面性，要一分为二看问题，有利者必有其弊，同样，有弊者也会有其利。正如古语所云"晴带雨伞，饱带饥粮"，我们要辩证地去看待事物，不能被利弊牵着走。同样，我们在生活中，往往会遇到意外的惊喜，那么，在高兴之余，更要保持头脑清醒，提早意识到可能会发生的灾祸。

二四六

争先的径路窄①**，退后一步，自宽平一步；浓艳的滋味短，清淡一分，自悠长一分。**

注释

①**争先**：此指争强好胜。**径路**：小路。

译文

人人竞相争先的道路最为狭窄，退后一步，道路自然就会宽广一步；追求浓艳华丽，那么享受到的滋味就会缩短，清淡一些，趣味反而更加悠久。

向人示威是人人都会的，但向人示弱却是只有少数人才会的，因为这需要智慧和勇气。遇到与自己势均力敌的对手时，处处显示自己的强悍，反而会增加对手的警惕心理，很难取胜。我们知道，敢为天下先，敢做吃螃蟹第一人，并不意味着不留一分谦逊，所以这时，不妨表现得低调一点，示弱于他人。如果敌人此时掉以轻心，产生了轻蔑的思想，你取胜的把握就增强了，正所谓路行窄处"退一步海阔天空"。同理，太过浓艳，容易使人生腻，在浓情处不妨只用三分，自然觉得滋味弥长。所以，示弱并不代表真的弱，忍耐并不代表没骨气，越是品德高尚的人，就越能理解这里面的内涵。

二四七

忙处不乱性，须闲处心神养得清①；死时不动心②，须生时事物看得破。

注 释

①清：纯洁无杂念。

②不动心：镇定，不畏惧。

译 文

要想在事情纷忙时保持冷静而忙中不乱，必须在闲静时培养清静的头脑；要想面对死亡的考验也不畏惧，必须在平日对人生有所彻悟。

评 点

修身养性是中国文化的根本，养性就是养心。南怀瑾先生曾提到过庄子有一个"心兵不动"的说法。他引用庄子的话，形容这种"心、意、识"自讼的状态，叫作"心兵"，就是说平常的人们，意识中随时都在"内战"，理性和情绪上随时都在斗争，自己和自己随时都在争讼、打官司。这个时候，如果能够按住"心兵"，自心的天下就太平了。一个人若能按住"心兵"

不动，不仅可以取得内心的平静，而且还能无往而不胜。养得心性实，自是忙中不乱，有条不紊，即使是死亡的考验，也看得破。因此平时树立正确的人生观、耿直的正义感，以及良好的品性，才能临危不惧，遇事不慌，镇定自若。

二四八

隐逸林中无荣辱，道义路上无炎凉①。

〔注 释〕

①炎凉：比喻人情冷暖。炎，热；凉，冷。

〔译 文〕

一个退隐山林与世无争的人，对于红尘俗世的一切荣辱是非完全都忘怀；一个讲求仁义道德的人，对于世俗的炎凉冷暖看得很淡，而无厚此薄彼之分。

〔评 点〕

生活需要简单来沉淀，跳出忙碌的圈子，丢掉过高的期望，走进自己的内心，认真地体验生活、享受生活，你会发现生活原本就是简单而富有乐趣的。不要总是渴望获得那些本不属于自己的东西，而对自己所拥有的不加珍惜。在世事纷然中，在道义追求中，如果我们脑海里终日为名利是非所占据，又怎么能享受到安逸闲适的幸福生活？所以说，只有不计荣辱的隐士和仁义道德的正义之士，才能看透人生。安心做自己，才是智慧的人。

二四九

热不必除，而热恼须除①，**身常在清凉台上；穷不可遣**②，**而穷愁要遣，心中常居安乐窝中**③。

①**热恼**：对热的烦恼。

②**遣**：排除，排遣。

③**安乐窝**：指舒适的处所。

译 文

要想消除暑热不必用特殊方法，只要消除烦躁不安的情绪，就如置身凉亭一般凉爽；要想消除贫穷也不必用特殊方法，学会自我满足，学会自我平衡，比上不足，比下有余，就如处在快乐世界一般幸福。

评 点

从古到今，很多哲人用心思索过幸福的真谛，描绘过幸福的奇幻景象。如果幸福取决于和他人的比较，那么人类该有多么悲哀。人生在世，往往容易被外物所牵引，古人告诉我们应当"不以物喜，不以己悲"，然而真正达此境界的又有几人？对生活的感受不在于自己的处境状况，而在于心里的感受，我们总是放不下对利益的追逐，放不下对欲望的渴望，在物质的追求得不到满足的时候，必有不平衡的感觉，这时物质条件即使没有改变，心理感受却不一样了。一个心智成熟的人，必定能控制自己的情绪与行为，这样的人才能得到幸福。

二五〇

进步处便思退步，庶免触藩之祸①；着手时先图放手，才脱骑虎之危②。

注 释

①**庶**：或许、差不多。**触藩**：逾越红线。

②**骑虎之危**：比喻做事不能停下的危险。

译 文

当事业进展顺利时，不可一味冒进，应早有抽身隐退的准备，如果不考虑退路，就会像羊角触篱一般进退不得；当刚开始做一件事时，就要先策划好在什么情况下罢手，应知进知退，居安思危，才不至于自掘陷阱，骑虎难下而招致危险。

评　点

老子说："上善若水，水善利万物而不争。"水因为安于卑下，不争地位，善利万物，终归大海，所以才能保全自己。一个有才华的人，在必要的时候，要善于审时度势，隐匿自己。其实低调做人并不是苟且偷生，而是一种以退为进的谋略。人们常说："人与天斗，其乐无穷"，并将这当作是一个强者的处世之道。事实上，单凭一时的冲动和盲目的自信，未必能达到目的，顺应天道，有时候确实能获得更好的发展机会。在激烈的竞争中，要想很好地生存，"看棋须得看三步"，方能运用手段，施展威力。因为做事是为了成事，所以要知进退，有张有弛，居安思危，为自己留条后路。

二五一

贪得者分金恨不得玉，作相怨不封侯，权豪自甘乞丐①；知足者藜羹旨于膏粱②，布袍暖于狐貉③，编氓何让于王公④。

注　释

①**自甘乞丐**：自己甘愿像乞丐一样贪得无厌，不断索取。

②**藜羹**：粗劣的食物。**膏粱**：珍美的菜肴。

③**狐貉**：用狐、貉皮做的衣服。

④**编氓**：指编入户籍的平民。

译　文

一个贪得无厌的人，给了金银恨不得还要珠玉，当上了宰相恨不得再被封为王侯，这种人虽然身居富贵之位，却等同于自愿沦为乞丐。一个知道满足的人，即使吃野菜也比吃山珍海味还要香甜，即使穿布棉袍也比穿狐袄貉裘还要温暖，这种人虽然身居平民，品德却比王公更为高贵。

老子曾说过："祸莫大于不知足，咎莫大于欲得。"这句话对于今天有着尤其特殊的意义。从古至今，人类始终难以摆脱欲望。得寸进尺，得陇望蜀，世上不知满足的人大有人在。在欲望的支配下，人们会做出许多不可理喻的事情。当自己的欲望得到了满足的时候，就万事顺心了，可是，当欲望没有达成的时候，人们的心理就会失衡，就会产生抱怨的情绪，有人为了得到某种利益、荣耀，往往不择手段，丑态百出。所以，抱怨源自不知足，只有知足的人才能感受到人生的富足，常保一种优雅脱俗的风度。因此，古人说："养心莫善于寡欲。"我们如果能够把握住自己的心，驾驭好自己的欲望，不贪得、不觊觎，做到寡欲无求，生活上自然能够知足常乐，随遇而安了。

二五二

矜名不若逃名趣①，练事何如省事闲②。

注释

①矜：夸耀。逃名：低调、不张扬。

②练：训练，使熟练。

译文

一个喜欢追逐、夸耀名声的人，不如逃避名声更有涵养；一个整天忙忙碌碌的人，虽然被人喝彩，还不如少做事更为清闲自在。

评点

在生活中，只有内心平静才能保持头脑清醒，才能看清楚自己的方向，明白自己的奋斗目标。古往今来，凡是事业上取得一定成就的人，都能够清楚地认识到只有淡泊名利、低调做人才能不断取得进步。因为，荣誉与美名不仅容易让人迷失方向，而且容易招来别人的妒忌。所以，他们在荣誉和美名面前，往往是低调而谦虚的。同样，精通世事虽然被人喝彩，但细究起来，人情和面子成了交往中甩不掉的包袱，往往是表面满脸堆笑，内心中却苦不堪言。与其让原本简单的生活因此变得复杂和不堪忍受，还不如少事更为清闲自在。

二五三

嗜寂者①，观白云幽石而通玄②；趋荣者，见清歌妙舞而忘倦。唯自得之士③，无喧寂，无荣枯④，无往非自适之天。

注释

①**嗜**：喜好。

②**玄**：深奥，玄妙。

③**自得**：领悟人生。

④**荣枯**：指人世间的大起大落。

译文

喜欢宁静的人，看到天上飘动的白云和山间的石头就能悟出其中的玄机；喜欢繁华热闹的人，听见清扬的歌声看到美妙的舞蹈会忘记疲倦。只有那些纯净自得的人，才没有喧嚣或寂寞的烦恼，没有得志或失意的痛苦，何时何地都是他逍遥自在的天地。

评点

在每个人的心目中，关于最好的、最快乐的答案总是各不相同的。有人喜欢豪放诗的荡气回肠，有人喜欢婉约词的含蓄悠扬；有人喜欢摇滚乐的动感激情，有人喜欢轻音乐的高雅恬淡。其实，究竟哪一个更好一些，没有固定的答案。因为风格迥异，各有千秋。对于我们每一个人来说，只要自己喜欢的就是最好的。同理，大千世界，或静或动，或隐或现，人们可以有不同形式的存在，或从寂静中寻求安宁，或从喧闹中寻求激烈。如果形成固定的思维模式，就不能遍览多彩的人生。所以，无须看外在的表现形式，只要心灵从容、坦荡、平静，就会成为最后的人生赢家。

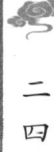

二五四

孤云出岫^①，去留一任其自然；朗镜悬空^②，妍丑两忘于所照。

注释

①**岫**：山洞，山谷。

②**朗**：明朗。

译文

一片浮云从山中腾起，无论去还是留都无牵挂；皎洁的明月像一面镜子挂在夜空，它是那么平等地映照万物，不管是美还是丑。（所以能做闲云和悬月一样自由的人，很难也很不简单。）

评点

只有淡泊的人能够感受到"道"的存在，所谓淡泊就是陶渊明笔下的"采菊东篱下，悠然见南山"；是朱熹"事理通达心气平和，品节详明德性坚定"；是一种"难得糊涂"，因此，淡泊就是安逸逍遥、随和豁达的心灵境界，是人能坦然面对自己内心的从容与平静。但在现实世界里，能做闲云和悬月一样自由的人很难

● 陶渊明采菊图

也很不简单。作为社会的一分子，人会面临方方面面的诱惑和约束。比如，家庭的、经济的压力，舆论的影响，虚荣心作祟等，都会使人的内心极不自由，本性受到束缚。所以，必须为自己确立一个人生目标，培养一些兴趣和爱好，因为生活中有许多活动是充满乐趣的，只要你能够充分领略到它们的美妙之处，全身心地投入进取，就会获得身心的愉悦和自由。

二五五

悠长之趣，不得于酕醄①，而得于啜菽饮水②；惆怅之怀，不生于枯寂，而生于品竹调丝③。故知浓处味常短，淡中趣独真也。

注释

①酕醄：味浓的酒和茶，指美酒佳肴。
②啜菽饮水：比喻清淡的生活。啜，吃；菽，豆类的总称，此处指粗粮。
③品竹调丝：指欣赏音乐。

译文

悠远绵长的美味佳肴不是从浓烈的美酒中得来，而是从食用清淡的豆类、清水中得来的；惆怅悲恨的情怀不是从孤寂困苦中产生，而是从美妙的音乐中产生的。由此可知浓厚的滋味往往很快忘掉，而平平淡淡才是最有趣味和最真实的。

评点

做人宜淡不宜浓，淡中显出真趣味。风平浪静的环境可以显现出人生的真实境界，朴实淡泊的地方可以体会心性的本来面貌。我们生为普通人，不要总是幻想生活多么轰轰烈烈，也不要幻想总能一帆风顺，无忧无虑。快乐来之不易，来得快去得快，每个人都不可能圆圆满满地走完一生，都注定要历经风风雨雨，玻涉沟沟坎坎。所以，只有在平凡之中保持人的纯真本性，心态平和地对待人生，才不至于对生活求全责备，活得太累，才能在平平淡淡中品味人生百味。

二五六

禅宗曰："饥来吃饭倦来眠。"诗旨曰[①]："眼前景致口头语。"盖极高寓于极平[②]，至难出于至易；有意者反远，无心者自近也。

注释

①诗旨：作诗的诀窍。

②寓：寄，寄托。

译文

禅宗有一则偈语说："饥饿就吃饭，疲倦就睡眠。"诗家也说："寻常言语口头话，便是诗家绝妙词。"这些都是将极深的哲理蕴含在极为平淡的日常生活当中，可见最难的东西也要从最简单处着手；凡事刻意去强求的人往往离真理更远，一切顺其自然的人反而会接近真理。

评点

学佛在自心，成佛在净心。佛教的一切法门，主要是使人明白自心，佛教的一切修行方法，主要是使人清净自心。心中装满各种纷杂的思想，自然无法闻到近在鼻端的花香，只有身在安宁的境界中，一切才可寻。安宁是心灵的平静，能够让人在嘈杂浮华中找到自己的心灵空间。

二五七

水流而境无声，得处喧见寂之趣；山高而云不碍，悟出有

人无之机①。

注 释

①**出有入无**：指由实入虚。有，有形的事物；无，无我、忘我的境界。**机：**玄机、奥秘。

译 文

河水虽然流动，但岸边却听不到水流的声音，反能发现闹中取静的真趣；山峰虽然很高，却不妨碍白云的浮动，可使人悟出有中之无的玄机。（如果能够领悟到一物中也可见佛，人生就会变得很美妙。）

评 点

心若清净，凡事简单。一个想得太多的人，心灵如同投进石子的湖面，失去了原来的平静。偶尔如此没有关系，若常常如此，人们便永远体会不到安宁。人生千变万化，有利害得失，也有离合聚散。内心清净的人，不会想太多，亦不会要求太多。正因为我们所采取的态度不同，我们所感受到的也会有差异。真正的清闲应是身处繁华世间，心中能不生浮躁，不起烦恼，拥有一颗无分别的心，从容面对任何境遇。历史上，许多得道禅师远离世俗，独自在佛法中寻得了内心的宁静，这份宁静，使他们能听到落叶的声音，明白时光的絮语。

二五八

山林是胜地①，一营恋变成市朝②；书画是雅事，一贪痴便成商贾③。盖心无染着，欲界是仙都④；心有挂牵，乐境成苦海矣。

注 释

①**胜地**：风景优美的地方。

②**营恋**：迷恋。

③**商贾**：商人。

④**欲界**：充满各种欲望的世间。

译文

　　山林是隐居的好地方，如果过于迷恋，那么山林也成了市井；欣赏书画是高雅的行为，如果有了贪求和痴恋，那就跟商人没有什么两样了。所以只要心地纯真没有污染，即使身在物欲横流的环境中也如同仙境一般；心中牵挂太多，那么即使处在快乐的环境中也如同在苦海中生活一样。

评点

　　生命中有太多的偶然，茫茫宇宙中有太多的不确定。我们像鱼儿一样生活在尘网中，越挣扎越紧。回头想一想，雅俗苦乐是人生的一种感受，事物的本身并不是如此这般，我们要做的不是如何冲破这张网，而是超脱这张无常尘网，不被它罩住。"万般带不去"，许多人都习惯地追逐着想要的目标，在生活中为了名利不断索求，劳累。面对这样一个因缘所生、幻化无常的时间现象，有人惶恐不已，结果自暴自弃；有人难以承担，假装醉生梦死；也有人盲目贪婪，希望永远扩张自己的欲望，结果很累。有多少人能清醒过来，超越出去呢？所以一个人的道德修养才是摆脱凡尘俗世的关键所在。

二五九

　　时当喧杂，则平日所记忆者，皆渺尔若遗；境在清宁，则夙昔所忽忘者①，又恍尔自现②。可见静躁稍分，即昏明自异也。

注释

①**夙昔**：以前、过去。

②**恍尔**：恍然、忽然。

在喧闹的心境中，往事都不容易记起来；在清静的心境中，过去遗忘的事情又会浮现在脑海。可见躁动与安静略微分别，人心的昏聩与明白立即就不同了。

评 点

躁和静是我们情绪中两种不同的心态，这两种情绪会带给我们不同的生活状态。如果一个人能够在喧闹中也保持冷静的头脑，那么他就具备了取得成功的心理基础。心浮气躁是造成人们做事的目的与结果不一致的常见原因。浮躁源于急于求成的心态和希望立刻拥有一切的贪婪。一个人越是贪婪，情绪越容易受到干扰而失去理智，做事就越不得要领，因此也难以实现目标，甚至会做出什么让人后悔的事情。我们的心若能常常清净，没有贪痴，对事情的考虑就会缜密周详，保持心灵的平淡，佛性就会自显。事实上，俗世中的人们被太多的嘈杂和喧哗打扰，而很难品味到静的清芬与恬愉，以致紧张焦灼，忽略了自己的内心。

二六〇

芦花被下，卧雪眠云，保全得一窝夜气；竹叶杯中①，吟风弄月②，躲离了万丈红尘③。

注 释

①**竹叶杯**：用竹叶做的杯子。

②**吟风弄月**：指填词吟诗。

③**红尘**：尘世、人间，多指热闹繁华的地方。

译 文

芦花做被，雪地当床，浮云为帐，睡起觉来却能保全恬静的气息；竹叶为杯，作诗填词，尽情高歌，自然能远离尘世的喧嚣。

命运是一个复杂的东西，它的起起落落让很多人都摆脱不了其中的束缚。如果能放下得失，好坏成败都将过去，就会以平淡之心来生活。然而，大多数人往往无法看淡命运中的得失，常常在得到时欣喜若狂，在失去时痛苦万分，无形中为自己的心灵戴上了"枷锁"。事实上，低调的人就没有这种烦恼，因为他们已然看淡命中的得失，甚至忽略。比如，东晋诗人陶渊明独善其身的办法是远离人世，过着"狗吠深巷中，鸡鸣桑树颠"的田园生活。这些人能够挣脱命运的束缚，成为命运的朋友。在如今激烈竞争的社会中，应坦然面对人生长河中的激流与平川。

二六一

衮冕行中①，着一藜杖的山人②，便增一段高风；渔樵路上③，着一衮衣的朝士④，转添许多俗气。固知浓不胜淡，俗不如雅也。

注释

①**衮冕**：指代官位。衮，皇帝穿的绣有卷龙的衣服；冕，礼帽。
②**藜杖**：手杖。
③**渔樵**：打鱼人和砍柴人。
④**衮衣的朝士**：穿朝服的官员。

译文

在衣衫华丽的达官显贵之中，出现一位手持藜杖、身着布衣的雅士，自会增添无限风采；在渔夫、樵夫行走的路上，加入一个朝服华丽的达官，必将增加很多俗气。由此可见，荣华富贵并不如淡泊宁静，红尘俗世并不如山野风雅。

评点

面对生活，我们的内心会发出微弱的呼唤——我们需要简单来沉淀。

静静聆听并顺从它，我们就能做出正确的选择，否则，我们将在匆忙喧闹的生活中迷失，找不到真正的自我。浓不胜淡，俗不如雅，是一个很高明的见解。富裕奢华的生活需要付出巨大的代价，而且也不一定就会给人带来相应的幸福。如果我们躲开外在的嘈杂喧闹，降低对物质的需求，就会感受到粗茶淡饭有真味，窗明几净是安居，这就是浓处味短、淡中趣长。改变奢华的生活目标，跳出忙碌的圈子，简简单单地生活，你会发现生活原本就是如此平淡而富有乐趣。真正聪明的人会节省更多的时间充实自己，认真地享受生活。

二六二

出世之道①，即在涉世中②，不必绝人以逃世；了心之功③，即在尽心内，不必绝欲以灰心。

注 释

①**出世**：走出尘世。
②**涉世**：在人间历练。
③**了**：了断。

译 文

修身养性，不必远离尘世，应在世间磨炼，不必离群索居不食人间烟火；了断欲望的功夫，就在"尽心"二字上，不必断绝欲望心如死灰。

评 点

儒家思想教人积极入世，却又教人不要过分追逐名利。看似矛盾，实则蕴含着高深的智慧，那就是"以出世之精神，做入世之事业"。现实世界里，任何一个人都不可能超脱得不食人间烟火，因为享受生活是需要有一定物质基础的，所以我们要努力地工作和学习，创造财富。所谓超俗指的是人的精神，而不是人的形体，人要一方面积极进取，一方面使生活充满乐趣，这才是和谐的人生。然而事实上，用出世的心做入世的事，不是每

个人都能做到的，因为我们许多人内心都是充满矛盾的。但我们要清楚，超俗与入俗是相对的，做人做事不要让心境局限在一个狭小的空间里，如果俗心不减，即使远离尘世也没有什么用。该仕则仕，该隐则隐，无为之为，无可无不可，注重追求事物的本质，而不是追求形式，将出世入世的智慧拿捏得恰到好处。

二六三

此身常放在闲处,荣辱得失,不受拘牵? 此心常安在静中,利害是非,谁能瞒昧①?

注　释

①瞒昧：隐瞒。

译　文

只要经常把身子置于闲适之中，世间的荣华富贵与成败得失都无法打扰我；只要经常把心思放在安宁之中，世间的功名利禄与是是非非都不能欺骗我。

评　点

心中装满各种纷杂思想的人，自然无法闻到近在鼻端的花香，同理，贪图功名富贵的人，置身于荣辱得失、是非利害之中，也是难以自拔的。只有心灵平静，身处安宁的境界中，一切才可寻。所以，一旦我们懂得放慢脚步，为自己寻找一方安宁心空，世间的功名利禄与是是非非就再也无法欺蒙我们，我们在遭遇困难时就会仍拥有幸福的感觉，去从容地面对生活中的压力和挫折，把身心置于闲适之中，欣赏生活中的美好。

二六四

竹篱下,忽闻犬吠鸡鸣,恍似云中世界①;芸窗中②,偶听蝉吟燕语,方知静里乾坤③。

注释

①**云中世界**:指仙境。

②**芸窗**:指书房。芸,古人藏书用的一种驱除蠹虫的香草。

③**乾坤**:天地。

译文

站在篱笆之外,忽然听到鸡鸣狗叫,就宛如置身于一个逍遥自在的神仙世界;静坐书房之中,忽然听到蝉鸣燕语,就能体会到宁静中的天地别有一番超凡脱俗的玄机。

评点

现实世界里,人们生活在喧嚣之中。这个喧嚣,不仅是指环境的喧嚣,还有内心深处对欲望和名利的追逐所带来的喧嚣,令人片刻不得安宁。人们或许可以回归大自然,寻找宁静,然而环境带来的宁静只是暂时的,大多数时候,人们往往无法平复内心的欲求和骚动,不懂得为自己留一份心灵的清静,而心灵的宁静恰恰能为我们带来永恒的安宁。所以说,真正的清静是身处繁华世间,心中却能不生浮躁、不起烦恼,仍然拥有一颗无分别的心,从容面对任何境遇。这也是古往今来多少文人雅士们所追求的一种生活方式,从蝉鸣鸦噪声中颂悟宁静的玄机,从鸡鸣狗叫中享受快乐的仙境,逍遥自在,返璞归真。

二六五

我不希荣,何忧乎利禄之香饵①? 我不竞进②,何畏乎士宦之危机③?

注 释

①**香饵**:引诱人的东西。

②**竞进**:争夺,竞争。

③**士宦**:官场。

释 文

我如果不希望荣华富贵,又何必担心名利的引诱呢? 我如果不和人竞争高下,又何必恐惧宦海的危机呢?

评 点

庄子说:"一以己为马,一以己为牛。"意思是说,人家叫我是马,很好,叫我是牛,也好,把虚荣心去掉,叫什么都无所谓。其实,人最高的道德就是把"名心"抹平。世界上追逐名利的人之多,超出了我们的想象,他们超越了道德的范围,破坏了人生的行为标准。道家看来,人心就是名心,争名夺利,不是道德的行为,不是真正懂得人生。官场的互相倾轧,宦海的升降沉浮,其实都是负累,也是许多人不快乐的原因所在。对于一个视名利如云烟的人来说,钩心斗角、追名逐利,不如宁静淡泊、抱朴守拙,所谓褪尽名心道心生,当名心褪尽,人之私欲不存,道心自然而生。

二六六

徜徉于山林泉石之间①,而尘心渐息;夷犹于诗书图画之内②,而俗气潜消。故君子虽不玩物丧志③,亦常借境调心。

注释

①**徜徉**:徘徊闲适的样子。

②**夷犹**:流连忘返,从容自得。

③**玩物丧志**:迷恋而丧失了本来的志向。

译文

如果经常流连于山川林泉的绝美景色之间,受景物的影响能使尘世的俗念消失;如果经常醉心于诗词书画的书香雅境之内,受气氛影响就会使庸俗的气质消失。所以一个有才德的人,虽然不会玩物丧志,但也要经常找个机会,亲近自然,亲近高雅,借以调剂身心。

评点

在如今这个高速发展的时代,都市的噪声及紧张的生活节奏令人焦虑不安,适度地离开熙攘的喧嚣世界,亲近大自然,享受大自然带给我们的乐趣,是品味生活的良好方式。同样,读书、写字、画画、唱歌、健身等兴趣爱好都可以怡情养性,调剂身心,使我们生活得更加充实,摆脱人间的许多俗气。

二六七

春日气象繁华,令人心神骀荡①;不若秋时云白烟青,兰芳桂馥②,水天一色,上下空明,使人神骨俱清也③。

注释

①**骀荡**:舒缓荡漾。

②**馥**:香,香气。

③**神骨**:精神和形体。

译文

春天的景色繁华热闹，使人心情愉悦，却不如秋天的秋高气爽，白云飘飞，兰花馥郁，桂花飘香，秋水与长天共一色，天高云淡，使人的身体和精神都感到清爽舒畅。

评点

春天百花齐放、一切生机勃勃，正是播种的好时机，而秋天清风拂面、秋高气爽，正是收获的大好时节。同理，自然有四季，人也有四季，一个人风华正茂的时候，就像春天一样，是为事业打基础的季节。只有经过年轻时的锻炼，中老年时才能成熟、稳健，就像秋天一样兰桂飘香。不管你身在何处，在你朝着某个方向前进的时候，能够认真地坚持下去才能有所收获。

二六八

一字不识，而有诗意者，得诗家真趣；一偈不参①，而有禅味者②，悟禅教玄机③。

注释

①偈：佛经、禅语中的唱词和诗句。

②禅味：禅机。

③玄机：深不可测的道理。

译文

一个字都不认识，而谈吐充满意境，得到了诗的真正乐趣；一句偈语都不明白，却富有哲理，可以说已领悟到禅理的奥妙。

评点

禅是一种智慧，智慧的种子既在高僧大德的手中，也在红尘闹市里每个怀有佛心的人身边，是无法用语言表达出来的。禅理是不能透过言语理论而悟得的。比如，有的人用一千日的静坐体悟到寥寥禅机，有的人只用一次游戏，就参悟天地的禅趣；有的人高声棒喝让你顿悟，有的人春风化雨让你渐悟。生命中每个人都有属于自己的土壤，你只需安心耕耘自己的土地，潜心修行，总有一天可以有一番彻悟。

二六九

机重的①，弓影疑为蛇蝎，寝石视为伏虎，此中浑是杀气②；念息的③，石虎可作海鸥④，蛙声可当鼓吹，触处俱见真机⑤。

注　释

①机重：多疑的。
②浑：全部，都。
③念息：心平气和，没有非分之想。
④石虎可作海鸥：《世说新语》记载，佛图澄将石虎（人名）当成海鸥看待。
⑤真机：祥和之气。

译　文

心机重的人好疑神疑鬼，能把杯中的弓影误会成蛇蝎，能把草中石头误会成卧虎，眼中看到的全是杀机；一个心平气和的人，人也可以看成是海鸥，聒噪的蛙声也可以当作悦耳的音乐，眼中的一切都是美好的。

评　点

"杯弓蛇影"的故事，比喻的是那些因疑虑不解而庸人自扰的人。我们都知道作用力与反作用力的关系，即你给对方一个作用力，对方必然给你一个同等的反作用力。事实上，人与人的相处也是同样的道理。你如果带给别人满面春风，别人也一定会还给你一脸和煦，你如果对别人恶语相加，别人也必然以牙还牙，每个人的选择、行为都有相应的回报。一个胸怀坦荡的人，遇事总往好处想，常感念别人的恩德，即使别人冒犯了他，也心平气和，这样，别人自然会被他的诚意所感动，进而回报他以真诚；一个

好用心机的人，总是疑神疑鬼，内心充满一片杀机，即使别人无意中冒犯了他，也耿耿于怀，甚至伺机报复，那么别人回馈给他的，也只能是怀疑和敌视。

<h1 style="text-align:center">二七〇</h1>

身如不系之舟^①，一任流行坎止^②；心似既灰之木^③，何妨刀割香涂。

注释

①**不系之舟**：比喻自由自在。

②**坎止**：遇坎而停止。

③**既灰**：已经烧成灰。

译文

身体像一艘没有缆绳的孤舟，自由自在随波逐流尽性而泊；内心就像已烧成灰的木头，就不会在意别人对自己是千刀万剐还是涂脂抹粉。

评点

宇宙间万事万物时时刻刻都在变化，任何时间，任何地方，一切事情刹那之间都会有所变化，不会永恒存在。同理，生命无常且生生不息，如何对待生命是每个人都应认真思考的问题。人人都希望生命能够长久，但事实上，生命却是短暂的，它在一呼一吸间如流水般消逝。一切从无中来又到无中去，这就是生命的本真状态，不要让生命承载太多的负累，要给自己增添一份洒脱，给人生增添一份真趣。

<h1 style="text-align:center">二七一</h1>

人情听莺啼则喜^①，闻蛙鸣则厌，见花则思培之，遇草则

欲去之,俱是以形气用事^②。若以性天视之,何者非自鸣其天籁,自畅其生意也^③?

【注释】

①**人情**:人之常情。

②**形气**:躯体和情绪。

③**生意**:生机。

【译文】

多数人习惯听到黄莺啼叫就高兴,听到蛙鸣就厌恶,看见花木就愿意栽培,看见野草就想拔掉,这都是根据事物的外形主观地决定好恶;但如果以自然的本性来看待,哪一只动物不是随其天性而鸣叫,哪一种草木不是随其自然而生机?

【评点】

昼夜交替、四季转换、草木枯荣和太阳的东升西落……这些自然界的变化是极其平常的事情,是大自然生命力的一种体现。可一旦与人的个人机遇相联系,人就总是以自己的心情来感受客观事物,产生无限的感慨。大多数人都会因为美好事物的逝去而感伤慨叹,但实际上大可不必如此。自然界是客观的,一枯一荣显示着大自然的生机蓬勃,枯又何尝不是大自然本身的显露呢?交替转换等一切自然生态都按自己的法则呈现,本无好坏之分。好或者不好只是个人根据主观感受做出的评判而已,我们要以客观实在的心情面对大自然的万事万物。

二七二

发落齿疏,任幻形之凋谢^①;鸟吟花笑,识自性之真如^②。

【注释】

①**幻形**:指人的身体。

②**真如**：佛性，真实本性。

　　人到老年，头发牙齿逐渐稀落，这是自然界中新陈代谢的普遍规律，大可不必为衰老病死而叹息；从小鸟的歌唱和鲜花的盛开，来体会永恒不变的本性，才是最豁达的人生观。

　　佛陀曾说："生命只在一呼一吸之间。"哪怕我们只有一天生命，也应该心怀感激，好好度过这一天。可是，不是每个人都能拥有这般智慧和豁达：有些人，妄想获得荣华富贵而去烧香拜佛，每天惴惴不安，生怕做出一点有损功德的事；有些人整日紧张、焦虑和工于心计，谨小慎微地度过每一天。殊不知，这些人既错过了生活中的温暖美好，辜负了时光的赠予，又因缘木求鱼而不能得悟正道。所以"花开堪折直须折，莫待无花空折枝"，不要用一生的时间去追逐名利和荣华，而错过最好的自己。生命，不过是一段借来的光阴，你和我，在这段借来的时光里奔波行走，更要看重高尚的精神追求而不是物质享受。只有用心、真心、开心过好每一天，走好每一步才不负此生。

二七三

　　欲其中者,波沸寒潭①,山林不见其寂；虚其中者,凉生酷暑,朝市不知其喧②。

　　①**波沸寒潭**：寒冷平静的潭水沸腾扬波。
　　②**朝市**：指集市。

　　内心充满私欲而心浮气躁的人，即使在寒冷的深潭中，心中也会像烧得

菜根谭

二六〇

沸腾的波涛，就是处在深山野林中，也无法使他心灵平静；无欲无求而心静意明的人，即使在酷热的暑天，也会感到浑身凉爽，就是在早晨热闹的集市上，也感觉不到内心的喧嚣。

评点

老子在《道德经》中说"知足者富"，但是，人们的欲望往往很大，对于一个不知足的人来说，欲望就如同一团熊熊燃烧的烈火，柴放得越多，火烧得就越旺，而火烧得越旺，人就越有添柴的冲动。于是，人便添柴烧火、烧火添柴，难有休息的时候，所谓"欲壑难填"说的就是这个道理。所以，老子主张少私寡欲，认为做人只有坦然无求，才能一身轻松，从而把自己从痛苦的深渊中解脱出来。可见，一个人活在世上，精神上的修养是必不可少的。人在欲望面前，就要保持一颗平常心，适当放下那些过于沉重的身外之物，得到心灵的放松，所谓"赤条条来去无牵挂"，就是一种洒脱，是参透万物后的平和。

二七四

多藏者厚亡①，故知富不如贫之无虑；高步者疾颠②，故知贵不如贱之常安。

注释

①多藏者：有钱人。

②高步者：当官的。**疾**：指爬得快。**颠**：高处跌落。

译文

拥有的财富多损失的也多，由此可见有钱人并不像穷人那样开心快乐；爬得高摔得就凶，由此可见地位高的人不像地位低的人常能很安宁。

评点

人性的一个弱点，便是总觉得他人拥有的比自己拥有的要好，别人的

生活都比自己幸福，因此要努力追求别人那样的生活。譬如普通老百姓会以为当皇帝可以享受最奢侈的生活，所以皇帝一定是比自己幸福的，殊不知皇帝也有皇帝的烦恼啊。和别人比较，得失心太重是收获不了幸福的，人只有顺应自己的本性，开心快乐了，幸福才能水到渠成。所以说，幸福是没有特权的，只要你能正确看待万物，每个人都能够获得幸福。反之，如果你心态不正确，即使你身处幸福之中，你也感受不到它；如果你只看到别人外在的幸福，就轻率地判断别人比自己强，那么你只会离幸福越来越远。

二七五

读《易》晓窗①，丹砂研松间之露；谈经午案②，宝磬宣竹下之风③。

注 释

①**易**：指《易经》。

②**经**：指佛经。**午**：正午。**案**：书案。

③**磬**：一种用石头或玉制成的乐器。

译 文

早晨坐在窗边研读《易经》，用松树上的露珠来研磨朱砂批阅评点；中午时分在书桌前诵读佛经，竹林间的清风把清脆的磬声传向远方。

评 点

幸福是什么？如何才能获得幸福？人们通常会思考这个人生命题。圣贤告诉我们，要学会从眼前的风景中看到美丽、从简单的事物中领会玄机。但是生活中，为了达到目的，我们却往往舍近求远，做了许多徒劳无功的事情，后来再回到原点，才发现自己渴求的东西就在身边，而以前的种种努力不过是自作聪明。比如，大多数人为了追求幸福的人生，于熙熙攘攘

之中争名夺利，时时刻刻忙于算计，使自己身疲力竭，错过了生活中的恬淡美好。其实，真正的幸福人生源自内心的祥和与宁静，真正的智者，知道真正的宝贵所在，能在平常中找到它的甜蜜。

二七六

花居盆内终乏生机，鸟入笼中便减天趣；不若山间花鸟错集成文①，翱翔自若②，自是悠然会心③。

注释

①**错集成文**：错杂而自然的纹彩。

②**翱翔**：展开翅膀回旋地飞。

③**会心**：领悟、体会。

译文

花儿被栽植在盆里缺少生机，总是经不起风吹雨打，鸟儿被关进笼中不能展翅飞翔，就会减少天然情趣。它们都不像山间的野花野鸟那样显得亮丽自在，自由地生存于大自然中，看起来比人工修饰显得更有情趣。

评点

道家认为：慧眼一双，不如明心一颗。当一个人把自己的心界扩展到无限远时，他的人生目标绝不会停留在眼前。我们能走多远，取得怎样的成就，关键在于我们的人生格局有多大，所谓登高望远，一个人只有站得高，人生之路才能走得更远。我们身处在现代这样一个浮躁多变的社会中，为人处世如果只是满足于自己狭小的空间，一生很可能就在这样的碌碌无为中度过了。一个人要想拥有更广阔的事业，就必须经常提升自己的心界，而要使自己的心界远大，就要首先开阔自己的眼界。

二七七

世人只缘认得"我"字太真，故多种种嗜好，种种烦恼。前人云："不复知有我，安知物为贵？"又云："知身不是我，烦恼更何侵①？"真破的之言也②。

注释

①侵：浸透，进入。

②破的：比喻说话恰当、中肯、正中要害。

译文

世上的俗人因为把自己看得太重要，所以有那么多的爱好和那么多的苦恼。前人说："如果已经忘记自我的存在，又怎么会知道外在的东西是否贵重？"又说："如果知道连身体都不属于自己所有，那么烦恼又怎能侵害我呢？"这真是一语切中要害。

评点

有一位禅师说过："青藤攀附树枝，爬上了寒松顶；白云疏淡洁白，出没于天空之中。世间万物本来清闲，只是人们自己在喧闹忙碌。"世间的人在忙些什么呢？不外乎名和利。万物清闲，人又何必为了争名夺利而使自己不得清闲呢？佛家开导我们，财富是"生不会带来，死不会带去，一切随缘，能得自在，放下即得解脱"。要知道，再高的权位，也有退位的时候，再多的金钱，也有散尽的时候，荣华富贵总是三更梦，富贵还同九月霜。要想摆脱痛苦，获得安宁，首先要看透名利的本质，只有摆脱名利等外物的束缚，我们才能体会心无所碍的境界。

二七八

自老视少,可以消奔驰角逐之心;自瘁视荣①,可以绝纷华靡丽之念②。

　　①瘁：破败，困病。

　　②靡：华丽。

译 文

　　一个人如能从老年回头看少年时代，就可以消除很多追名逐利、争强斗胜的心理；一个人如能从没落亡家回头看荣华富贵，就可以消除不少奢侈豪华的虚幻念头。

评 点

　　世间之事，历经万劫，方见莲花。很多问题，真的需要用一生来回答。可是，大多数人等不了岁月的沉淀，很多困惑需要马上就解决，所以，我们遇事就要多问问身边的长辈。因为，事情经历多了，往往更能悟出其中的道理。长辈们的人生经验是经历了无数成功与失败后的积累，是真真切切经历的生命！但事实二，很多年轻人不愿意相信老年人的生活经验。如果年轻人能从老年人的角度去看待当下的一切，就能看破许多困惑了。

二七九

人情世态,倏忽万端①,不宜认得太真。尧夫云②："昔日所云我,而今却是伊,不知今日我,又属后来谁?"人常作如是观,便可解却胸中罥矣③。

①**倏忽**：极短的时间。倏，迅速、极快。

②**尧夫**：北宋理学家邵雍。

③**罥**：牵挂。

译　文

　　人情冷暖世态炎凉，真是错综复杂瞬息万变，因此要有超然的态度，对任何事都不要太认真。宋儒邵雍说："以前所说的我，如今却变成了他；还不知道今天的我，将来又变成谁？"一个人如能经常抱这种态度，就可解除心中一切烦恼。

评　点

　　人生会遇到许多事，人情的冷暖，世态的炎凉，很多是难以预测的。这时，如果我们的心被烦恼纠缠，就会不知所措。道家告诫俗世中的人们，想要有超然的态度，就要学会养心。现实生活中，一个人要想过上幸福的生活，就要时时自省，摆脱世俗的困扰，清除心灵的尘埃，以达到心灵的宁静。面对成功，不欣喜若狂，面对失败，不心灰意冷，坦然接受鲜花与赞美，欣然面对苦难与诋毁，宠辱不惊，还心灵本色。对世间的事看得淡然了，心中自然也就没有了烦恼，只要拥有了一颗健康纯净的心灵，我们就能在复杂的尘世中永远立于不败之地。

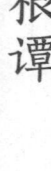

二八〇

　　热闹中着一冷眼①，便省却许多苦心思；冷落处存一热心②，便得许多真趣味。

注　释

①**热闹**：世间追名逐利的忙碌。**冷眼**：冷静观察。

②**冷落**：凄凉冷漠。

在热闹喧嚣、春风得意的时候，要对将来作些打算，用冷静的眼光观察事物，可省去许多麻烦的事情；在失意落寞的时候，保持乐观进取的精神和奋发向上的决心，就可以得到许多人生真正的乐趣。

评 点

人们常说："胜败乃兵家常事，因此要胜勿骄、败勿馁。"这句话告诉我们，当我们有点成绩的时候，不要盲目自大，要时刻提醒自己戒骄戒躁，保持清醒的头脑，谦虚谨慎才会有更大的进步。人生跌宕起伏，世事难料，我们始终要保持乐观进取的精神，采取积极的态度来迎接生活。但为人处世切不可一味固执，不知变通。很多事情，变换思路，就可化腐朽为神奇。

二八一

有一乐境界，就有一不乐的相对待；有一好光景，就有一不好的相乘除①。只是寻常家饭，素位风光②，才是个安乐的窝巢。

注 释

①乘除：消长。
②素位：安守本分。

译 文

有一个快乐的境界，就一定有一个不快乐的境界和它相对；有一段美好的时光，就有一段不好的来抵消。只有那些普通的家常便饭，寻常的自然景色，才是真正快乐的归宿。

评 点

所谓"知足者常乐"，即生命的快乐就在于一种简单的自在和满足。我们有时一心寻觅自己想要的东西，翻山越岭，费尽心机，可是那些东西近

在咫尺，只不过没有领悟。其实，快乐与幸福就在最平常的事物之中，在平凡而普通的生活之中。婆婆世界，圆满是相对的，万事都有缺陷，命运对于每个人来说都不可能事事顺意，不完满才是人生。努力是必须的，但在努力之外，人更重要的是快乐地接受自己的人生，而不要一直纠缠于福与祸、成与败、得与失之间，令自己的烦恼越来越多，这样下去会离真正的快乐越来越远。所以，道家就教人要懂得乐天知命，扮好自己的角色。

二八二

　　帘栊高敞^①，看青山绿水吞吐云烟，识乾坤之自在；竹树扶疏^②，任乳燕鸣鸠送迎时序^③，知物我之两忘。

注　释

　　①**帘栊**：门窗的帘子。

　　②**扶疏**：枝叶茂盛。

　　③**乳燕**：候鸟小燕子。**鸣鸠**：鸟名，也称鹁鸠、斑鸠。

译　文

　　将窗帘高高卷起，推开窗户眺望青山绿水间云蒸霞蔚的美妙景致，目睹到大自然是多么安然自在。竹林茂盛，树木疏朗，听任小燕子和鸣叫的鸠鸟在报道着季节的变化，领悟到万物合一、浑然忘我的境界。

评　点

　　古人说："月影松涛含道趣，花香鸟语透禅机。"这两句诗告诉我们，其实美好的景象一直都在，只是人们心中一旦被各种纷杂的思想装满，自然闻不到近在鼻端的花香，看不见身旁的美好景色。在如今这个快速发展的时代，都市的喧嚣和紧张的生活节奏令人焦虑烦躁，适度地离开繁华的世界，亲近大自然，享受大自然带给我们的安宁，是舒缓精神压力，保持心灵平静的一种良好的生活方式。忙碌的生活有时需要我们放慢脚步，去

菜根谭

好好感受大自然的宽广胸襟。在欣赏壮美风景的时候，心灵的阴霾会悄无声息地得以净化，当那些焦躁和苦闷散去之后，你会突然发现幸福其实就是躲在安宁背后的一道风景。

二八三

知成之必败，则求成之心不必太坚；知生之必死，则保生之道不必过劳[①]。

注释

①保生：保养身体延年益寿。过劳：过分费心。

译文

既然都知道做事情有成功，也有失败，那么我们求取成功的意念就不要那么决绝；既然每个人都知道逃不过生老病死的道理，那么养生之道就不必过于用心良苦。

评点

生命就是偶然和必然的机缘，因为生命中有许多东西都是可遇而不可求的。我们在生活中经常会发现，往往那些刻意强求的东西我们也许一辈子都得不到，而不曾被期待的东西往往会不期而遇。其实，人生就是一个自然规律，一切环境的变化、身心的变化都没有关系，因为这些都是自然本来的变化。正所谓"有苦有乐的人生是充实的，有成有败的人生是合理的，有得有失的人生是公平的，有生有死的人生是自然的"。所以，喜怒哀乐也都是无所谓的，都不要放在心中，这也正是君子所追求的淡泊从容的人生态度。从这点来看，"安之若命"的思想未必就一定是悲观、消极的，有时也是一种达观的人生哲学。

二八四

古德云^①:"竹影扫阶尘不动^②,月轮穿沼水无痕。"吾儒云^③:"水流任急境常静,花落虽频意自闲。"人常持此意,以应事接物,身心何等自在!

注释

①**古德**:得道高僧。

②**竹影**:与"月轮"均指人的幻觉。

③**吾儒**:我们儒家学者。

译文

一位得道高僧说:"竹子的影子在台阶上掠过而尘土不会飞扬起来,月影倒映池塘而水面不会生起丝毫波纹。"我们儒家学者也说:"水流得再急,心境仍然宁静,花落得再多,意兴依然闲适。"一个人如果常保持这样的处世心态待人接物,那么身心是多么自在逍遥啊!

评点

"人之初,性本善"告诉我们,人的本性是没有差别的,其实每个人一生下来都具有纯真的心性,只不过各自被后天的环境所影响而改变了心性。有些人修炼得宠辱不惊,闲庭信步,有些人变得处处紧张、事事计较。人活在世上,要想不被那些无谓的人情、规矩所约束,想哭就哭,想笑就笑,凡事不费尽心机,遇事能泰然自若,就要保持一颗原有的"初心",去掉心灵的遮蔽,以本色天性面对世界,这样才能避免将本性迷失,才能在世俗之中仍保持心灵的自由和纯净。

二八五

　　林间松韵①,石上泉声,静里听来,识天地自然鸣佩②;草际烟光③,水心云影,闲中观去,见乾坤最上文章。

注释

①**松韵**:轻风吹松树摇动发出的声响。
②**鸣佩**:衣带上佩玉碰撞发出的声响。
③**烟光**:景色迷蒙。

译文

　　山林中松涛阵阵,泉石间水流淙淙,静静聆听,可以体会到天地间大自然的美妙乐章;原野尽头升起的迷蒙烟雾,水中倒映的白云美景,怀着悠闲的心态去欣赏,才会发现天地间最美妙的天然文章。

评点

　　现代人的生活大都是紧张而焦灼的,已经很难品味到静的清芬与恬适了,可是紧张和焦灼对于事情的发展是不利的。因此,浮躁之余,我们不妨静下心来,默享生活的原味。事实证明,只有静心,才能够拥有健康,有所成就,因为内心安静的人,比那些不知所措的人更能获得身心的平衡,更能够把握机遇,从而获得成功。所以,静心不只是养生之本,还是智慧之根。在忙碌之余,我们应该给自己多一些独处的时间,去观照和思考自己的人生。但是,这种独处并不是要我们游离于社会之外或者离群索居,而是在适当的时候,多反思一些生命和人生的意义,让我们能够不忘初心,继续前行。

二八六

眼看西晋之荆榛[1]，犹矜白刃[2]；身属北邙之狐兔，尚惜黄金。语云："猛兽易伏，人心难降；溪壑易填[3]，人心难满。"信哉[4]！

注 释

①荆榛：荆棘丛生的荒芜之地。

②矜白刃：以武功自居。

③壑：沟。

④信：的确如此。

译 文

眼看旧时西晋的庭院已经变成杂草丛生的荒野，可还有人在那里炫耀自己的武力；眼看着一个人即将死去，变成北邙山狐兔的大餐，此时竟然还有人吝惜富贵荣华。俗话说："猛兽容易制伏，而人心难以降服；山谷容易填平，而人心难以满足。"这句话是如此的正确啊！

评 点

人的生命是有限的，有的人在有限的时间里多做益事，有的人在有限的时间里及时行乐。但不论你用何种方式度过此生，切忌贪得无厌而不择手段。有些人喜欢凡事都和别人"比较"，一旦觉得不如别人，就会让忌妒等各种消极情绪占据了自己的思想。人对物质欲望的追求是应该的，好的物质条件可以给人们带来舒适安逸的生活，绝非因为安贫乐道就可以否定对物质欲望的追求。但这种追求应该有一个度，"得寸进尺，得陇望蜀"就是对贪得无厌之辈的形象比喻。一个人如果被过度的欲望所左右，就会把自己变成积累财富的奴隶，那么这种人就会在贪婪的道路上越走越远，永无停歇，这样的人生还有何意义呢？

菜根谭

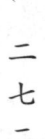

二八七

心地上无风涛①**,随在皆青山绿树；性天中有化育**②**,触处见鱼跃鸢飞**③**。**

注释

①**心地**：内心世界。

②**性天**：天性。**化育**：有利万物生长的德行。

③**鸢**：一种鹰。

译文

如果人的内心风平浪静没有浪涛，那么所处之地，无不是青山绿水、一派美景；如果我们的本性有化育万物的爱心，那么所看之物无不是鱼跃鸢飞的生动景观。

评点

我们在生活和工作中常常会被一些人和事所干扰，我们如果总是在意这些外界的看法，就会迷失了真实的自我，甚至有可能走上歧路。其实，生命是自己的，每个人的人生都是独一无二的，何必要和别人一样呢？要想活出悠游自在的人生，我们就不要被别人的言论所左右，不为不断变幻的外界境遇所困扰，做到"心不动，以不变应万变"，依据自己的心，做出自己的判断，真正认清自己。现代人大多在顺利的时候欣喜若狂，不顺利的时候痛苦不堪，这就会给人生增添许多无谓的烦恼。其实，我们在任何环境下，都要守住自己的内心，做到得意时不动，失意时也不动，这样做人才能游刃有余，才能达到悠游自在的人生境界。

二八八

　　峨冠大带之士[1]，一旦睹轻蓑小笠，飘飘然逸也，未必不动其咨嗟[2]；长筵广席之豪，一旦遇疏帘净几，悠悠焉静也，未必不增其缱绻[3]。人奈何驱以火牛，诱以风马[4]，而不思自适其性哉？

注释

①**峨冠大带**：指古代官服。

②**咨嗟**：感叹、赞叹。

③**缱绻**：眷恋。

④**火牛、风马**：这里比喻炽热的欲望。

译文

　　头戴高冠、腰横博带的达官贵人，一旦看见头戴斗笠、身穿蓑衣的老百姓，飘飘然逍遥自在，内心不免会产生失落的感叹；生活奢靡、筵席不断的豪门贵族，一旦看见整洁干净的平民人家，悠然闲适的样子，内心不免会有羡慕的心态。世上的人为什么要放纵野兽般的欲望，违背常情去追逐名利呢？为什么不去过朴素的生活，以顺应自己清淡的人生本性呢？

评点

　　庄子说："夫富者，苦身疾作，多积财而不得尽用，其为形也亦外矣。夫贵者，夜以继日，思虑善否，其为形也亦疏矣。"意思是说，富有的人辛苦劳作，积攒了很多财富却不能全花光，那样就是没有重视自己的身体。高贵的人，日日夜夜思考如何保全职位和权势，那样就是对自己身体的忽视。如今的社会，每个人都奔波劳碌，疲于奔命，早已忘却了"从容淡定才是真"的人生真谛。一切纷争其实都是人为的结果，越简单朴素的生活越真实、自在。要回归简单纯真的天性，首先就要关注自己的心灵，只有

放下那些过于沉重的东西，心灵获得了轻松，才能得到真正的自由和快乐。

二八九

鱼得水逝而相忘乎水,鸟乘风飞而不知有风,识此可以超物累①,可以乐天机②。

注 释

①物累：为外物所牵绊。

②乐：享受，喜欢。

译 文

鱼儿在水中自由地游动，就忘记了水的存在；鸟儿乘风飞翔，就忘记了风的存在。懂得了这个道理，就可以超脱外物的束缚，自由自在，尽情享受自然的机趣。

评 点

庄子认为："泉涸，鱼相与处于陆，相呴以湿，相濡以沫，不如相忘于江湖。"这句话旨在告诉世人，人想要过上自己想要的生活，和万物自在和谐地并存，就要达到"相忘"的境界。什么是"相忘"呢？就是说人生在世，多一些顺应，少一些刻意，多一些恬淡，少一些欲望，抛却世俗的心机和争斗。如果人们彼此之间没有妒忌和猜疑之心，就会像水里的鱼和天上的鸟快乐地与自然和谐相处一样，没有任何矛盾与冲突。反之，如果一个人太过世故，生活便会平添许多烦恼，失去了本来的和谐。所以，想要游刃有余地和别人和谐相处，就要放下心机，顺应自己的本性生活。

二九〇

狐眠败砌①,兔走荒台②,尽是当年歌舞之地;露冷黄花③,烟迷衰草,悉属旧时争战之场。盛衰何常? 强弱安在④? 念此令人心灰!

注释

①**败砌**:破败的废墟。

②**荒台**:荒废的亭台。

③**黄花**:菊花。

④**安在**:在哪里。

译文

狐狸藏身于残垣断壁,野兔出没在荒废楼台,这些都是当年贵族歌舞升平的地方。遍地黄花在寒露中抖擞,一片荒草在迷雾中摇曳,这里曾是英雄逐鹿的战场。兴盛和衰败哪里会长久不变? 胜负双方如今何在? 想到这些不禁令人心灰意冷!

评点

宇宙间的万事万物都是变化的, 没有永恒的存在, 而当一个事物发展到尽头时, 就会转向相反的方向, 所谓"盛极而衰"就是这个道理。所以, 人生的盛与衰、得与失, 往往也充满了未知的变数。一时的得意不必沾沾自喜, 一时的落魄失意, 也不必过于懊恼, 因为这就是人生起伏的必然规律。一个人要想获得自由的心灵, 达到逍遥的境界, 就必须懂得这个道理, 不要执着于眼前的祸福得失, 顺其自然, 接受发生的一切。当然, 顺其自然并不是让我们不求上进, 得过且过, "得之我幸, 失之我命", 我们要做的只是用心度过所有日子, 生命自然会在最后给我们一个满意的答案。

二九一

宠辱不惊①，闲看庭前花开花落；**去留无意**②，漫随天外云卷云舒。

注释

①**宠辱**：仕途上的荣辱。

②**去留**：指归隐和为官。

译文

无论是宠爱或者屈辱，都不会在意，人生之荣辱，就好比庭院前的花朵盛开和衰落那样平常；无论是晋升还是降职，都不去在意，人生的去留，就如同天上的浮云飘来飘去那样随意。

评点

现代社会喧嚣而烦躁，工作压力大，生活节奏快，到处充满着竞争和挑战。有些人杞人忧天，有些人慌不择路，有些人跌跌撞撞地小心前行。其实，沮丧、苦闷、恐惧和焦虑都是心性修养不够的表现。《易经》："鸣豫，凶。"自鸣得意，高兴过头，必遭凶险。所以，人要做自己的主人，不要为外界干扰，无论怎样的上升或下降，都能泰然处之，笑看风云。不管已经发生或者将要发生什么，你都要把它们抛到九霄云外，视得失如花开花落般平常，视权势如云卷云舒般变幻，失之不忧，得之不喜，镇定自若。

二九二

晴空朗月，何处不可翱翔①**，而飞蛾独投夜烛；清泉绿果，何物不可饮啄，而鸱枭偏嗜腐鼠**②**。噫！世之不为飞蛾鸱枭**

者, 几何人哉?

注 释

①翱翔: 在天空盘旋地飞。

②鸱枭: 猫头鹰。

译 文

　　晴朗夜空, 明月高照, 天空四处可任意翱翔, 而飞蛾却偏偏要在夜间扑向烛火; 清泉流水, 绿草野果, 哪一种东西不能饮食果腹, 而鸱枭却偏偏爱吃死老鼠。唉, 世界上能够做到不像飞蛾、鸱枭那样犯傻的人, 又有几个呢?

评 点

　　万事万物都在不断变化, 有生有灭, 皆是"无常"。有的人由于时代和认识等方面的局限, 在别人看来是牛角尖甚至是明知有害的事情, 自己却偏向里面钻。这些人为什么放不下执念? 就是因为他们还没有看破"无常", 所以心存欲念, 执着不忘。"凡事不能太较真", 一件事情是否该认真, 要看事情的性质而定。大是大非的问题要认真, 无关痛痒的小事不必太认真。每当问题不能解决, 事情进展不下去的时候, 如果后退一步, 往往会柳暗花明。所以, 一个人在做事情时, 要学会倾听别人的意见, 不要总是顽固地坚持自己的观点, 放弃无谓的固执, 天地会更加宽广。

二九三

　　才就筏便思舍筏, 方是无事道人①; 若骑驴又复觅驴, 终为不了禅师②。

注 释

①道人: 悟道达人。

②不了禅师: 指还没有开悟的和尚。

译文

刚刚登上了竹筏，就会想到上岸后要舍弃这竹筏，这才是懂得不受外物羁绊的真人；骑在了驴上，却还想着寻找另外一头驴，最终无法成为了却尘缘的得道高僧。

评点

道家认为，过于固守会让我们畏首畏尾，反而深陷其中不能自拔，所以懂得适时放弃是一种智慧，不要将世俗得失放在心上。为人处世，不必将一些东西看得过重，有时你付出很多却不一定得到，有时你无心插柳却得到了，有时因为手中拥有的东西太多，反而陷入了人生的困境，所以，该得的你就得，该放的你就放，做到"心不挂怀，才是最高境界"。真正幸福的人并不会让自己装得满满的，那样就会让自己负重难行，他们会以无求的心境来面对万事万物，不偏执于某些不必要的世俗之物，懂得在盈余时放手，在充足时舍弃，有舍才会有得的道理。

二九四

权贵龙骧①，英雄虎战，以冷眼视之，如蚁聚膻②，如蝇竞血；是非蜂起，得失猬兴③，以冷情当之，如冶化金④，如汤消雪⑤。

注释

①骧：马抬着头快跑，这里指飞腾。

②膻：羊膻气。

③猬兴：像刺猬那样竖起浑身的刺。猬，同"猬"：刺猬。

④冶：熔炉。

⑤汤：热水。

　　有权势的达官贵人气势威武，英雄豪杰像猛虎一样征战，用冷静的眼光来看待他们，只不过是像蚂蚁聚集在腥膻味旁争食，苍蝇竞相争着吸血一样；人间的是是非非像乱蜂涌聚，人间的得失像刺猬毛般密集，用冷静的头脑来分析，不过就像金属在炉中冶炼，冰雪被热汤融化一样。

评 点

　　曾经有人说过："欲望像海水，喝得越多，越是口渴。"欲望过多，不加以节制就会变成贪婪。在金钱至上、物欲横流的社会，让人胡思乱想的诱惑实在是太多了。有些人因为贪心，掉入到欲望的陷阱里，为了满足自己的虚荣之心，争名夺利，永不停止，丧失了尊严甚至出卖了自己的灵魂。做人如果不能控制住自己的欲望，就会沦为欲望的奴隶，最终吃亏的是自己。

二九五

　　羁锁于物欲[①]，觉吾生之可哀；夷犹于性真[②]，觉吾生之可乐。知其可哀，则尘情立破；知其可乐，则圣境自臻[③]。

注 释

　　①**羁锁**：束缚。
　　②**夷犹**：流连。
　　③**臻**：到达。

译 文

　　一个人被物质欲望所束缚，就会觉得生命很可悲；悠游在纯真的本性中，才会觉得生命很可爱。知道什么是可悲的，尘世的欲望就可以立刻消除；知道什么是可爱的，神圣的境界自然可以最终达到。

评 点

　　人的一生会有许多理想和追求，有些是我们必需的，比如真理、爱情

和幸福的生活，但有些却是完全用不着的，比如虚荣。不必要的追求会成为我们前进的障碍和负担。其实，幸福的人生来自内心的恬淡和简单。内心恬淡的人性格安静、洒脱，不会为了满足虚荣心去刻意追求所谓外在的东西；内心简单的人性格单纯、容易满足，不会向生活无尽地索取。所以说，知足常乐的人是幸福的，他们会遵循自己的内心，简单地生活，放下了不必要的人生负累，不让任何干扰困惑自己的身心，阻碍自己前进的脚步。这是一种大智若愚的境界，是去繁就简、心无旁骛的生活真谛。

二九六

胸中物欲，半点都无，已如雪消炉焰冰消日；眼里空明①，一段自在，时见月在青天影在波。

注释

①空明：月亮映在水中，形容光明透彻。

译文

如果我们心中不存在一丝对物质的欲望，心中的烦恼就会像炉火把雪消融、太阳将冰融化一样不见了；如果我们的眼前有一片空旷开朗的环境，就可以时常看到月亮挂在夜空中，其影映在水波中。

评点

首先"胸中物欲，半点都无"并不是让人们斩断欲望，而是告诉我们欲望要少一些，方能使心情放松，心情放松了就好似"月在青天影在波"。面对纷繁复杂的世界，欲望淡泊能够使我们保持心态平和，不被欲望笼罩心神，这样才能通达事理。其次，欲望太过强烈，心神就会受到损害，人也会变得浮躁，甚至变得极端。最后，合理的物欲应该得到提倡，从整个国家大的层面，国家鼓励老百姓消费，通过消费拉动生产；从各个家庭小的层面，只要是通过诚实劳动获取报酬，通过收入改善家庭物质条件，只要不是互相攀比，都是应该大力提倡的。

二九七

诗思在霸陵桥上①,微吟就②,林岫便已浩然③;野兴在镜湖曲边④,独往时,山川自相映发。

菜根谭

注释

①**霸陵桥**:地处陕西,又称销魂桥。
②**微吟就**:随意作诗而成。
③**林岫**:山林峰峦。**浩**:广大。
④**镜湖**:即鉴湖,地处浙江绍兴。**曲**:蜿蜒。

译文

诗情在霸陵桥上,诗人刚刚吟出一诗,山峦丛林就明亮广大起来;野趣在镜湖边上,你一人前往时,山水自然相互映照。

评点

诚如唐代诗人郑綮所说:诗歌的灵感不是来自于富丽堂皇的庙堂之内,而是发自风雪之日骑着驴过灞陵桥之处。诗情雅兴不在于身居显位,而在山川日月之中。我们都知道:博采众长与独立思考是获得知识的两个途径,缺一不可。没有经过独立思考的博采众长有可能被欺骗蒙蔽;没有经过博采众长的独立思考有可能得到的是片面经验。

● 纵情山水

二九八

伏久者飞必高，开先者谢必早。知此，可以免蹭蹬之忧[1]，可以消躁急之念。

注释

①蹭蹬：人困窘失势的样子。

译文

隐藏得越久的鸟，就会飞得越高；花朵盛开得越早，凋谢得也会越快。知道了这个道理，就不必为怀才不遇而忧愁，就可以消除急于求成的想法。

评点

"开先者，谢独早"，因为花开得早，气候还没适应，自然很快凋萎。同样道理，"小时了了，大未必佳"，一个人的潜能如果被过早开发，成年后通常都成了平庸之人。倒是那些年轻时默默无闻的人，在成长中不断充实积累，厚积薄发，从而成为对社会有用的人才。自然界有这样的规律，在人生发展道路中，也需要潜心"伏"下来，从而避免急功近利、急于求成。坚持与忍耐，这是任何一个人成就事业的必备品质。"伏"是沉下心来，积蓄力量，"伏"是耐住寂寞，有所准备。机会总是给那些有准备的人。一旦时机来临，有准备的人，往往能抓住稍纵即逝的机会，爆发而出，一鸣惊人！

二九九

树木至归根日，而后知花萼枝叶之徒荣[1]；人事至盖棺[2]，而后知子女玉帛之无益[3]。

注 释

①徒：白白地。**荣**：茂盛。

②盖棺：指死后入殓棺木。

③玉帛：财宝。

译 文

树木到了凋谢枯萎的时候，才知道茂盛的枝叶和美丽花朵只不过是一时的繁荣；人到了死后盖棺入殓，才知道原来追求的子孙满堂、荣华富贵都是没有用处的。

评 点

花草树木春天复苏，夏天生机盎然，秋天黄叶纷飞，冬天败叶化为泥土，来年再次发芽生长。人却有所不同，人生不能重来，到了盖棺的时候，一切都已经晚了，无从知晓世人对其的评价，再多的子女、再多的荣华富贵有何意义？既然如此，何必当初呢？人的一生，春荣秋枯，一世荣华，终不免叶落归根。人生即使享尽富贵，也只不过是短短的数十载，荣华富贵犹如过眼烟云，更应该静下心来，修身养性，平日注意多多行善积德，切不可要死的时候再做好事。人生只有一回，我们能做的就是珍惜时间、珍惜眼前人，积极地面对人生，做内心想做的事，乐善好施，抛开虚荣，追求自己真正想要的生活。这样，当我们在告别人世的时候，能够做到坦然、了无牵挂，没有任何遗憾！

三〇〇

真空不空，执相非真，破相亦非真，问世尊如何发付①？在世出世，徇欲是苦②，绝欲亦是苦，听吾侪善自修持③！

注 释

①世尊：即释迦牟尼。**发付**：发表意见。

②徇：追求。

③**听**：听凭。**吾侪**：即我辈。侪，同辈。

译 文

真正的空，并不是一切皆空，专注于表象并不能看清事物的本质，同样地，忽略表相也不能看清事物的本质，请问佛陀怎样解释这个情况？身处俗世要能超脱于俗事之外，追求欲望是一种痛苦，拒绝欲望也是一种痛苦，这就要靠我们自己好好领悟修持了。

评 点

"徇欲是苦，绝欲亦是苦"，说的是任何事情都不是绝对的，而是相对存在的。对欲望不加控制是一种苦恼，不过断绝人的欲望也未尝不是一种折磨。置身火海之中就会被烧死，但是，如果完全跟火焰隔离就有可能会被冻死，所以人们对于火，最好是不远不近合理利用。同理，"真空不空，执相非真，破相亦非真"，也就是说"色即是空，空即是色"，说明色和空并不是矛盾的，沉湎于色的人不明白"色即是空"，执着于虚无的人也不明白"空即是色"。从做人处世的角度来看，出世和入世之间存在着必然联系，不应该绝对化、对立化，行事更不宜过分。佛法是多变的，万法本空，是要我们了解万事本无其永恒本性，一切皆将散去，对身外事物要放得下，这样才能达到身心自由。

三〇一

烈士让千乘①，贪夫争一文，人品星渊也②，而好名不殊好利③；天子营家国，乞人号饔飧④，分位霄壤也⑤，而焦思何异焦声⑥。

注 释

①**烈士**：指取得过功绩的人。**千乘**：千辆马车，比喻财物之多。

②**星渊**：比喻差别极大。

③**不殊**：没有差别。

④**饔飧**：泛指食物。饔，指早饭；飧，指晚饭。

⑤**霄壤**：形容相差极远。霄，指天空；壤，指土地。

⑥**焦**：苦。

译 文

品德高尚的君子可以将千乘之国让给别人，贪得无厌的人却为一文钱你争我夺，虽然这两种人的品格有着天壤之别，但是他们喜欢名声的心理和贪图利益的心理并没有什么区别；天子掌管国家大事，乞丐沿街乞讨要饭，虽然这两种人的身份地位有着天壤之别，但是天子思虑国家事务的忧愁和乞丐乞求食物以果腹的哀求声却没有本质的区别。

评 点

人生各个阶段痛苦各不相同，追求有追求的失落，富贵有富贵的难处，安贫有安贫的烦恼。每个人所处的位置不同，面临的困惑也不一样。一个为解决温饱而忙碌的人，无法想象富人的餐桌上有什么，而一个富人认为是微不足道的东西，对穷人而言可能却是非常有用的东西。贫富有差距，但却是一样地烦忧和忙碌。富人忧虑的是产品销售、资金周转，所担心的是公司的存亡；穷人担忧的是一日三餐的有无，这两种苦从本质与程度上讲是完全相同的。同理，好名之人跟好利之人，从表面上看，似乎好名之人的品质更高，其实两者都是对欲望的追求，本质是完全相同的。所以，去掉私心杂念，保持心态平衡，确非一件易事。

三〇二

饱谙世味①，一任覆雨翻云，总慵开眼②；会尽人情③，随教呼牛唤马④，只是点头。

注 释

①**谙**：熟悉、熟识。**世味**：世间百味。

②慵：懒。

③会尽人情：领悟世态炎凉。

④呼牛唤马：像牛马一样称呼别人。

　　一个饱尝世间百味的人，任由世态炎凉变化万千，总是懒得睁开眼去理会它；一个看透世间百态的人，管他人叫我牛还是唤作马，只是简单地点点头而已。

　　世态炎凉，无须迎合，人情冷暖，勿去在意。泊在这个世间，不如意的事经常是十有八九，我们从一出生就要面对各种各样的考验。身在万物中，心在万物上，宠辱不惊，去留无意，以平常心对待无常事，淡然看待人生的得与失、荣辱与成败。在纷扰喧嚣的红尘，亦能活得简单，淡泊宁静地享受生命与生活。对于世态炎凉、人情冷暖，我们都有各自的感受和理解。既然是岁月，就免不了炎凉荣枯；既然是人生，就免不了爱恨情仇；既然是生活，就免不了酸甜苦辣。人生的长度，长不过春夏秋冬；人生的广度，越不过南西北东；人生无常，无非就是悲欢离合。人生苦短，不要负载太多的痛苦不堪；看淡世态炎凉，品味人情冷暖，走过路过这一趟人生，日复一日，少些遗憾就是最好的人生。

三〇三

　　今人专求无念，而终不可无。只是前念不滞①，后念不迎，但将现在的随缘打发得去②，自然渐渐入无。

　　①滞：停滞、停留。

　　②随缘：指自然而然的动作。

现代人都想心无杂念，无忧无虑，但最终没有几人能够做到。其实，只要能做到从前的杂念不存，未来的杂念不生，当下的杂念随时忘掉，内心就会逐渐达到没有杂念的境界。

评点

百分之九十二的烦恼完全没必要！试验者每周日晚把下一周的烦恼写下来，投入烦恼箱，三周后打开箱子。结果超过百分之九十的烦恼都没发生。据统计，一般人的忧虑百分之四十属于过去，百分之五十属于未来，只有百分之十属于现在，而百分之九十二的忧虑从未发生过，剩下的百分之八则是能够轻易应付的。做事情抱着什么态度才能没有烦恼呢？世上有很多事是无法预知的，唯有认真地活在当下，才是真实的人生态度。然而大多数人都无法专注于现状，他们总是想着明天、明年，甚至下半辈子的事，将力气耗费在未知的未来，却对眼前的一切熟视无睹，总是对现实不满，怨天尤人。当你存心寻找快乐的时候，开心快乐的脚步比你走得更快，全神贯注于周围的事物，快乐便会不请自来。

三〇四

意所偶会①，便成佳境，物出天然，才见真机②。若加一分调停布置，趣意便减矣。白氏云③："意随无事适，风逐自然清。"有味哉！其言之也。

注释

①偶会：偶然间的领会。

②真机：真正的机趣。

③白氏：指白居易。

灵光乍现的领悟才会达到最美妙的境界，顺其自然才能显现出真正的机趣，如果人为地安排布置，那么情趣意境自然就会消减。白居易说过："人没事的时候心最舒适，自然吹来的风更凉爽顺畅。"这句话真有味道啊！

评 点

物贵天然，人贵自然。"巧夺天工"固然是形容人为的技巧比得上天然的造化，但还不能说是胜过天然。以自然造物之妙诚然是不可思议，到底人为的力量是胜不过天然的。做人真正要想达到"大匠不雕"的地步，就要不断提高修养、充实学识，不断进行自我内在修炼。

三〇五

性天澄澈①，即饥餐渴饮，无非康济身心②；心地沉迷，纵谈禅演偈③，总是播弄精魂④。

注 释

①**性天**：天性、本性。**澄澈**：清澈。
②**无非**：没有不是。**康济**：指增进健康。
③**谈禅演偈**：谈谈禅道，说说偈语。
④**播弄精魂**：玩弄自己的精神和灵魂。

译 文

内心单纯的人，虽然不懂修炼，但饿了就吃，渴了就喝，也能使身心获得健康；内心充满物欲的人，即使每天谈论佛经、禅理地修炼，也只是在单纯耗费自己的精力。

评 点

心中有信仰，佛祖自在身边。禅是一种智慧，智慧的种子既在高僧大德的手中，也在红尘闹市里每个怀有佛心的人身边。一个真正信佛的人不一定要削发为僧，也许很多人一辈子都不会走进庙宇之中烧香拜佛，但只要心存善念，佛祖就在身边，心灯自会照亮前程。

三〇六

人心有个真境^①，非丝非竹而自恬愉^②，不烟不茗而自清芬^③。须要念净境空，虑忘形释^④，才得以游衍其中^⑤。

注释

①**真境**：仙境。

②**丝、竹**：统指音乐。

③**烟**：燃香。**茗**：品茶。

④**虑忘**：忘却忧虑。**形释**：指躯体的解脱。

⑤**衍**：漫延、扩展。

译文

人的心里有一个真实美妙的境界，不需要丝竹管弦之音也觉闲适愉快，不燃香不饮茶也会感到清新芳香。这样的境界，必须是内心没有物欲，淡泊宁静，做到无欲无求，解脱身体束缚，这样才能无拘无束地生活在真实美妙的境界之中。

评点

文中提到的"真境"和"境空"，都是佛家的思想，我们将其理解为"道德修养"和"淡泊宁静"。判断一个人是高雅还是庸俗，不要看外在的形式，而要观察他们内在的品德修养。只要内心做到清净脱俗，即便居

● 清静无为

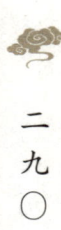

陋室、着布衣，举手投足总是与众不同。只要人的内在修养具有清净淡泊，即使没有外物的赏心悦目，同样会显出一种别致。佛家说"万物均有佛性"，意思就是万物之性与天性合一。人心都有一个美妙境界，这一境界是从闲适愉快中自然产生的。我们假如想要徜徉于这种境界中，首先就要做到无欲无求。古人讲清静无为，就是要绝对拒绝名利和物欲，真正地不为外物所扰，掌控生活，乐在其中。

三〇七

金自矿出，玉从石生，非幻无以求真^①；道得酒中^②，仙遇花里，虽雅不能离俗。

注　释

①**幻**：幻象。

②**道**：道理。

译　文

黄金是从矿石中提炼出来，美玉是由石头琢磨而成，没有外在的幻象，也就很难得到内在的本真（事物本来的面目）；道理可以在喝酒时悟得，神仙能在声色场遇到，这就是说即使高雅也不会完全脱离俗世。

评　点

俗话说"大雅即大俗、雅俗共赏"，雅离不开俗，没有俗，雅也就失去了生存的土壤，就好比一个人不会从降生时刻，就立刻成为一个高雅之士，他们大都在俗的环境里成长，经过痛苦的磨炼，不断修行锻炼，人格才能得到不断地提升。就像矿砂不经冶炼不能成为黄金，矿石不经琢磨不能成为美玉，人不经过环境考验也无法臻于完善。"人之初，性本善"，黄金之所以能成为黄金，美玉之所以能成为美玉，都是因为先天就具有黄金和美玉的品质，这就好比每个人生来都具有的善良天性，所以，要成为一个道德高尚的高雅之士，除了不断磨炼外，更要逐渐发现内心中的"善"而使

之发扬光大。雅人也并非不做俗事，只是做事风格与俗人有所不同。

三〇八

天地中万物，人伦中万情①，世界中万事，以俗眼观，纷纷各异，以道眼观②，种种是常③。何须分别？何须取舍？

注 释

①**人伦**：人类社会。

②**道眼**：超越世俗的眼光。

③**常**：恒久不变。

译 文

天地间的万物，人世间的情感，世界上的事情，用普通人的眼光看待，纷纷扰扰、错综复杂、各不相同；若用悟道者的眼光来看，都没有区别。有什么必要去区分，有什么必要去取舍呢？

评 点

曾子所著的《大学》一书，谈到了关于道德修养的基本原则和方法，告诉世人修养心性必须从"定"字入手。因为精神稳定情绪才能平稳，情绪平稳才能心静，心静才能心安，心安才能客观思考，思考后才能有心得，可见定、静、安、虑、得乃是一套科学修养方法。万事无所谓对与错！今人多把是非挂在嘴边，虽然做事从不曾考虑是非。每个人心中多有一把尺，是是非非自己度量，同样的事，不同的人便有不同的是与非。所谓的公理，只是大家妥协的产物，也经常受到挑战的。万事如果不须分别，又哪来那么多的纷争，万事如果不须取舍，又怎能会有那么多的是非？万事万物的外表各不相同，但在本质上都有一个产生、发展、灭亡的变化过程，形形色色的人各不相同，但在本质上都有喜怒哀乐的情绪，生老病死的过程。

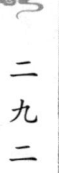

三〇九

　　神酣布被窝中^①，得天地冲和之气^②；味足藜羹饭后^③，识人生淡泊之真。

注　释

①酣：指酣睡。

②冲和：谦虚、和顺。

③藜羹饭：这里指粗茶淡饭。

译　文

　　熟睡于粗布棉被的人，可以吸收天地间的和顺之气；满足于粗茶淡饭的人，可以体会到淡泊人生的纯真乐趣。

评　点

　　人生的真正快乐不在于物质享受，而在于精神上的愉悦。一个人，即使每天住在豪宅，躺在软床上，如果忧心忡忡，依然是吃不好睡不香；相反，即使躺在板床上，每天无忧无虑，照样睡得香。看看那些在田间劳动的人，热天累了在树荫下席地而卧，也是很好的休息，粗茶淡饭照样养人。人的快乐，不在于吃什么、睡什么，也不在于"享受"什么。

三一〇

　　缠脱只在自心，心了则屠肆、糟廛^{chán}^①，居然净土。不然，纵一琴一鹤，一花一卉，嗜好虽清，魔障终在^②。语云："能休^③，尘境为真境，未了^④，僧家是俗家。"信夫^⑤。

后集

二九三

①**心了**：内心彻底领悟。**屠肆**：屠宰场。**糟廛**：酒市。

②**魔障**：障碍、贪欲。

③**能休**：能做到罢休。

④**未了**：未能彻底领悟。

⑤**信夫**：确实如此啊。

译 文

　　想解脱世俗的纠缠，关键是看自己的内心，如果内心能够醒悟，那么屠户酒肆也会变成极乐仙境。否则，纵使是和琴鹤为伍，花草为伴，爱好虽然清雅，但物欲的魔障终究还在。俗话说："能够领悟与了断，世俗社会也就是真境；不能领悟与了断，僧人也和普通人没有两样。"这句话千真万确。

评 点

　　一个人能否摆脱烦恼的困扰，关键在于对自己意志的把控，只有内心清净、毫无杂念，才能解脱俗世的种种烦恼而彻底得到极乐仙境的快乐。世俗的烦恼，或者净土的快乐，关键在于人的内心。只要自己能做到大彻大悟，即便是置身俗世之中，也跟住在极乐世界一般。佛教历史上的有道高僧未必都修行于寺院，普度众生、教化世人的高僧更不可能总在净土。把这个道理引申到世俗生活，说明一个人做什么事不能单单追求形式上的完美，关键是思想上是否达到要求，实际结果是否符合要求。遇到困难时的一念之间是最考验一个人品质的时候，所以平时需要锻炼自己意志，关键时刻才不会轻言放弃。

三一一

　　斗室中①，万虑都捐②，说甚画栋飞云③，珠帘卷雨；三杯后，一真自得④，惟有素琴横月，短笛吟风。

菜根谭

注 释

①**斗室**：小的房子。

②**捐**：抛弃、放弃。

③**画栋飞云**：形容居室奢华。

④**一真**：这里指本性。

译 文

　　居住在狭窄的屋子里，抛弃所有私欲杂念，哪里还会羡慕什么画栋入云、珠帘卷雨？三杯小酒下肚之后，半醒半醉间领悟到世间的悠然自得，只管对着明月弹琴，迎着清风吹笛。

评 点

　　刘禹锡的《陋室铭》说："斯是陋室，惟吾德馨"，"可以调素琴，阅金经"。可见陋室之不陋。"南阳诸葛庐，西蜀子云亭"，更是"何陋之有"？所以说，一个人不美慕富贵荣华，没有什么不好的。但是，一个人也不可能完全超脱尘世，需要你的时候，要敢于站在舞台中央。我们可以抛弃世俗杂念，随遇而安，但不应面对自己一生庸庸碌碌和无所作为。有的人钱赚得很多，有的人官做得很大，但是在人们心目中，因他们没有德行和功绩，也就在人们心目中没有任何地位。人的超凡脱俗于此是最能显现的，人的精神境界的高与低、雅与俗在此更能体现。

三一二

　　万籁寂寥中①，忽闻一鸟弄声，便唤起许多幽趣；万卉摧剥后，忽见一枝擢_{zhuó}秀②，便触动无限生机。可见天性未常枯槁，机神最宜触发。

注 释

①**万籁**：自然界的各种声响。**寂寥**：空虚，寂静。

②擢秀：欣欣向荣。

在万物俱静的时候，忽然听见一声鸟儿鸣叫，则会唤起许多幽情雅趣。花草树木凋谢枯败后，忽然看见一枝鲜花挺拔怒放，便会震动心灵产生无限生机。可见世间万物的本性并不会全部枯萎，生机最容易受到触发。

评点

"万籁寂寥，闻一鸟弄声""万卉摧剥，见一枝擢秀"，这里说的是大自然顽强的生命力。"野火烧不尽，春风吹又生"，万物不会凭空消失，只要具备一定适合条件，它就会显现出其强大的生命力。人类社会与自然界也是相似的，这个道理同样适用于人类。当一个人处于逆境中，只要有努力拼搏、奋发向上的精神，就能克服困难，战胜困难，走向最后的光明。

三一三

白氏云①："不如放身心，冥然任天造。"晁氏云②："不如收身心，凝然归寂定。"放者流为猖狂，收者入于枯寂。唯善操身心者③，把柄在手，收放自如。

注释

①白氏：白居易。

②晁：晁补之，宋朝人。

③操身心：把握自身和内心。

译文

白居易说："不如放任自己的身心，默默地听从天地造化。"晁补之说："不如收敛自己的身心，静静地将一切归于安寂。"过分放任往往使人狂妄自大，过度收敛常常使心归入枯寂。只有那些善于把握自己身心的人，注意收、放节奏的控制，才可以做到收放自如，从而取得身心的真正平衡。

文中提到的"放身心""收身心""善操身心",可以说都有道理,也可以说都有些片面性。同题在于面对具体的事情,我们怎么看待、怎么把握这个度。"放身心",要做到适度,就是逍遥、放松,就是活得不那么累;如果过度,那就是"狂妄"。"收身心",要做到适度,那就是淡泊、宁静,同样活得轻松;如果不是这样,那就是"无趣"。"善操身心",能左右逢源、四面交好、八面圆融,只要乐在其中,能够做到收放自如,同样是自己感觉不到累。对这三者的分析,不是说没有统一标准,只能说它们各有所长,而且只要把握适度,把握场合、环境等条件,都不失为一种好的处世方法。

三一四

当雪夜月天,心境便尔澄澈①;遇春风和气,意界亦自冲融②;造化人心,混合无间。

①尔:那样。

②意界:心间的境界。

在明月当空的雪夜,内心就会非常清澈平静;当春风吹拂、气候温暖的时候,内心也会自然通达。天地造化和人心的交汇在一起,两者很难分开。

古人多有赏雪的而少见喜雨的,因为古人是爱它的干净洁白,其实雨雪同是由水所化。诗人大都是喜欢春天而讨厌秋天,因为春风和暖而秋气萧条。其实春秋都在四季之内。人们喜春而怕秋,喜欢其孕育万物生长,而惧怕其肃杀与摧残。环境对人的影响是巨大的,人们修身养性,不可能脱离周围的环境。只要我们能够做到心境恬淡、无忧无虑,不管你在什么样的环境里,都照样使自己的内心与美好的自然融为一体。所以说:心境、

意境，既是人特有的，又是和大自然密不可分的。

三一五

文以拙进[1]，道以拙成，一"拙"字有无限意味。如桃源犬吠，桑间鸡鸣，何等淳庞[2]。至于寒潭之月，古木之鸦，工巧中便觉有衰飒气象矣[3]。

注 释

①**拙**：拙朴。
②**淳庞**：淳朴而充实。
③**衰飒**：衰落、衰老。

译 文

写文章要质朴实在才能进步，做修行要真诚自然才能炼成，一个"拙"字蕴含着道不尽的意味。像桃花源中的狗叫，又如桑林间的鸡鸣，是多么的淳朴。至于寒潭中映照的月影，枯老树木上的乌鸦，虽然画面艺术感强，总给人一种衰败的景象。

评 点

不论是做学问还是写文章都要用最笨拙实在的方法才能有所进步，同理，修养品德也应本着朴实的态度才能有所成就。写文章，不光要字句优美，更需要情感真实。在优美与真实之间，我们选择的是真实。遣词造句优美的文章，虽然能够给人带来一时的愉悦，但是质朴的文字，却能够达到一种近乎完美的最高境界。做人，亦是如此。你的善良，可以使你受用一生。当然，真诚是对于善良的大多数人而言的。对待敌人，如果是以诚相待，那就是伤害自己。对待小人，也不能完全以诚相待，不然就会上当受骗。文中作者强调的这个"拙"字，就是自谦，可就是一个"拙"字，却蕴含着深刻的道理。

三一六

以我转物者^①，得固不喜，失亦不忧，大地尽属逍遥；以物役我者^②，逆固生憎，顺亦生爱，一毫便生缠缚。

注释

①**以我转物**：以自我驾驭外物。

②**以物役我**：受外物支配奴役。

译文

以自我驾驭外物，成功时不会兴奋，失败了没有苦恼，这样在天地间没有羁绊和牵挂地做人真是逍遥自在；如果让外物来控制安排我，那么不顺利时就会想到憎恨，顺利时又会生出喜欢，一点微小的事就能让人患得患失，彻底把自己束缚住。

评点

一个人不能被外物所役使，否则，就会变成名利物欲的奴隶；应该由人来役使物，以自我为中心，万物都为我服务。这样，就能不必患得患失，平添诸多烦恼，真正做到超然世外。然而，绝大部分的普通人往往做不到，因为在当今金钱至上、物质崇拜的社会，要让人们放弃名利物欲真的是很难；而我们要做的就是不断提高自身修养，更多地关注精神需求，并将人生的目标定得再高一些。范仲淹在《岳阳楼记》中曾经说道："不以物喜，不以己悲"，这里，不是仅仅停留在个人的喜忧上，而是"居庙堂之高，则忧其民；处江湖之远，则忧其君"。我们都应争取具有这种进亦忧、退亦忧的胸怀。

三一七

理寂则事寂，遣事执理者①，似去影留形；心空则境空，去境存心者，如聚膻却蚋②。

注 释

①**遣事**：办事情。

②**却蚋**：赶走蚊子一类的昆虫。

译 文

人世间的道理和事实通常是紧密联系的，道理没了，事实也就失去了存在的价值，若单纯地脱离事实而执着于道理，就好像要去除影子却要留下形体那样荒谬；人的心情与周围环境也是紧密相连的，若一味地脱离环境而仍然执着于内心，就好像聚集腥臭来驱赶蚊蝇一样可笑。

评 点

一个人如果内心什么都放不下，即使所处的环境再清净，心也静不下来；如果放空内心了，那么再热闹的环境也不会让你动心。从前有两个和尚，在途中约定遇见女人时不开口。他们走到河边，看见一个女人想要过河，但因为河水上涨，过不去。其中一个和尚遂扶着女人的肩，帮她过了河。然后，两个和尚又走了一里多路，另外一个和尚指责他违反了他们的约定。扶女人过河的和尚回答说："你是不是因为没有背着女人而不高兴？"帮助女人过河的和尚是为了助人，他心里没有女色。但责备人的和尚走了一里之后，仍然没有忘掉对方是一个女人。可见，这个故事的意旨就是"心空即是境空"的道理。

三一八

幽人韵事总在自适，故酒以不劝为欢，棋以不争为胜，笛

以无腔为适①，琴以无弦为高，会以不期约为真率②，客以不迎送为坦夷③。若一牵文泥迹④，便落尘世苦海矣！

注释

①**无腔**：没有孔的笛子。

②**会**：见面约会。

③**坦夷**：坦白快乐。

④**牵文泥迹**：拘泥于世俗礼节。

译文

幽雅的人事事风韵，而且适应自己的本性。因此喝酒时谁也不劝谁多喝，尽兴为乐；下棋只是为了消遣，以不为一棋之争伤和气为胜；吹笛只是为了陶冶性情，以旋律能融汇大自然的音韵为高；弹琴只是为了休闲，以不求旋律为高雅；和朋友约会是为了联谊，以不期而会为真率；客人来访要宾主尽欢，以不送往迎来为最自然。反之，假如有丝毫受到世俗人情礼节的约束，就会落入烦嚣尘世苦海而毫无乐趣了。

评点

做人应当自然，繁文缛节，实在让人心累。拥有自由的心灵，才是做人的极致。燕子为了生存，每天忙忙碌碌，因为自由自在，它们很开心；笼中的小鸟，虽然不必四处觅食，可是它们却付出了失去自由的代价。燕子尚且如此，更不用说人了。有智慧和修养的人不会像世俗之人一样被俗事所羁绊，能够悠然自得、超然物外。年轻人更要有一种自由精神，否则就不会有独立的人格，还谈什么活出真实的自己。《庄子·庚桑楚》里写道："宇泰定者，发乎天光。发乎天光者，人见其人，物见其物。"意思是说，心境安泰镇定的人，就会发出自然的光芒。发出自然光芒的，人各自显其为人，物各自显其为物。我们想要心境安泰，就必须保持"自我"，为自己而活着，享受平凡快乐的美好时光。但是"自我"不是"自私"，自然和自由也不是绝对的，例如迎送是对客人的礼貌和尊重，还是要做到的。

三一九

试思未生之前有何相貌^①，又思既死之后作何景色，则万念灰冷，一性寂然，自可超物外游象先^②。

译 文

试想一下在人没有出生之前，哪里有什么相貌，再想一想当人死了之后，还会有什么形象？一想到这些，原先的那些欲念便会冷却消失，内心只剩平静，自然可以超然物外，游走于天地之间。

评 点

人终究是要走向死亡的。死亡该来的时候自然会来，死之后去了哪里也不是我们应该关心的。《论语·先进》里记载："季路问事鬼神。子曰：'未能事人，焉能事鬼？'曰：'敢问死。'曰：'未知生，焉知死？'"大意是，季路问怎样去侍奉鬼神，孔子说："没能事奉好人，怎么能事奉鬼呢？"季路说："请问死是怎么回事？"孔子回答说："还不知道活着的道理，怎么能知道死呢？"这段话表明了孔子在鬼神、生死问题上的基本态度。他不信鬼神，也不把注意力放在来世或死后的情形上，他主张在君父生前要尽忠尽孝，至于对待鬼神就不必多提了。所以说，人在生死当中，只能顺其自然，不应患得患失。有的人因为生的短暂而贪图享乐、浑浑噩噩，有的人因死的恐惧而担惊受怕、苦闷度日。对一个有修养的人来讲，生不足喜，死不足惧，看破生死，杂念顿消，才能摆脱世俗的束缚，做到超然物外。

遇病而后思强之为宝,处乱而后思平之为福,非蚤智也^①;幸福而先知其为祸之本,贪生而先知其为死之因,其卓见乎^②!

注 释

①蚤:同"早"。

②卓见:高见。

译 文

一个人只有在他生病时才懂得身体健康的宝贵,只有在遭遇变乱后才想到太平安稳的幸福,这都不算是有智慧;能够事先知道侥幸得来的幸福,实际上是带来祸患的根源,虽然爱惜生命,却能深刻明白生命是有生必有死的道理,这才是远见卓识。

评 点

据说,孔子游览泰山,看见荣启期衣衫褴褛,一面弹琴,一面唱歌。孔子问他为什么这么快乐,荣启期答道:"自然生育各种飞禽走兽、昆虫鱼虾,只有人最尊贵。我能够做人,这是天下第一快乐事。"一次,孔子的马房失火了,他退朝回家,首先便问,"烧伤了人没有?"而不问马有没有烧伤。荣启期之快乐于做人,孔子之焦急于问人,正是看到了人的智慧、高贵和力量。既能尊重人的生命,同时又能看破生与死的道理,这才是真正的智者。

三二一

优人傅粉调朱^①,效妍丑于毫端^②,俄而歌残场罢,妍丑

何存？弈者争先竞后，较雌雄于着子③，俄而局尽子收，雌雄安在④？

注 释

①**优人**：戏曲演员。

②**效**：显现。**妍**：美丽、美好。**毫端**：化妆的笔尖。

③**雌雄**：胜败。**着子**：走或撂棋子。

④**安在**：在哪里。

译 文

演员在脸上搽胭脂涂口红，一切的美丽和丑陋都取决于化妆笔，歌舞结束好戏散场之后，那些美丽和丑陋到哪里去了呢？下棋的人争先恐后竞争激烈，通过下棋比个你高我低，一会儿棋局结束收起棋子，刚才的胜负又在哪里呢？

评 点

生命如惊鸿一瞥，人生如白驹过隙，不过数十年的光景。一切是非成败在历史的长河中都是微不足道的，万般事物在弹指之间就消失得无影无踪。所谓人间的富贵、贫贱、成败、是非、得失都是微不足道的，又何苦去费尽心机，为谋取一时之利而留下恶名呢？

三二二

风花之潇洒①，雪月之空清②，唯静者为之主；水木之荣枯，竹石之消长，独闲者识其真。

注 释

①**风花**：清风吹过的花。

②**雪月**：雪夜中的月景。

译文

微风中的花朵随风摇曳姿态优美，雪夜中月光空明皎洁、月影疏朗，只有内心宁静的人才能成为这美妙景致的主人；河水、树木的荣盛枯败，竹林、石头的消失生长，只有闲情雅致的人才能领略欣赏。

评点

有人贪恋富贵功名，有人迷恋风花雪月。人由于境界不同，情趣感受也各不相同。一个人如果没有闲情逸致，是不会欣赏风花雪月，也不会把玩水木竹石。但是，仅仅忙乱于世间的纷华，而不知有自然之乐趣，人就活得很累，缺乏一种难得的长久之乐。相反，如果把全部时光、精力都消靡在风花雪月中，逃避人生的现实生活，遇到什么都躲避，此生只好静，万事不关心，就图一个清闲，这就是自私的表现。人生在世，生命匆匆，总要有一些作为。如果既能寄情于山水，淡泊名利，又能对社会尽自己的一份职责，那就完美了。

<h2 style="text-align:center">三二三</h2>

田父野叟^①，语以黄鸡白酒则欣然喜^②，问以鼎食则不知^③；语以缊袍裋褐则油然乐^④，问以衮服则不识。其天全^⑤，故其欲淡，此是人生第一个境界。

注释

①田父野叟：古代对田野农夫的称呼。

②黄鸡白酒：清水煮的鸡，没有档次的酒。比喻原生态的食物。

③鼎食：列鼎而食，指富贵人家的奢华生活。

④缊袍裋褐：老百姓的粗布衣服。

⑤天：天然的本性。

译文

在田间劳作的农夫或是山间打柴的樵夫，谈到土鸡和老米酒等家常便饭就兴致很高，如果问他们山珍海味等佳肴，他就茫然不知了；提起粗布衣服就流露出欢快，假如问他华美的朝服就一点都不懂了。因为他们保持了淳朴自然的本性，所以欲望才会这样淡泊，这才是人生的第一等境界。

评点

《庄子·马蹄》中有一段发人深思的议论，大意是说，黎民百姓有他们固有不变的本能和天性，织布而后穿衣，耕种而后吃饭，这就是人类共有的德行和本能。在那人类天性保留最完善的年代，人类跟禽兽同样居住，跟各种物类相互聚合并存，哪里知道什么君子、小人呢！

如今，随着年龄和阅历的增长，城里人越发怀念乡村，于是，各具特色的农家乐大受城里人的欢迎。因为简单轻松的环境能减轻身上的压力与疲惫，让人们暂时忘掉事业上的各种烦恼。所以说乡村生活虽然清苦，却远离喧闹，鸡犬相闻，稻花飘香，其乐融融，这难道不是人生的一大乐事吗？

三二四

心无其心①，何有于观，释氏曰："观心者②，重增其障③；物本一物，何待于齐？"庄生曰④："齐物者⑤，自剖其同。"

注释

①第二个"心"：思考。
②观心：观察自己的内心。
③障：业障，修持的障碍。
④庄生：庄子。
⑤齐：等同"看"。

心中假如没有忧虑和杂念，又何必要去观心反省呢？释迦牟尼说："观心，实际上是增加修持的障碍。天地间的万物本来是一体的，何必等待人去整齐划一？"庄子说："齐物的意思，就是把本属于一体的东西给分开来看。"

评 点

佛教认为万物原来就是一体的，我们又何必把原本是一体的东西分割开来看呢？庄子又提出了"齐物论"，外相虽然有种种不同，而实际本来即是一物一体。本应任其自然发展，如今你却去统一它，这就开始产生了异同。"观心"是为了去心；"齐物"是为了忘物。佛家的"观心"，庄子的"齐物"，原来都是为了说明心空物一之理，无奈后人拘泥观心齐物之论而作进一步解说。人们应该从纷繁复杂的千头万绪中，看到万事万物最本质的相同特征，以便正确认识世间事物。

三二五

笙歌正浓处，便自拂衣长往，羡达人撒手悬崖①；更漏已残时②，犹然夜行不休，笑俗士沉身苦海。

注 释

①达人：通达智慧的人。撒手悬崖：扒在悬崖边也敢放手，指在紧要关头放下一切不管。

②更漏已残：这里指夜已深。更漏，古代计时的仪器。

译 文

当歌舞盛宴达到高潮的时候，独自拂衣离身而去，这种心胸开阔旷达的人，即便扒在悬崖边也敢松开手，真是令人羡慕；在夜深人静的时候，还有人在不停地奔走应酬，这种目光短浅、沉沦世俗苦海的人，真是令人可笑。

俗话说"花要半开，酒要半醉"，才能享受到赏花与品酒的真正乐趣，如果酒喝到烂醉如泥，不但不是乐反而是受罪。同样，选择在歌舞正兴处离开的人，内心看起来更加豁达，因为他们能及时放下眼前的一切诱惑。人生中往往会遭遇苦难和折磨，就好像一只手攀在悬崖上，一松手就会跌下万丈深渊似的。然而，在智者看来，"撒手悬崖"就好比舍得放弃，执着需要毅力，舍得则需要胆识。生命不过短短几十年，若是方向错了，在紧要处要学会放弃，放弃并不是放弃你追求的理想，而是为了更好地前进。只要能够把握住自己的内心，追求的目标越高，需要放弃的东西就越多。

三二六

把握未定①，宜绝迹尘嚣②，使此心不见可欲而不乱，以澄吾静体③；操持既坚④，又当混迹风尘⑤，使此心见可欲而亦不乱，以养吾圆机⑥。

注释

①**把握未定**：指意志不坚，修行未成。

②**尘嚣**：尘世间。

③**澄吾静体**：使身心澄清纯洁透悟。

④**操持既坚**：修行已成，对外在干扰有坚定的抵抗力。

⑤**风尘**：世俗社会。

⑥**圆机**：圆融超脱。

译文

当内心的修为还没有足够坚定时，就应该远离物欲，使内心不受欲望的诱惑而迷乱，只有这样才能清醒地领悟纯净的本性；如果内心的修持已经足够坚定，就应该多接触滚滚红尘，使内心受到欲望的诱惑也不会迷乱，借以培养自己圆熟质朴的心性。

评点

人们常说："思想决定行动，行动养成习惯，习惯形成品质，品质决定命运。"人世间有许许多多的诱惑，容易让我们身陷其中，迷失自己。倘若我们没有足够的智慧与定力，就很可能迷恋而不能自拔。当我们无法掌握自己生活时，那么我们活得就像行尸走肉一样，我们的生命也就失去了意义。因此，修炼一种看透世间种种诱惑的智慧，能够对身外之物不起贪念，无欲无求的心性对人的一生非常重要。

三二七

喜寂厌喧者，往往避人以求静，不知意在无人，便成我相①，心著于静，便是动根。如何到得人我一视②，动静两忘的境界？

注释

①**我相**：佛教四相之一，人的烦恼根源。

②**人我一视**：我和别人属于一体。

译文

喜欢安静而厌恶热闹的人，往往离群索居以求得安宁，却不知道有意离开人群只是为了自我，刻意去求宁静反而成为骚动的祸源，这怎么能够做到将自我与他人视为一体、将宁静与喧嚣一起忘记的境界呢？

评点

我们时常这样说："心定则神安。"人们想要寻求清静，获得生活的安宁，往往选择避开喧闹的环境，殊不知这样的静只是身静，不是心静，这样的安宁也不是真正的安宁，因为只是外部环境清静安宁了。刻意地追求安静往往是愚蠢的，如果内心没有真正忘掉世间的物欲杂念，还存在动静、唯我的观念，即使身体远离了闹市，内心仍是烦躁不安的。一个人只有在任何环境下都能保持内心的平和、安静，才算找到并获得了真正的宁静。

三二八

山居胸次清洒^①，触物皆有佳思：见孤云野鹤，而起超绝之想；遇石涧流泉，而动澡雪之思^②；抚老桧寒梅，而劲节挺立；侣沙鸥麋鹿，而机心顿忘。若一走入尘宇^③，无论物不相关，即此身亦属赘旒矣^④！

注 释

①胸次：胸中。
②澡雪：沐浴洗涤，指除去一切杂念。
③尘宇：尘世社会。
④赘旒：多余的。

译 文

隐居在山野时心胸自然开朗洒脱，接触到任何事物都会产生良好的思绪：看见孤云飘荡、野鹤飞翔，就会产生超尘脱俗的念头；遇到山谷中清泉流动，就会产生洗涤一切世俗杂念的想法；抚摸苍老的桧木和寒冬的梅花，就会有威武不屈的情致；经常与温和的沙鸥、麋鹿在一起游玩，就可以忘却一切邪念心机。一旦再回到尘世中，不要说身外之物都和我无关，即使这个身体也觉得是多余的。

评 点

生活环境对人的性情的形成有很重要的影响。比如，一个在社会上久经磨炼的人，就会不知不觉地沾上世俗的习气；而在世外桃源生活时间长的人，也会在无形之中生成了一派仙风道骨的气质。可见，宁静能培养气质；喧嚣会让人难以驻足，身不由己。所以身处繁华都市中的人们，一旦有机会亲近自然，感受田园景致，就会感到心旷神怡、自由畅快，因为，这种

久违的宁静可以使人的思绪舒展在浑然忘我的境界之中。

三二九

兴逐时来,芳草地携杖闲行,野鸟忘机时作伴[1];景与心会,落花下披襟兀坐[2],白云无语漫相留。

注释

①**忘机**:忘掉人类的诡诈。

②**兀坐**:静坐。兀,不动的意思。

译文

兴致随时节到来,在草地上悠然漫步,就连野鸟也会忘了被捕捉的危险飞到身旁来做伴;景物与心境融为一体,披着衣裳在花朵飘落下独自静坐,白云也似乎无言地停留在头上不忍飘离。

评点

人在没有心机的时候,物我是合一的。大自然的万事万物本是没有分别心的,当我们也能做到无分别心时,就可以做到天人合一,与大自然浑然融为一体。鸟儿会来亲近,云儿也围绕身边,让我们充分感受到那份物我两忘的最高境界。如果人一生都远离大自然,深陷世俗尘世中无法自拔,不知世上还有人与自然和谐相处,这是一件多么遗憾的事情。无论是工作还是学习,紧张一段时间之后,就要放松身心,亲近自然,在大自然之中体会内心与天地交流,感应天人合一,在人来鸟不惊的忘我境界中快乐做神仙。所以说,人生的美景,就在坦然相待之中,世俗的尔虞我诈,绝不能带来真正的乐趣。

三三〇

人生福境祸区,皆念想所造成。故释氏云:"利欲炽然即是火坑①,贪爱沉溺便为苦海;一念清净即烈焰成池②,一念惊觉即船登彼岸③。"念头稍异,境界顿殊,可不慎哉。

注释

①炽然:炽热地燃烧。

②烈焰成池:变沸腾的火坑为城下水池。

③彼岸:佛家语,指超脱生死,修成正果。

译文

人生的幸福和灾祸,都是由于心念的好坏而产生的。所以释迦牟尼说:"利欲太过炽热,就像踏入火坑,过度贪爱沉溺,就像掉入苦海。只要有一丝纯洁的念头就会使火坑变成水池,有一点警醒精神就可以脱离苦海到达彼岸。"可见意识稍不一样,所得的境界有天渊之别,不能不谨慎啊!

评点

人生的幸与不幸,都不外是由人心所造成。佛家说:"相由心生,相随心灭。"人一起了利欲之念,就沉沦到无边的苦海中去了。人只要心能清静,那么利欲之念也就消失了。所以说,不管外在的花花世界是真真假假、争权夺利,只要我们内心的世界无风无浪、始终用一颗宁静淡泊的心平和对待,则所谓天堂和地狱其实也就没有什么区别了。

三三一

绳锯木断,水滴石穿,学道者须加力索①;水到渠成②,瓜熟蒂落，得道者一任天机^③。

注释

①**须加力索**：必须用力探索。

②**水到渠成**：比喻做事听其自然。

③**一任天机**：完全靠天赋的悟性。

译文

　　细绳子长久摩擦可以锯断木头，水滴时间久了可以穿透石头，学道的人只有努力探索才能成就；细水汇聚形成沟渠，瓜果熟透自行落下，得道的人顺其自然。

评点

　　《荀子·劝学》曰："不积跬步，无以至千里；不积小流，无以成江海。"又曰："锲而舍之，朽木不折；锲而不舍，金石可镂。"也是说学习不可以停止，成功就是简单的事情重复去做，每天进步一点点。因为"学不可以已"，学习是一个长时间积累的过程，不能一步登天。资质再平庸的人，只要坚持不懈地努力学习，也能够取得较大的成绩；而一个天资聪颖的人，如果缺少坚持与勤奋，凡事浅尝辄止，那么他就无法取得更大的成就。

三三二

　　机息时^①，便有月到风来，不必苦海人世^②；心远处，自无车尘马足，何须痼疾丘山^③。

注释

①**机息**：名利之心熄灭。

②**苦海人世**：视人世为苦海。

③**痼疾**：经久难愈的疾病，引申为执着。**丘山**：意指山野少人迹之地。

译 文

当心中停止阴谋诡计后，就有月到风来的畅快感觉，不会再将人间看成是苦海；当心境远远超脱世俗时，自然不会有车马喧嚣的嘈杂，根本不必眷恋山野林泉。

评 点

人的内心能否获得安宁自在，关键在于内心是否纯净，是否做到心无杂念。在我们的现实生活中，几乎每个人都隐藏着一颗世故的机心。交友是为了今后有更好的人际关系；工作是为了赚取更多的钱财更好地享受；孝敬父母是为了博得一个好的名声……不管做什么事，都是目的在先、利字当头。结果这样的人每天都必须戴着面具生活，吃也吃不好，睡也睡不香，弄得自己十分疲惫，生活渐渐远离了最初的简单快乐。所以，佛陀教人破执着，是破除我们的贪欲。只有放弃欲望，才能去掉痛苦的根源。只有没有过多的欲望，才会收好自己的世故之心。只要人简单了，自然会快乐。

三三三

草木才零落，便露萌颖于根底①；时序虽凝寒②，终回阳气于飞灰③。肃杀之中④，生生之意常为之主⑤，即此可以见天地之心。

注 释

① **萌颖**：苞芽。

② **时序**：季节。**凝寒**：极度寒冷。

③ **飞灰**：古时测试节气之物。

④ **肃杀**：萧条肃杀。

⑤ **生生**：生生不息，相生不绝。

译 文

花草树木的叶子刚刚凋谢，在根底已长出新芽；季节演变虽是到了寒冬，也终究会回到温暖和煦的阳春时节。当万物到了飘零枯萎季节，大地仍蕴含着蓬勃生机，由此可以看出天地的好生之德。

评 点

人的一生会发生许多意想不到的事情。比如，明明有时自己已经绝望了，可是往往后来事情又有了转机，绝处逢生，正所谓"天无绝人之路"。既然万物枯萎之中尚存生生不息之意，那我们观察事物就不能简单地看外表，做事情更不应该以一时的成败得失论英雄。反而在遇到挫折时，不自暴自弃，对自己的前途充满必胜的信心，"冬天来了，春天还会远吗？"然而，在通往"春天"的路途上，注定是一段寂寞而孤独的旅程，但也唯有这种寂寞和孤独才能带来智慧的增长。

三三四

雨余观山色①**，景象更觉新妍；夜静听钟声，音响尤为清越**②。

注 释

①**雨余**：下雨过后。
②**清越**：清脆悠扬。

译 文

在雨后观赏山川景色，会觉得景致非常清新秀美；夜深人静听到钟声，更觉得声音特别清脆悠扬。

评 点

欣赏是一种境界，会产生奇妙无比的效果。大自然每时每刻都充满着美，无论是视觉上，还是听觉上，我们需要用一颗善于发现美的心去欣赏，去寻找不同的时刻，不同的心境下，大自然各具特色的美，使自己从中得到升华。比如，欣赏高山，会在高山的伟岸中领略到强悍和威严；欣赏大河，会在大河的浩荡中感悟到豪迈与壮阔；欣赏大树，会在大树的挺拔中发现遒劲与坚韧；欣赏小草，会在小草的葳蕤中看到顽强与希望。同样，欣赏是赏识，是对别人的尊重和承认。对于万事万物的善恶美丑，每个人的观察角度不同，得出的结论也不尽相同，这就是通常说的"见仁见智"。

三三五

登高使人心旷，临流使人意远；读书于雨雪之夜，使人神清；舒啸于丘阜之巅①，使人兴迈②。

注释

①阜：土山。

②迈：奋发，豪爽。

译文

站在高山远望，可以使人心胸开阔，面对流水凝思，可以使人思绪悠远；在雨雪之夜读书，会使人心神清爽；在山巅丘陵长啸，会让人振奋无比。

评点

站在高山之巅，就会突然发现山野之壮阔、江河之悠远。身处逆境、心情阴郁的人，站到了高处后，心绪就会顺着目光奔腾远泻。视野无阻，心情无阻，思想无阻，瞬间得到一种豁达的抚慰与释然。无论是成功者还是失败者，登临高处时都会得到一种启示：身处高处，既能收获到"一览众山小"的喜悦，亦能感受到"高处不胜寒"的惶恐，更能体会到平平淡淡生活的踏实。胸怀家国，高瞻远瞩，预见未来，永远保持一颗成功不过于喜悦、失败不过于失落的平常心，这样才会活得洒脱、踏实和满足。

菜根谭

三三六

心旷，则万钟如瓦缶^①；心隘^②，则一发似车轮。

注释

①**万钟：**比喻丰厚的俸禄。**瓦缶：**装酒的瓦器，此指没价值的东西。

②**隘：**狭窄、狭小。

译文

心胸阔达的人，即使巨大的财富也可看成瓦罐一样不值钱；心胸狭隘的人，一根头发也会看得像车轮一样沉重。

评点

人的性格千差万别，概括起来不外乎两类，一类是开朗豁达，一类是狭隘自私。心胸开阔的人，视金钱如粪土，往往能拥有更多的财富；而狭隘自私的人，往往鸡毛蒜皮的事也能放在心上，蝇头小利都爱斤斤计较，赚到的每一分钱都那么艰难。因为格局和境界不同，财富也会差别很大。所以做人心胸要宽广、豁达，不要总是疑心重重、小肚鸡肠。那么怎样才能做到真正的宽广、豁达呢？其实只要心底无私，天地自会宽广。俗话说"宰相肚里能撑船"，但凡真正的大人物，都有相当广阔的胸襟，都具备一颗包容之心。只有能容天下难容之事，才能成天下难成之功。斤斤计较之辈，一般难有太大的成就。

三三七

无风月花柳，不成造化^①；无情欲嗜好，不成心体^②。只以我转物^③，不以物役我^④，则嗜欲莫非天机^⑤，尘情即是理

境矣⑥。

注释

①**造化**：大自然。

②**心体**：灵魂之体。

③**转物**：驾驭外物。

④**役我**：为外物所奴役。

⑤**天机**：天然的妙机。

⑥**尘情**：世俗之情。**理境**：道理的境地。

译文

没有清风明月、鲜花树木，就不能成为自然；没有喜怒哀乐、好恶爱憎，就没有人的本心。由我主宰万物，而不让万物来驱使我，那么这些欲望无不是自然的恩赐，尘世俗情也就成为顺理成章的、有理有道的境界。

评点

这里的"物"是外物，是指除了"我"以外的世界，可以是具体的事物，如自然景物、生活用品，房子、车子等，也可以是抽象事物，如名声、思想、权力等。"以我转物，不以物役我"是说：我们要能够支配和利用万物，而不被外物差遣，不被外境役使。要寄情于物，不能执迷于物。寄情于物是精神上的需要，这是人与物的平等关系，彼此没有依附。所以，风月花柳是自然的景观，情欲嗜好是人的天性，不必也不应消灭自然天性；执迷于物是欲望的表现，执着就会生起贪念，就想把世间所有的一切，恨不得都归自己所有。所以，不可以太过放纵。人必须要发挥自己的主观能动性，而不是一味适应外物，随波逐流。

三三八

就一身了一身者①，方能以万物付万物②；还天下于天下者，方能出世间于世间③。

注释

①**了**：明白，了解。

②**付**：托付。

③**出世间**：走出尘世，进入极乐世界。

译文

能跳出自我、了解自我的人，才能使万物根据自然法则去发展各尽其用；能够将天下交还给万民所共有的人，才能身处世间而心灵超越凡人。

评点

俗话说，"生不带来，死不带去"。这个世界，所有的一切你都得不到，不但是身外之物得不到，就连身体也得不到。既然这样，我们又何必要争来争去？人生旅途就像背负了一个重重的行囊，行囊里装了很多东西，这些东西有些是与生俱来就安排好的，不管你是否愿意。我们在不同的阶段必须承担不同的责任，尽管有压力，我们仍要负重前行，这就是生活。有时候，我们往往被眼前的表象所蒙蔽，过于执着，其实另辟蹊径未尝不是好事，没有什么是不可以放手的，曾经以为不可以放手的，回头看都只是生命的一瞬间。

三三九

人生在世，太闲则杂念横生；太忙，则真性不现。故士君子不可不抱身心之忧，亦不可不耽风月之趣①。

注释

①**耽**：沉溺爱好而沉浸其中。

译文

一个人太空闲，杂念就会暗中悄然产生；相反，假如人生整天奔波劳碌，那么纯真的本性就不会彰显。所以有学识、高尚的君子既要劳作与思虑，也应该体会吟风弄月的趣味。

我们都有过这样的体验：人不能太闲。一旦太闲，就容易想得多，杂念丛生，先是前思后想，接着左思右想，最后胡思乱想。别人无心的一句话，闲人听了都要浮想联翩。生命要有张有弛，劳逸结合。当你太"闲"时，要控制"闲"度，适当找点事做。当你太忙时，就要找机会歇一歇，必要时还可以偷偷懒。中国人尊崇中庸之道，是古人一种练达知度的生活哲学。

三四〇

人心多从动处失真。若一念不生，澄然静坐①**；云兴而悠然共逝，雨滴而泠然俱清**②**，鸟啼而欣然有会，花落而潇然自得**③**。何地非真境**④**？ 何物无真机**⑤**？**

〔注 释〕

①**澄然静坐**：心无杂念地静坐。

②**泠然**：应为"泠然"，清凉的样子。

③**潇然**：豁达潇洒，无拘无束。

④**真境**：仙境。

⑤**真机**：真谛。

〔译 文〕

人心往往是因为躁动才失去纯真的本性。假如任何妄念都不产生，心灵明澈地静坐凝思，一切念头都会随着飘动的云朵消逝在天边，随着清冷的雨滴洗净心中的尘埃，从雀跃的鸟鸣声中领会喜悦的意境，随落花缤纷潇洒自得。那么何处不是人间的仙境？何物不体现人生的真谛呢？

〔评 点〕

人生难得一心静，心静才能心安。心静了，才能听见自己的心声，才能看清事物的本质。心静了，才能自我反省优劣得失。心静了，才能看淡

一切，真正放下。因为不甘放下的，往往不是值得珍惜、苦苦追求的，往往不是生命需要的。所以说，静心是一种修炼，也是一种修养。好的生活一定是安静的生活，只有在安静的气氛中，才能够产生快乐。心静了，心胸就会宽广，拿得起、放得下，无意于得失，烦恼自然会少，脚下的路自然也会越走越宽。

三四一

子生而母危，镪积而盗窥[①]，何喜非忧也？贫可以节用，病可以保身，何忧非喜也？故达人当顺逆一视，而欣戚两忘[②]。

注 释

①镪：钱贯，即古代穿钱的绳子，这里指金银。

②戚：忧愁，悲伤。

译 文

孩子出生母亲面临着生命危险，财富积累多了就会招致盗贼窥视，可见任何一件高兴的事都有危险；贫穷可以使人养成节俭的性格，患病可以使人注意养生，可见任何忧虑的事也都伴随着欢乐。所以豁达的人对于逆境、顺境一视同仁，自然也就没有高兴和悲伤。

评 点

"祸兮福所倚，福兮祸所伏"意思是说，事情总有正反两个方面，有好的一面同时就有坏的一面，并且在一定条件下好事可能变成坏事，坏事也可能变成好事。事物的两面性教会我们，世界上的事情就是这样，福与祸、喜与忧往往是相伴而来，绝不是个别单独存在的东西。喜亦未必是喜，而忧亦未必是忧，只有那些把顺利和挫折、欢乐和悲哀都看作一回事的人，才能体验到挫折中的顺利和悲哀中的欢乐。所以，顺利时不要忘记困难的时候，赚了钱了，也不要忘乎所以；有困难的时候不要泄气，不要沮丧失意，要坚持到底，用积极乐观的心态去接受现实，并努力改变现实，静待命运的悄然转变，争取早日走出人生的低谷。

三四二

耳根如风谷传声，过而不留，则是非俱谢①；心境如月池浸色②，空而不着③，则物我两忘。

注释

①**谢**：消失。

②**月池浸色**：月亮在水中的倒影。

③**着**：附着。

译文

耳根听东西，如果能像狂风吹过山谷，一阵巨响过后就什么也没有留下，那么人间的流言是非都会消失无踪；心灵如果像月光照映在水中，空空如也不着痕迹，自然一片空明而物我两忘。

评点

人世间的是非烦恼都是痛苦的根源。面对是非，我们最好选择闭上嘴巴，因为气之伤身，辩之无益，只会增添烦恼。处世的道理应如风吹山谷，风过而山谷呈现一片寂静，过而不留，那么是非就不会存在。养心的方法应如月色映照池水，空而不着，那么做人就物我两忘。当别人说话时，假如触犯到自己，学会忍耐，无须争辩，因为问心无愧，不必解释。

三四三

世人为荣利纠缠，动曰："尘世苦海。"不知云白山青，川行石立，花迎鸟笑，渔唱樵歌，世亦不尘，海亦不苦，彼自尘苦其心尔^①。

注 释

①尘苦其心：使心落入茫茫苦海一样的喧嚣尘世。

译 文

一般俗人往往会受到虚荣心、利益心困扰，所以一开口就说："人世间就像苦海。"他们却不知道只要看淡名利停止追逐，到处是白云笼罩、山色青翠，河水奔流、奇岩怪石、鲜花呢喃、鸟儿歌唱，渔人吟唱、樵夫高歌，这些都是人间景色，人世间并非是凡俗之地，人生也不仅仅是苦海，那些说人生是苦海的人不过是自己落入喧嚣、堕入苦海而已。

评 点

世间本来就没什么苦乐而言，一切苦乐只不过是人心所产生的感受而已。好名重利是人性的一部分，也是人性中最脆弱的一环。贪图名利的人，一旦达不到目的或者愿望落空，就会抱怨世间的痛苦与不公。无欲无求的人，他们眼中所看到的世界，处处充满欢歌笑语，到处是鸟语花香，这就是我们所说的知足常乐。山川依旧，景色依然，为什么有的人能看到，有的人却视而不见？究其原因，关键在于人的内心，心里装着什么，就会被什么所困。一个人如果醉心于名利物欲，他的一切喜怒哀乐就会被虚荣心和利禄心所困扰，得之欣喜，失之忧苦，哪里还会有时间、有心情去欣赏大好河山？假如，我们能抛弃一切功名利禄与荣辱杂念，转过身回过头欣赏，以尘世为仙境，以苦海为乐园，那天地之间到处都会是天堂。

三四四

花看半开，酒饮微醉，此中大有佳趣。若至烂漫酕醄^①，便成恶境矣。履盈满者宜思之^②。

译 文

赏花以刚刚开放最美，喝酒以饮到微醉适宜，这里面有很高的意趣。如果等到鲜花盛开、酒醉如泥的程度，那就很不好看了。那些追求事业非到巅峰不可的人，要好好想想这两句话的含义。

评 点

适可而止是中国几千年来的处世哲学，道家强调物极必反，所以自古有日中则昃、月盈则亏、水满则溢、近极反疏、否极泰来、至清无鱼、至察无徒等说法。中国人凡事讲适中，不可到极点。做事，天道忌盈，做人也是同样的道理。"满招损，谦受益"，要永远保持谦虚谨慎，随时发现自身的不足。为人处世切忌过之，凡事做到七八分处即可，太过则易衰，不及则易馁。同理，对待人生当是追求完美而不苛求完美，和完美保持一个恰当的距离。面对这世间的纷纷扰扰，无论在工作、学习还是生活中，始终都保持一颗平常心，成熟而不世故，超脱而不曲高和寡，顺应自然，享受真正的人生。

三四五

山肴不受世间灌溉①，野禽不受世间豢养②，其味皆香而且冽，吾人能不为世法所点染③，其臭味不迥然别乎④？

注 释

①山肴：山间野生的植物。

②豢：饲养。

③世法：世俗礼法。

④**臭味**：气质。**迥**：差别很大。

译文

　　山林间的野菜不必人们灌溉施肥，野外的鸟兽不必人们照顾饲养，可是它们的味道都甘美可口。同理，假如我们不被尘世间的功名利禄所玷污，心性自然格外纯真，气质不就和别人有很大的不同吗？

评点

　　郊外的各种野菜，因为没有经过人工的施肥培植，完全靠大自然、靠自己的力量生长起来，味道十分独特，所以我们随处可见挖野菜的人们。一些野生动物，因为没有经过人工喂养，还保留着天然味道，所以有条件的一些人更喜欢吃点儿野味。同样，假如我们不受名利物欲的污染，品德心性自然显得分外纯真，就会跟那些争名夺利、满身铜臭的人有明显区别。其实人免不了有对物欲的渴望，问题在于是否做到"君子爱财，取之有道，用之有度"。如果不是顺乎自然地获取，而是不择手段地强硬追求，这时心就被"污染"了。人在欲望面前，应该保持孩童般纯净的内心，拒绝世俗的污染，以此待人接物，处理事务，人生便是最大幸福，世界自然和谐。

三四六

　　栽花种竹，玩鹤观鱼，亦要有段自得处。若徒留连光景，玩弄物华①，亦吾儒之口耳②，释氏之顽空而已③，有何佳趣？

注释

　　①**物华**：美丽的景色。

　　②**吾儒之口耳**：原指耳入口出，这里指没有掌握所学内容。

　　③**顽空**：佛教中的虚无境界。

译文

　　种植花草和竹木，饲养鹤鸟鱼类，也要从中体会到道理。如果只是为了增加风景，欣赏表面的景色，也就是儒家所说的口耳学问、佛家所说的冥顽不灵，那么有什么乐趣可言呢？

现如今，人们生活水平提高了，都爱种植花草，观赏鱼鹤，这本来是一件很惬意的休闲方式，但是，我们不要仅仅停留于赏心悦目的层次上，更要学会欣赏花鸟虫鱼的意境。庸者，要么仅仅欣赏外在，却不了解其中的乐趣，要么偏偏陷于其中，玩物丧志不可拔。智者，不但能体会其中情趣，还能做到怡然自得，这才是真正地享受到休闲的乐趣。

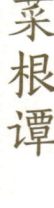

三四七

山林之士，清苦而逸趣自饶①；农野之夫，鄙略而天真浑具②。若一失身市井驵侩③，不若转死沟壑神骨犹清。

注 释

①饶：富有、丰足。

②鄙略：鄙陋少知。浑具：完全保留。

③驵侩：居中介绍买卖的商人。

译 文

隐居在山野林泉之下的人，物质虽然清贫但精神充实，有很多悠闲自得的情趣；乡间田野的农夫，学问虽然浅陋，为人虽然粗鲁鄙俗，却具备朴实纯真的天性。如果不小心成为充满市井气的奸商而蒙污，还不如死在荒野以保持清白的名声。

评 点

中国古代的义利观是重于"义"而轻于"利"。所以，古人对于从事经商贸易的人是看不起的，以为他们奸猾而失去人的本性，而"义"也正是儒家的知识分子所提倡和追求的。古时候的忠臣义士，宁愿为国尽忠而死，绝不肯投降失节以求生，就是怕失掉了人格身份。这就是孔孟所说的"杀身成仁，舍生取义"。但是，"舍生取义"并不是教人可以轻视生命，更不

能随意放弃生命，而是强调"义"的重要性，尤其是当"义"和"利"相冲突，二者不可兼得时，既然'义'比生命还重要，更何况是'利'呢？现实社会，人为了生活，物质上的追求在所难免，但不能是人生的全部内容，精神上的修养是非常必要的。

三四八

非分之福，无故之获，非造物之钓饵^①，即人世之机阱^②。此处着眼不高，鲜不堕彼术中矣^③。

注 释

①**钓饵**：引诱上钩之物。

②**机阱**：为防御或捕捉野兽或敌人而挖的坑。

③**术**：诡计。

译 文

不是自己分内应享有的幸福、无缘无故的意外之财，这两者即使不是上天有意安排的诱饵，也必然是他人故意设下的机关陷阱。在这种时候如果不睁大眼睛，就很少有人能摆脱这些圈套。

评 点

世上没有不劳而获的事，所以面对意外的横财、无缘无故的赠送，一定要头脑冷静，不可贪图一时的小利而丧失更多的钱财，不可贪图一时的享乐而使自己身败名裂。在当今这个物欲横流的社会里，对于一个人来说，知足比不知足难得多。诈骗者之所以能诈得人钱财，就是利用人们贪图非分之财的弱点。俗话说的"人见利而不见害，鱼见食而不见钩"，就说明了"非分之收获，陷溺之根源"的道理。

三四九

人生原是一个傀儡①，只要根蒂在手，一线不乱，卷舒自由，行止在我，一毫不受他人提掇②，便超出此场中矣！

注释

①傀儡：木偶戏中的木偶人。
②提掇：上下牵引。

译文

人生本来就是一场木偶戏，只要你能够掌握好控制木偶的线索，任何丝线也不乱，那你的一生就会进退自如，一点都不受他人的牵制和左右，做到这些，那么便可以跳出这场游戏了。

评点

人们总是在感叹世事无常，造化弄人，自己的命运自己无法控制。却没有想过为什么自己无法掌握自身的命运？古语云："壁立千仞，无欲则刚。"何为刚？就是按照自己的原则做事。若想不受别人控制，按照自己的原则做事，就要做到无欲无求，拒绝诱惑，端正自己心灵的天平，才能将握在别人手中的控制权重新放到自己的手中。现代社会里，世俗的诱惑实在是太多了，名欲、利欲、权欲、色欲、食欲等欲望比比皆是，弄得人心惶惶。如果控制力低，轻则方寸大乱，重则堕入道德的沉沦。假如一个人为了满足一己私欲做了有违良心的事情，被人抓住了把柄，那么他做事的时候必然就会受制于人，所以常言道："有欲则无刚。"很多人为了满足一时的虚荣而去追逐名利，一旦失去了自身的气节，必然会被欲望牵着鼻子走，离自由的心灵越来越远。所以，我们要提醒自己保持一颗纯净的心，不要被贪欲迷失了本性，不要为外界的各种诱惑所干扰。

三五〇

　　一事起则一害生,故天下常以无事为福。读前人诗云[1]:"劝君莫话封侯事,一将功成万骨枯。"又云:"天下常令万事平,匣中不惜千年死。"虽有雄心猛气,不觉化为冰霰矣[2]。

注 释

①前人:唐代诗人曹松。

②霰:小雪珠,多在下雪前降下。

译 文

　　有一利就有一弊,有一福就有一灾,因此天下的人常以无事为福。前人的诗句说:"奉劝大家不要再谈授官封爵的事,一个将军的功勋需要千万士兵的牺牲才能换来。"又说:"如果天下能常保太平,就是把宝剑放在匣中一千年也在所不惜。"看了这些诗句,纵有奋发向上的壮志,也不知不觉地像冰雪消融一样淡泊冷静。

评 点

　　孔子说:"好仁不好学,其蔽也愚;好知不好学,其蔽也荡;好信不好学,其蔽也贼;好直不好学,其蔽也绞;好勇不好学,其蔽也乱;好刚不好学,其蔽也狂。"大意是说,有六种好品德,即仁、知、信、直、刚、勇。如果不是好学深思的人,就容易带来六种弊端。因此,生活中的所有事物都是辩证的,而不是绝对的,都有有利的一面,也有不利的一面。在这个世界上,有一利就有一弊,有一得就有一失,相互循环,物极必反。如果能明白这个道理,在人生的舞台上,我们就应该始终保持一颗平静的心,不以物喜,不以己悲,看淡胜败与得失。如果总是把眼光盯在输赢上,必然会徒增烦恼,所以,不如把心胸放宽,安守本分,看淡得失,所谓"无事便是福",这样才能顺应自然,怡然自得,烦恼全无,领略人生的真谛,成为真正的人生赢家。

三五一

淫奔之妇,矫而为尼^①;热中之人^②,激而入道。清净之门,常为淫邪之渊薮也如此^③。

译文

不守节操的荡妇,命运不济伪装削发为尼;沉迷于权势地位的人,因为一时激动、意气用事而入寺出家。寺庙本是远离红尘的清净地方,却往往成为藏污纳垢之地。

评点

历史上文臣武将甚至于皇帝出家的人不在少数,例如武则天就曾入庙为尼。但是这些人却极少怀有修道之心,根本不是真正看破红尘遁入空门,往往是为了躲避纷争和祸端,等到时局有所转变,东山再起。因此,"知人知面不知心",看人不能光看表面。正如最无耻的人需要最堂皇的外衣,想走终南捷径而不是真隐士的人往往隐于山林一

● 武则天

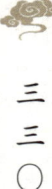

样，人的境界不在于文化的高低，人的思想不在于知识的多少，人的品格也不在于身份的差距。判断一个人的品行，还是要看他的"德"。"德"就是道德、德行，中国人历来把守德作为为人处世、齐家治国的基本品质，认为做人必须从"德"开始，这样才能成大事。德行高的人会受到世人的称颂，德行差的人会受到世人的唾骂和谴责。但如何判定一个人的品德呢？事实上，一个人的行动往往以这个人的品格道德为基础，所以看一个人的品德高低要看他平时的行动，看他的为人处世，而不能一概从身份而论。

三五二

波浪兼天①，舟中不知惧，而舟外者寒心；猖狂骂座，席上不知警，而席外者咋舌②。故君子身虽在事中，心要超事外也。

注释

①兼天：滔天。

②咋舌：惊吓得说不出话的样子。

译文

波浪滔天的时候，坐在船里的人不知道害怕，反而船外的人却感到胆战心寒；酒宴中有人醉酒怒骂时，同席的人不知道警惕，反而是席外的人感到目瞪口呆。所以有德行的君子即使身陷杂事之中，也要将心灵超然于事情之外，这样才能保持头脑清醒。

评点

命运没有人可以预测，起起伏伏，让很多人都摆脱不了它的束缚。人们之所以被束缚其中，就是因为不能看淡外在的输赢得失，即顺境时志得意满，逆境时悲观失落，在大喜大悲中前行，难逃沉重的精神负累。然而，命运是看不见、摸不着的，它存在于我们每个人的自身体验当中，完全取决于我们自己的内心感受。如果我们能一直以一种乐观的态度面对命运中发生的一切，那么逆境也好，顺境也罢，都是我们生命的一个过程，因为人生就是这样，有平坦还有崎岖，平坦便捷，崎岖颠簸，平坦崎岖更替才更多了几分韵味，才更显出其丰富。人生之路往往于平坦崎岖之中包含智慧和成熟。不要高看命运的价值，也不必低估命运的安排，勇敢接受到来的一次次洗礼。所以，懂得这个道理的人能看淡命运的得失，挣脱命运的锁链，享受人生的精彩。

<h2 style="text-align:center">三五三</h2>

人生减省一分，便超脱一分，如交游减，便免纷扰；言语减，便寡愆尤①；思虑减，则精神不耗；聪明减②，则混沌可完。彼不求日减而求日增，真桎梏此生哉③！

译文

人生在世如果能减少一分麻烦，就多一分超脱俗世的乐趣。比如减少人与人的交往应酬，就能免除许多不必要的纠纷困扰；比如减少一些闲言碎语，就能减少很多过失和懊悔；比如减少一些思考忧虑，那么就能避免消耗些精神；比如减少了一些小聪明，就能保持纯真的本性。那些不求每天减少却希望增加的人，简直是用枷锁把自己的手脚锁住一生啊！

评点

老话说："有两样东西最难填满：大海和欲望。大海填不满因为它的包容与海涵；欲望填不满，因为人性的贪婪与丑恶。"那些为了满足自己极大的虚荣心，追求更多的物质而耗费毕生精力的人是愚蠢的，因为欲望是无止境的，而一个人的精力是有限的，再有能力的人也不能事事圆满。追求

菜根谭

三三二

得太多，烦恼就会增多，背负的精神包袱就越大，不用说在事业上谋求成功，就连在家庭和人际关系上也很难事事顺心。每个成功者都有他的独特之处，因为他在某一方面获得成功时，也必定适当地放弃了其他方面。凡事都放不下，不能大胆舍弃的人不会拥有幸福的人生。因此，聪明的人能看到这一点，正确认识自己的能力，不苛求自己也不苛求他人，结局反而会更圆满。所以说，放弃是一种人生智慧，在人生的旅途上，适当时整理行囊，放弃一些东西，轻装上阵，才能走得更远，才会活得更加轻松和充实。

三五四

天运之寒暑易避①，**人生之炎凉难除；人世之炎凉易除，吾心之冰炭难去**②。**去得此中之冰炭，则满腔皆和气，自随地有春风矣。**

注 释

①**天运**：天地运转。

②**冰炭**：此指内心之得失恩怨斗争。

译 文

大自然的寒冷和暑热容易躲避，而人世间的世态炎凉却难以消除；人世间的世态炎凉即使容易消除，积存在我们心中的恩仇怨恨却难以消除。如果能够排除心中的恩仇怨恨，那么心中就会充满祥和之气，随时随地都会有春风扑面的感受。

评 点

古人云："人生不如意十之八九。"如果一个人能够正确对待这些不如意的事情，就会快乐盈心、潇洒豁达。人生难免会有烦恼，有的烦恼是由于我们放不下世俗的名利得失，有的烦恼是源自我们内心的嗔念。前者需要我们以淡泊的胸怀去看待一切，凡事都往好的方面想，丢掉那些无谓的痛苦，才会有更多的空间让快乐进驻，在知足常乐的心态下，体味"平平淡淡从从容容才是真"的意境；后者需要我们找到嗔念的原因，及时从心理上和身体上进行调节，必要时可以使用药物进行治疗。因为怒气对人体健康是最有害的，如果人体一直处于嗔怒的状态，就会破坏机体的平衡，从而诱发各种疾病。

三五五

茶不求精而壶亦不燥，酒不求冽而樽亦不空①；素琴无弦而常调，短笛无腔而自适②。纵难希遇羲皇之世③，亦可匹俦嵇阮之伦④。

注 释

①冽：清。

②无腔：无孔笛。

③羲皇：上古皇帝伏羲氏。

④匹俦：匹敌。嵇阮：指嵇康、阮籍。

译 文

喝茶不需要一定喝名茶，保持壶底不干就可以了；喝酒不需要最醇美的酒，只要酒杯不空就可以。无弦之琴虽然弹不出旋律，但能够令我身心愉悦，无孔笛虽然吹不出音调，却能使我心情舒畅。纵然比不上羲皇那样的朴实淡泊，也可以和嵇康、阮籍的飘逸洒脱匹敌。

评 点

在人的一生中，难免会有喜有忧，经历各种各样的境遇。那么，我们该如何度过，才不辜负此生呢？老子说："为无为，事无事，味无味。"意思是说，以无为的态度去有所作为，以不滋事的方法去处理事物，以恬淡无味当作有味。道家认为，在实现人生目标的过程中，我们应该万事不强求，

不必计较生活中的不快，一切顺其自然。但是，现实社会竞争激烈，人为了保障一定的生活条件和质量，还是要有理想的，做人做事仍要有积极的态度。所谓顺其自然，并非代表我们可以不努力，而是努力之后我们要有勇气接受成败得失。我们要学会调剂自己的心情，不跟自己过不去，不过于计较别人的评价，不一味讨好别人，用心做自己该做的事。只有活得顺心遂意，才能在平凡中感悟到惬意，才能够得以长久地享受生活，自己感觉幸福才是真正的幸福。

三五六

释氏随缘①，吾儒素位②，四字是渡海的浮囊③。盖世路茫茫④，一念求全，则万绪纷起，惟随遇而安，斯无入而不自得矣。

注　释

①**释氏**：佛教。**随缘**：顺其自然。
②**吾儒**：儒家。**素位**：安于现状。
③**浮囊**：水中救生皮筏。
④**茫茫**：指遥远。

译　文

佛家讲求凡事顺其自然发展，一切不可强求，而儒家主张谨守自己的本分，不可有贪妄之事，"随缘"和"素位"这四个字是为人处世的秘诀，就像渡过人生苦海的救命船。因为人生之路茫茫无边，只要有求全、求美的念头，必然会引起各种忧愁烦恼，凡事能够安于现状，则到处都会有怡然自得的乐趣。

评　点

著名国学大师南怀瑾说："一个人想做到随时安然是非常困难的。世间万物皆有其自身的规律之所在，水在流淌的时候是不会去选择道路的；树在风中摇摆时是自由自在的，它们都懂得顺其自然的道理。因此拔苗助长

不可取，逆流而上也是一种愚蠢的行为。"人生的路途是那么遥远渺茫，如果任何事都去执着追求，而缺乏对自己清醒的认知，必然会引起很多不必要的忧愁与烦恼，那样一来，反而会造成太多的遗憾。一个人要使自己的生命多一些快乐，少一些烦恼，就要学会随遇而安。"随遇而安"就是"知足常乐"，就是"活在当下"，顺应人生的规律。但"随遇而安"并不是不求上进、消极等待。人在青春年少时，就该志向高远，就当奋发图强，但当成功来临时，能欣然面对，失败到来时，又能处之泰然。如果人们卸下沉重的精神负累，凡事都能这样诚恳宽容，不走极端，"闲看花开花落，静观云卷云舒"，顺其自然，就会产生一种超然物外的乐趣。

三五七

童子心虚而稚驯①，海翁机息而鸥下②。唯藏机挟诈之人③，神形两相猜疑④，肝胆自为胡越，岂惟物不能动，抑且身自为仇⑤。

注释

①**心虚**：这里指心地纯真。**稚驯**：也作驯雉，捕捉小的野鸡。

②**机息**：原指停止机械运转，这里指熄灭机心。

③**藏机**：藏匿才智，藏匿心机。**挟诈**：狡诈。

④**神形**：指精神与形体。**猜疑**：怀疑，起疑心。

⑤**身自为仇**：亲自去找忧愁，比喻自寻烦恼。

译文

小孩子由于心地单纯，即使小的野鸡从身边经过也不会捕捉，海边的老人熄灭了杀机气息，海鸥在他的脚下自由觅食。只有那些藏匿心机而狡诈的人，才会内心充满猜忌与怀疑，就像本来很近的肝胆变得相隔很远，难道这还不是世间万物没有动摇，而是亲自去找忧愁，没事找事自寻烦恼吗？

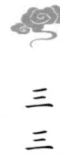

　　"菩提本无树，明镜亦非台，本来无一物，何处惹尘埃。"很多时候，很多东西，不过是我们自寻烦恼罢了。疑心生暗鬼，做人应该简单些。而猜疑心理恰恰是人性的弱点之一。一个人一旦掉进猜疑的陷阱，就会神经过敏，弄得杯弓蛇影、草木皆兵。而且，疑心重的人凡事都爱往坏处想，以致对他人失去了信任，对自己也失去了信心，既损害了正常的人际关系，又影响了自己正常的工作，对自己的身心健康尤为不利。

三五八

　　草木之芳菲①，鱼鸟之飞跃，烟云风月之逸宕而光霁②，皆吾性的生机。若被尘劳羁锁③，物欲翳障④，触目不见一点趣味，吾性亦索然槁矣⑤！

注 释

　　①**芳菲**：芳香而艳丽。
　　②**逸宕**：超脱而无拘束。**光霁**：光风霁月，形容雨（雪）过天晴时万物明净的景象。
　　③**羁锁**：羁绊，束缚。
　　④**翳障**：障蔽。
　　⑤**槁矣**：枯萎、枯死。

译 文

　　花草树木的芳香艳丽，鱼儿、鸟儿的跳跃飞翔，隐逸山林的无拘无束的潇洒，和雨（雪）过天晴后明净的美好，这些都是我们与生俱来的本性的活力。如果被尘世束缚、物欲蒙蔽，所见毫无生趣，那么本性也就索然无味，就会一点点枯萎死掉。

评 点

　　一个人最糟糕的状况不是贫穷，也不是疾病，而是他逐渐被生活磨成一个无趣的人，自己却还浑浑噩噩不自知，或者意识到也不愿改变。王小波曾说："趣味是感觉这个世界美好的前提。"一个人若是被外界评价为"有趣的"，那已是一个极高的评价了。现代社会需要我们做一个有情趣的人，有趣不是一种品格，不是一种能力，而是一种心态。因为一个有情趣的人会对很多事物感兴趣，对生活充满热爱。

三五九

　　世态有炎凉，而我无嗔喜①；世味有浓淡，而我无欣厌。一毫不落世情巢臼②，便是一在世出世法也。

注 释

　　①**嗔**：发怒。**喜**：欢喜。
　　②**臼**：舂米的石器。

译 文

　　人情世故有热情或凉薄，而我既不会生气也不会喜欢；入世的滋味有浓烈和淡薄，而我既不会欣喜也不会讨厌。在世俗中一丝一毫不为名利所羁绊，就是一种活在人世又超脱人世的方法。

评 点

　　世态炎凉，冷暖自知，积极面对，平和豁达。这句话看似简单，一般人还是很难做到的。人生沉浮，命运起落，有几人能站在人生的巅峰？又有几人能永远独占鳌头呢？所以平常人若能保持好自己的心态，将命运掌握在自己的手上，就很了不起了。但是，世态炎凉，人心难测，要掌控好自己的情绪，顺境不得意，逆境不失意，始终保持一颗平和豁达的心，也很不容易啊！

菜根谭

三六〇

宁为璞玉,毋为圭璋①;宁为素丝,毋为黄裳。凡事不受人益,此心便与天游②。

后集

注释

①**圭璋**:贵重的玉制礼器。
②**天游**:在天空遨游,比喻逍遥自在。

译文

宁愿做未雕琢之玉,也不做贵重的玉制礼器;宁做白丝,也不做黄色的下衣。凡事只要不接受别人的好处,内心就可以真正做到逍遥自在。

评点

世界上所有的吵闹、摩擦、钩心斗角都是相互争斗的结果。而争斗的结果往往带来怨念、悲伤甚至死亡。输的结果是惨痛的,赢的代价往往也是沉重的。贪婪使人忘乎所以,丧失警惕性,必会终成祸患。我们都知道恬静出自心宁,凡事看淡、与世无争但不受外物控制,摒弃自己的欲望,又是最考验人性的。在当今社会中,越来越多的人不愿再为那些鸡毛蒜皮的事情斤斤计较了,每个人都在努力给自己创造一片安安静静的天地,力求使自己的生活更为自由安逸。

三六一

人心一有粘带①,便鸿毛重若泰山。唯因物付物②,洒然自得,则尧舜逊让不过三杯酒③,汤武征诛真是一局棋矣。

① 粘带：黏连牵挂。

② 因物付物：将事物作用于事物。

③ 逊让：亦作"逊攘"，指谦让。

译　文

　　人的内心一有牵挂，手捧羽毛也会感觉像泰山一样重。只有就事论事，不掺杂情感，才能做到真正的洒脱和悠然自得，远古时贤明的尧帝将帝位禅让给品行高洁的舜帝，也不过是三杯酒的意气；商汤兴兵伐灭夏朝而建立商朝，周武王率军诛灭商朝而建立周朝，也不过只是下一局棋的风光罢了。

评　点

　　佛家认为世事变幻无常，是一个由烦恼与劳苦交织的火坑，假如不及时跳出来就得不到安乐。把这个道理引之于常人生活，即一个人不能总是在现实的尘世中忙忙碌碌，应该跳出自我的圈子去思考人生。生命中最有分量的事，是我们要好好做自己，承担起该承担的责任。以清净心看世界，以欢喜心过生活，不浮不躁，不慌不忙，淡定从容地过好这一生。

三六二

　　奔走风尘者①，心冗意迫②，百年恍若一瞬；栖迟泉石者③，念息机闲，一日真如小年。

注　释

① 风尘：比喻纷乱的社会或漂泊江湖。

② 心冗意迫：心里着慌，乱了主意。

③ 栖迟：游玩休憩。

译　文

　　奔波于纷乱江湖的人，心思总是沉重急慌，一百年好像一瞬间；而那些游玩休憩于山水之间的人们，由于心无杂念、心平气和，一天就像过了一小年。

评点

　　面对诱惑，一旦动心，内心就不纯洁。老人常言：做人要静心，切忌三心二意、心生杂念。人这一生，有太多的困扰，太多的不如意，名与利，不要太看重。万物枯荣，有其规律，一味焦躁，改变不了任何东西，与其让自己更累，不妨让一切都随缘。心安才能身安，只要我们的内心远离喧嚣，即使处于繁华都市也不会感觉烦恼。然则尘世中的芸芸众生何尝不想静心看世界，欢喜过生活呢？只是有太多的身不由己！愿每一个热爱生活的人，都能从浮躁的世界里找到内心的平静，不为俗情遮埋，做一个简单、快乐的人。